Boubacar Ibrahim
Jan Polcher
Harouna Karambiri

Impacts hydrologiques du changement climatique sur le Nakanbé

Boubacar Ibrahim
Jan Polcher
Harouna Karambiri

Impacts hydrologiques du changement climatique sur le Nakanbé

Caractérisation des saisons de pluies et des
impacts hydrologiques du changement climatique
au Burkina Faso

Presses Académiques Francophones

Mentions légales / Imprint (applicable pour l'Allemagne seulement / only for Germany)
Information bibliographique publiée par la Deutsche Nationalbibliothek: La Deutsche Nationalbibliothek inscrit cette publication à la Deutsche Nationalbibliografie; des données bibliographiques détaillées sont disponibles sur internet à l'adresse http://dnb.d-nb.de.
Toutes marques et noms de produits mentionnés dans ce livre demeurent sous la protection des marques, des marques déposées et des brevets, et sont des marques ou des marques déposées de leurs détenteurs respectifs. L'utilisation des marques, noms de produits, noms communs, noms commerciaux, descriptions de produits, etc, même sans qu'ils soient mentionnés de façon particulière dans ce livre ne signifie en aucune façon que ces noms peuvent être utilisés sans restriction à l'égard de la législation pour la protection des marques et des marques déposées et pourraient donc être utilisés par quiconque.

Photo de la couverture: www.ingimage.com

Editeur: Presses Académiques Francophones est une marque déposée de
Südwestdeutscher Verlag für Hochschulschriften GmbH & Co. KG
Heinrich-Böcking-Str. 6-8, 66121 Sarrebruck, Allemagne
Téléphone +49 681 37 20 271-1, Fax +49 681 37 20 271-0
Email: info@presses-academiques.com

Produit en Allemagne:
Schaltungsdienst Lange o.H.G., Berlin
Books on Demand GmbH, Norderstedt
Reha GmbH, Saarbrücken
Amazon Distribution GmbH, Leipzig
ISBN: 978-3-8381-8998-7

Imprint (only for USA, GB)
Bibliographic information published by the Deutsche Nationalbibliothek: The Deutsche Nationalbibliothek lists this publication in the Deutsche Nationalbibliografie; detailed bibliographic data are available in the Internet at http://dnb.d-nb.de.
Any brand names and product names mentioned in this book are subject to trademark, brand or patent protection and are trademarks or registered trademarks of their respective holders. The use of brand names, product names, common names, trade names, product descriptions etc. even without a particular marking in this works is in no way to be construed to mean that such names may be regarded as unrestricted in respect of trademark and brand protection legislation and could thus be used by anyone.

Cover image: www.ingimage.com

Publisher: Presses Académiques Francophones is an imprint of the publishing house
Südwestdeutscher Verlag für Hochschulschriften GmbH & Co. KG
Heinrich-Böcking-Str. 6-8, 66121 Saarbrücken, Germany
Phone +49 681 37 20 271-1, Fax +49 681 37 20 271-0
Email: info@presses-academiques.com

Printed in the U.S.A.
Printed in the U.K. by (see last page)
ISBN: 978-3-8381-8998-7

UPMC
PARISUNIVERSITAS

2iE

THESE DE DOCTORAT

Université Pierre et Marie Curie (UPMC) - Institut International d'Ingénierie de l'Eau et de l'Environnement (2iE)

Ecoles Doctorales : Sciences de l'Environnement d'Ile-de-France (UPMC) - Sciences et Technologie de l'Eau, de l'Energie et de l'Environnement (2iE)

Spécialité : Sciences de l'eau

Réalisée par :
Boubacar IBRAHIM

pour obtenir le grade de
Docteur de l'UPMC et de 2iE

Caractérisation des saisons de pluies au Burkina Faso dans un contexte de changement climatique et évaluation des impacts hydrologiques sur le bassin du Nakanbé.

soutenue le 18 avril 2012 devant le jury composé de :

M. Pierre RIBSTEIN	Président	UPMC-Paris
M. Bernard FONTAINE	Rapporteur	CNRS-Dijon
M. Gil MAHE	Rapporteur	IRD-Montpellier
M. Amadou Thierno GAYE	Examinateur	UCAD-Dakar
M. Pierre BARIL	Examinateur	OURANOS-Montréal
M. Jan POLCHER	Directeur de thèse	LMD-Paris
M. Harouna KARAMBIRI	co-Directeur de thèse	2iE-Ouagadougou

Laboratoire de Météorologie Dynamique de Paris (UPMC)
Laboratoire Hydrologie et Ressources en Eau (2iE)

Remerciements

Ce travail est le fruit d'une contribution de plusieurs personnes envers qui j'aimerais exprimer ma reconnaissance et ma gratitude. Je dois reconnaître que la rédaction de cette partie n'est pas aisée, car vouloir citer des noms, c'est accepter d'en oublier. Je voudrais donc m'excuser d'avance auprès de ceux ou celles que j'aurai oubliés.

Je tiens tout d'abord à exprimer ma gratitude envers la Direction générale de l'Institut International d'ingénierie de l'Eau et de l'Environnement qui m'a octroyée une allocation de recherche sur toute la durée de mes travaux de thèse. D'autre part, la réalisation de ce travail a été possible grâce à la disponibilité et à la patience de mes deux encadreurs qui ont eu confiance en moi en m'accordant la possibilité de faire ce travail qui allie le climat aux processus l'hydrologique de surface. J'exprime ainsi ma gratitude envers : Jan POLCHER, mon Directeur de thèse, qui m'a apporté toute son expertise de méthodologie, tracé les grandes lignes du projet de thèse, et qui a su m'orienter de part sa rigueur scientifique, tout au long de ma thèse ; Harouna KARAMBIRI, le Co-Directeur de thèse qui m'a apporté son expertise d'hydrologie et qui est un grand frère dont les conseils m'ont guidé dans le choix de ce sujet de recherche et qui m'a donné le courage de surmonter les obstacles ayant jalonné ce parcours. Je vous remercie tous deux pour avoir su m'accorder la liberté d'exprimer et de défendre mes idées avec souvent des discussions tendues. Heureusement, que la lumière ayant jailli de ces discussions a permis d'éclairer les zones d'ombre de ce travail.

Je remercie le Professeur Pierre RIBSTEIN de l'Université Pierre et Marie Curie (UPMC) de m'avoir accordé la possibilité de faire la formation en Master Hydrologie, Hydrogéologie Géologie et Géochimie en renouvelant à quatre reprise mon admission, de participer aux différentes réunions du comité de thèse et de présider mon jury de thèse. Je lui exprime ma reconnaissance pour m'avoir accompagné tout au long de mon parcours à l'UPMC.

Je remercie Gil MAHE de l'IRD Montpellier et Bernard FONTAINE du d'avoir accepté d'être les rapporteurs de cette thèse. Vos remarques et suggestions, m'ont permis d'améliorer les résultats de mes travaux et la rédaction du présent document.

Je remercie également Pierre Baril, Directeur du consortium OURA-NOS (Québec) et Amadou Thierno GAYE Directeur du Laboratoire de Physique de l'Atmosphère de l'Université Cheik Anta Diop de Dakar pour avoir accepté de consacrer une partie de leur temps à l'examen de mon rapport et à leurs contributions dans son amélioration.

Mes remerciements vont à l'endroit de Hamma YACOUBA, chef du laboratoire hydrologie et ressources en eau (LEAH) et de Vincent CASSE Directeur du Laboratoire de Météorologie Dynamique de Paris, pour m'avoir accueilli dans leur laboratoire et soutenu tout le long de la thèse.

Mention spéciale à Emmanuel PATUREL qui a su guider mes premiers pas dans la recherche dans le cadre de mon mémoire de fin d'étude de ma formation d'ingénieur de l'équipement rural à l'Ecole Inter-Etat d'ingénieur de l'Equipement Rural (EIER) de mars à juin 2002.

Ce sont surtout ses remarques pertinentes et son suivi rapproché qui m'ont donné goût à la recherche sur le climat et les ressources en eau en Afrique de l'Ouest. Je remercie par la même occasion tous les membres de l'équipe IRD de l'EIER de la période 2002-2003 pour leur appui durant ce mémoire et durant mes travaux de recherches en tant qu'ingénieur d'appui à la recherche.

Mes remerciements vont à l'endroit de Luc DESCROIX du Laboratoire d'étude des Transferts en Hydrologie et Environnement (LTHE-Grenoble) pour m'avoir accueilli sans me connaître au sein de son équipe de l'IRD de Niamey en 2006 pour la supervision des travaux de mesures hydrométriques et pluviométriques sur le site de Wankama. Je remercie également le Directeur du LTHE, Thierry LEBEL pour m'avoir accueilli au sein de son laboratoire pour mon stage de Master et pour la supervision des travaux du dit stage.

Je remercie également Serge JANICOT et Benjamin SULTAN du laboratoire LOCEAN à l'UPMC pour leur multiple aides dans mes mes travaux y compris dans la recherche de logement à Paris.

J'aimerais aussi exprimer ma gratitude envers mes collègues doctorants avec qui j'ai eu à partager pendant quarante mois, mes angoisses et mes doutes, mes trois premiers collègues de bureau à 2iE à savoir : Guelaih Pascal BIEUPOUDE, Malick ZOROME et Adjadji Lawani MOUNIROU ; à ceux qui ont rejoint le groupe notamment Stéphane MAIGA, Kouawa TADJOUA, Fowé TAZEN, Daniel YAMAGEU et Noëllie KPODA. La mobilité effectuée au cours de cette thèse m'a permis de travailler dans deux laboratoires différents. Je remercie également mes collègues de mon deuxième laboratoire, le Laboratoire de Météorologie Dynamique de Paris, pour leur accueil et leur convivialité. Je remercie Natalie BERTRAND et Anais BARELLA-ORTIZ qui ont mis une partie de leur temps pour la mise en oeuvre du modèle OR-CHIDEE. Je n'oublie pas mes voisins de bureau : Youssouph SANE, Jean Baptiste MADELEINE, Alberto CASADO LOPEZ, Mohamed LY, Moussa GUEYE et Marine TORT.

Ma pensée va à l'endroit de ma famille et de mes amis qui m'ont toujours soutenu, un grand merci à vous tous.

Enfin, j'aimerais exprimer mes sincères remerciements à tout ceux, de près ou de loin, ont contribué d'une manière ou d'une autre à la réussite de ce travail.

Résumé

Cette étude consiste en une description de la variabilité du régime pluviométrique dans la zone sahélienne de l'Afrique de l'Ouest et à une évaluation des impacts de cette variabilité sur les ressources en eau de la région à travers une série de modélisations hydrologiques. En effet, les résultats de plusieurs études sur la variabilité pluviométrique au Sahel au cours des cinq dernières décennies (1961-2009) montrent une baisse significative de la pluie annuelle depuis 1970 par rapport à la moyenne annuelle des décennies antérieures. Ce déficit pluviométrique prolongé a entraîné une situation de stress hydrique sévère dans la région.

Le Burkina Faso, pays sahélien, n'est pas épargné par cette situation de sécheresse continue. Ainsi, pour la caractérisation de la situation climatique à l'échelle du pays, nous avons analysé les données pluviométriques des dix stations synoptiques du pays à travers une discrétisation de la saison des pluies en plusieurs caractéristiques relatives à la période de la saison, à la fréquence et à l'intensité des pluies, et aux séquences sèches. La détermination de ces caractéristiques dans les données pluviométriques observées et dans les données pluviométriques simulées par cinq modèles climatiques régionaux (CCLM, HadRM3P, RACMO, RCA et REMO) mis en œuvre sous le scénario A1B de IPCC, a permis de faire une évaluation de la représentativité des simulations pluviométriques sur le territoire burkinabé. Les simulations pluviométriques se caractérisent par une fréquence élevée de pluies de faibles intensités (comprises entre 0.1 mm/jour et 5 mm/jour), et des intensités très élevées pour les pluies maximales journalières. Cependant, l'application d'une méthode de correction (quantile-quantile) à ces simulations a permis de réduire significativement les différents biais et de produire des données pluviométriques similaires (moyennes très proches) aux données observées sur la période 1961-2009. Pour l'horizon futur de 2050, l'analyse des changements dans le régime pluviométrique entre la période de prédiction 2021-2050 et la période de référence 1971-2000 montre diverses tendances dans l'évolution de la pluie annuelle : une tendance significative à la baisse pour deux modèles et une tendance significative à la hausse pour deux autres modèles. Les différents changements significatifs de la pluie annuelle corroborent soit avec une baisse de la fréquence des pluies, soit avec une hausse des intensités des pluies. Cependant, trois consensus se dégagent parmi les cinq modèles : une baisse de la fréquence des faibles pluies (0.1 à 5 mm/jr), un allongement de la durée moyenne des séquences sèches et une fin tardive des saisons de pluies. Aussi, quatre modèles montrent une augmentation légère des intensités de fortes pluies (>50 mm/jr) de 5% en moyenne. D'autre part, les cinq modèles climatiques montrent une tendance à la hausse de l'évapotranspiration potentielle (ETP) annuelle sur la période 1961-2050 avec une augmentation moyenne de 5% sur la période de prédiction en comparaison avec la période référence.

Les impacts des différents changements dans le champ des pluies et de la hausse de l'ETP sur le régime hydrologique de la partie sahélienne du bassin du Nakanbé au Burkina Faso (bassin versant de la station hydrométrique de Wayen) sont évalués à l'aide de deux modèles hydrologiques, GR2M (modèle global au pas de temps mensuel) et ORCHIDEE (modèle distribué au pas de temps de la demi-heure). Le modèle GR2M, calé et validé sur la période 1978-1999 reproduit de façon pertinente le bilan hydrologique du bassin alors qu'une procédure de validation des écoulements simulés fut élaborée pour la validation des simulations du modèle ORCHIDEE. La mise en œuvre des deux modèles hydrologiques sous les conditions climatiques d'une baisse de la pluie annuelle (17% et 30%) due à une baisse de la fréquence des pluies ou à une baisse de l'intensité des pluies, ont montré une situation hydrologique contraignante avec une baisse des écoulements (>40%) et de la recharge de la nappe (>15%), et une augmentation du taux de l'évaporation (>5%) dans le bilan hydrologique du bassin. Cependant, l'ampleur des impacts hydrologiques dépendent de la nature du changement dans les deux principales caractéristiques de la saison des pluies : la fréquence et l'intensité des pluies. Une situation de baisse de l'intensité des pluies est beaucoup plus préjudiciable à la disponibilité des ressources en eau sur le bassin avec un taux plus important de l'évapotranspiration et une réduction plus importante des ruissellements et de la recharge des nappes.

Mots clé : saison des pluies, variabilité pluviométrique, changement climatique, ressources en eau, modélisation, Burkina Faso, Sahel

Abstract

This study aims to a description of the variability in the rainfall regime over the West African Sahel and an assessment of the impacts of this variability on water resources in the region from a set of hydrological models. Although, many results of some studies on the variability of rainfalls over Sahel during the last five decades (1961-2009) show a significant decrease in the annual rainfall amount since 1970 in comparison to the mean annual rainfall over the previous decades. This rainfall decline has entailed a severe hydric stress in the region.

Burkina Faso, a sahelian country, is under this situation of continuous drought condition. So, to characterize the climate condition at the scale of Burkina Faso, we analyzed the rainfall data of the synoptic network through a discretization of the rainy seasons in several characteristics relative to the season period, frequency and intensity of rainfalls, and the dry spells. A computation between the characteristics derived from observed rainfall data and those derived from simulated rainfall data from five regional climate models (CCLM, HadRM3P, RACMO, RCA et REMO) run under the A1B scenario of IPCC, helped to assess the representativeness of the simulations over Burkina Faso. Indeed, the simulated rainfall data present high frequency of low rainfalls (between 0.1 mm/day and 5 mm/day), and some heavy maximum daily rainfall. However, an application of a correction procedure "quantile-quantile" to the simulated rainfall, reduced significantly the different biases and produced some rainfall data similar (close averages) to the observations over the 1961-2009 period. For the future period around 2050, an analysis of the future variability of rainfall regime over the prediction period 2021-2050 in comparison to the reference period 1971-2000 and from the five climate models presents different tendencies in the evolution of the annual rainfall amount : two models predict significant decrease in rainfall while two others predict a significant increase in the annual rainfall amount. These significant changes come from a decrease in rainfall frequency or an increase in rainfall intensity. However, two consensuses come out from the models : a decrease in the very low rainfall (0.1 à 5 mm/jr) and a lengthening of the mean dry spell. Also, four models show an increase in the very strong rainfall (>50 mm/day). On the other hand, the five models show an increasing trend in the potential evapotranspiration (PET) over the 1961-2050 period with an increase at about 5% over 2021-2050 period in comparison to the reference period.

The impacts of these changes in rainfall regime and the increase in the PET on the hydrological regime of the sahelian part of Nakanbé basin in Burkina Faso (upstream of the Wayen gauge) are assessed from two hydrological models, GR2M (global and monthly model) and OR-CHIDEE (distributed and half hourly model). The GR2M, calibrated and validated for the basin over the 1978-1999 period, reproduced the hydrological balance of the basin during this period. But for ORCHI-DEE, a validation procedure was elaborated in order to distribute the simulated runoff into the discharges and infiltrations. So, an implementation of these hydrological models under the climate change conditions of rainfall decrease (17% and 30%) due to a decrease in the frequency of rainfalls or a decrease in the intensity of rainfalls, shows an hydrological constraint with a decrease in the runoff (>40%) and the groundwater recharge (>15%), and an increase in the evaporation rate in the hydrological balance of the basin (>5%). However, the amplitude of the hydrological impacts depends on the type of the change in the main characteristics of the rainy season : in the rainfall frequency or in the rainfall intensity. The situation of a decrease in the intensity of rainfalls is more prejudicial to water resources availability with an important increase in the evaporation rate and an important decrease in the runoff and in the groundwater recharge.

Keywords : rainy season, rainfall variability, climate change, water resources, modelling, Burkina Faso, Sahel

Table des matières

Remerciements   i

Résume   v

Abstract   viii

Table des matières   xi

1 Introduction générale   **1**
    1.1 Introduction 1
    1.2 Problématique générale de l'étude 6
    1.3 Problématique de la mobilisation des ressources en eau   10
    1.4 Objectifs de l'étude 13
    1.5 Méthodologie générale de l'étude 15
    1.6 Organisation du rapport 18

I   Présentation du cadre général de l'étude   **22**

2 Présentation de la zone d'étude et des données   **23**
    2.1 Caractéristiques physiques et climatiques de l'Afrique
        de l'Ouest 24
    2.2 Régime climatique et bilan en eau au Burkina 32

2.3 Présentation des données de l'étude 45

2.4 Synthèse partielle 53

3 Changement climatique et modélisation de l'évolution du climat **55**

3.1 Changement climatique global 56

3.2 Les principaux scénarios du changement climatique . . 60

3.3 Généralités sur les modèles climatiques 63

3.4 Présentation des modèles climatiques régionaux de l'étude 66

3.5 Synthèse et conclusion partielle 70

4 Présentation des modèles hydrologiques de l'étude **72**

4.1 Fonctionnement hydrologique des bassins versant . . . 73

4.2 Justification du choix des modèles hydrologiques 77

4.3 Modèle hydrologique GR2M (version globale) 78

4.4 Modèle du schéma de surface, ORCHIDEE 81

4.5 Conclusion partielle 91

II Analyse des données climatiques sur le Burkina Faso sur la période 1961-2050 **93**

5 Critique des données pluviométriques simulées sur la période 1961-2009 **94**

5.1 Tests statistiques de comparaison des caractéristiques . 95

5.2 Description des saisons de pluies observées et simulées 98

5.3 Correction des biais des données pluviométriques journalières 150

5.4 Conclusion du chapitre 159

6 Variabilité pluviométrique récente et prédictions des cinq MCRs au Burkina Faso **161**

6.1 Aperçu général de la situation climatique récente . . . 162

6.2 Evolution du régime pluviométrique au Burkina Faso . 164

6.3 Conclusion partielle 214

7 Estimation de l'évapotranspiration potentielle et de sa variabilité **215**

7.1 Formules d'estimation de l'évapotranspiration potentielle216

7.2 Validation des données de l'évapotranspiration potentielle223

7.3 Variabilité interannuelle et évolution de l'évapotranspiration 230

7.4 Conclusion partielle 232

IIIModélisation du fonctionnement hydrologique du Bassin du Nakanbé à Wayen **233**

8 Caractérisation du fonctionnement hydrologique du bassin du Nakanbé à Wayen **234**

8.1 Impact hydrologique de l'évolution des états de surface 235

8.2 Analyse des données hydrologiques sur le bassin de Wayen237

8.3 Calage et validation des modèles hydrologiques 243

8.4 Etude de la sensibilité des modèles hydrologiques . . . 257

8.5 Synthèse et conclusion partielle 262

9 Evolution des composantes du bilan hydrologique sous les conditions de changement climatique **266**

9.1 Evolution des composantes du bilan hydrologique selon GR2M 267

9.2   Simulations hydrologiques du bassin avec ORCHIDEE   276

9.3   Conclusion partielle sur les impacts du changement cli-
      matique 291

10 Synthèse et perspectives   **294**

10.1 Synthèse générale des résultats 294

10.2 Perspectives 300

Bibliographie   **306**

Table des figures   **346**

Liste des tableaux   **353**

Chapitre 1

Introduction générale

1.1 Introduction

L'eau douce est une denrée qui devient de plus en plus rare dans beaucoup de régions du monde, notamment en Afrique subsaharienne (Paquerot, 2005; Amisigo, 2006; Baron, 2009). Cette denrée qui ne représente que 2.5% du volume total de l'eau de la planète (97.5% pour l'eau salée) (OMM and UNESCO, 1997) subit une forte pression pour la satisfaction des besoins de la population (OMM and UNESCO, 1997; Baron, 2009). La pression sur les ressources en eau douce va encore augmenter avec la forte croissance démographique, la nécessaire croissance de la production agro-alimentaire, le développement industriel et l'amélioration des conditions de vie de la population (Baron, 2009). Malheureusement, tout ceci se passe dans un contexte climatique où la pluie, principale pourvoyeuse de l'eau douce, présente une forte variabilité spatio-temporelle avec une tendance à la baisse sur une grande partie de l'Afrique (Paturel *et al.*, 2010*a*).

Le Sahel ouest africain, zone de transition entre le Sahara aride au Nord et la zone soudanienne humide au Sud (Brooks, 2004), se trouve

1

depuis la fin des années 1960s dans une situation climatique sèche caractérisée par une baisse importante de la pluie annuelle (Nicholson, 1978; Nicholson and Palao, 1993; Paturel *et al.*, 2002). Cette situation de sécheresse continue a placé la région au cœur du débat scientifique sur la recherche d'une meilleure connaissance des interactions entre les processus de surface du sol et les processus atmosphériques à travers une description du cycle de l'eau (Landsberg, 1975; Charney *et al.*, 1977; Dolman *et al.*, 1997; Nicholson, 2000; Ramel, 2005; Besson, 2009). Cet intérêt des experts du climat et des processus de surface sur la caractérisation du mécanisme climatique de la sous région s'explique par trois principales raisons :

- une variabilité pluviométrique unique à la surface du globe caractérisée par un déficit pluviométrique répété depuis la fin des années 1960s (Lebel and Ali, 2009; Mahé and Paturel, 2009) marquée par deux périodes de sécheresse sévère, 1972-1973 et 1983-1984 (Moron, 1992; Nicholson, 2001; Dai, Lamb, Trenberth, Hulme, Jones and Xie, 2004) ;

- les conséquences dramatiques de la baisse de la pluie annuelle sur la vie de la population et de l'environnement (Nicholson, 1989; Balme-Debionne, 2004; Niasse *et al.*, 2004; Sivakumar, 2006; Kandji *et al.*, 2006) ;

- le rôle de la bande sahélienne dans le bilan global de l'énergie ; l'augmentation de l'albédo dans la zone suite à la dégradation du couvert végétal peut avoir des répercussions sur le climat des autres régions (Charney *et al.*, 1977; Laval, 1986; Paeth and Hense, 2004).

Le programme AMMA (Analyse Multidisciplinaire de la Mousson Africaine) (Redelsperger *et al.*, 2006; Polcher *et al.*, 2011) qui regroupe des chercheurs de diverses disciplines, s'inscrit dans cette dynamique de

2

mobilisation des chercheurs dans la recherche d'une meilleure connaissance du système climatique ouest africaine. Ce programme de recherche, lancé en 2001, a pour objectif d'apporter une meilleure description du système climatique de l'Afrique de l'Ouest dans ses composantes atmosphériques et terrestres, et de caractériser le rôle de ces différentes composantes dans le cycle de l'eau de l'échelle locale à l'échelle globale (Gaye, 2002; Ramel, 2005; Moufouma-Okia and Rowell, 2010; Mathon *et al.*, 2002). Cependant, les travaux de recherche exécutés dans le cadre de AMMA se situent à différentes échelles spatiales et temporelles : des mesures de terrain, des mesures par sondes et par vols aériens, des observations par satellites, de la modélisation, et des traitements et analyses des données (Redelsperger *et al.*, 2002; Louvet *et al.*, 2005). Le programme AMMA a par ailleurs contribué à la mise en œuvre des modèles climatiques (Polcher *et al.*, 2011; Rodríguez-Fonseca *et al.*, 2011) de différentes résolutions spatiales (régionale et globale) pour la description de l'ensemble du système climatique ou de ses composantes afin de déterminer les éléments qui gouvernent la dynamique des systèmes pluvieux et les processus hydrologiques de surface. Cependant, les simulations des modèles climatiques sont entachées d'énormes incertitudes qui découlent de la paramétrisation des modèles, et ou des scénarios climatiques (Frei *et al.*, 2003; d'Orgeval *et al.*, 2006; Buser *et al.*, 2010). Ainsi, même si des incertitudes demeurent dans les simulations climatiques, force est de constater que ces modèles ont permis d'apporter une description d'un certain nombre de mécanismes climatiques (Burke *et al.*, 2006; Cook and Vizy, 2006; Dai, 2006; Rahmstorf *et al.*, 2007) ou de suivre l'évolution d'une situation météorologique donnée, comme atteste les prévisions climatiques journalières ou saisonnières (Bouali *et al.*, 2008; Alves and Marengo, 2010). En effet, c'est grâce aux résultats de ces modèles climatiques,

3

que le GIEC (Groupe d'experts intergouvernemental sur l'évolution
du climat) a pu tirer la sonnette d'alarme sur le changement climatique depuis les années 1990 (Houghton, Jenkins and Ephraums, 1990;
Solomon, 2007). Ces modèles ont aidé à entreprendre plusieurs études
de sensibilité du climat ou d'un système écologique donné (océan, ban-
quise, forêt, cours d'eau, etc.) par rapport aux conditions de changement climatique de l'échelle locale à l'échelle globale (Bell *et al.*, 2004;
Beniston, 2009). Aujourd'hui, grâce au développement des modèles
climatiques dans leurs résolutions spatiales (<10 km) et temporelle
(quelques heures), il est possible de les mettre en œuvre sur de petites
zones (Masson *et al.*, 2003; Louvet *et al.*, 2005) pour évaluer les tendances du climat sur la zone sous une condition d'augmentation du
taux des gaz à effet de serre dans l'atmosphère. La gamme des variations du climat obtenue, peut ainsi servir par le truchement d'autres
modèles des processus de surface à évaluer la sensibilité d'un écosystème, d'un bassin versant, d'un ouvrage d'aménagement hydroagricole
aux conditions de changement et/ou de variabilité climatique définis
par le scénario de l'évolution du climat (Nakicenovic and Swart, 2000).
Ainsi, la fragilité dont avait fait preuve l'écosystème et les ressources
en eau sahéliens (Niasse *et al.*, 2004) suite au déficit pluviométrique
des quatre dernières décennies, demande une meilleure évaluation de
leur capacité à répondre à la nouvelle menace du changement climatique. En effet, toutes les simulations climatiques sous les SRES (Special Report on Emissions Scenarios) (Hulme, 1994; Mann and Jones,
2003; Solomon, 2007; Solomon *et al.*, 2009) annoncent des conditions
climatiques beaucoup plus chaudes que celles des quatre dernières décennies. Par contre, les premières simulations climatiques (modèles
climatiques globaux) sur la zone Afrique, montrent une diversité de

tendances dans l'évolution de la pluie annuelle moyenne sur le Sahel (Hulme *et al.*, 2001; Hoerling *et al.*, 2006). L'approche qui est développée aujourd'hui pour évaluer la réponse d'un écosystème à une condition climatique donnée, est la mise en œuvre d'un ensemble de modèles climatiques régionaux (hautes résolutions spatiales et temporelles) sous différents scénarios de changements climatiques, et de forcer les modèles biophysiques (hydrologie, agronomie, etc..) avec les données produites ou d'appliquer la gamme de variation des paramètres climatiques à ces modèles. C'est pour la mise en œuvre de cette approche que onze modèles climatiques régionaux (résolution spatiale de 50x50 km^2) furent tournés sur la zone Afrique (Afrique de l'ouest et Afrique centrale) dans le cadre du programme AMMA sous l'impulsion d'un groupe de centres de recherche européens sur la période 1950-2050 sous le scénario intermédiaire de A1B du changement climatique (Nakicenovic and Swart, 2000). L'éventail des changements et de la variabilité du climat prédits par ces modèles sont utilisés dans la mise en œuvre des modèles hydrologiques à l'échelle de la partie sahélienne du bassin de Nakanbé au Burkina Faso afin de déterminer son fonctionnement hydrologique sous les conditions de changement climatique. Par conséquent, les deux processus, climatique et hydrologique, sont mis en œuvre de façon découplée pour évaluer de façon pertinente la disponibilité de la ressource en eau sur le bassin dans les différentes conditions climatiques simulées par les modèles climatiques. La disponibilité des ressources en eau sur le bassin est évaluée à travers l'évolution des différentes composantes du bilan hydrologique (pluie, écoulements, infiltrations, évaporation, stock d'eau dans le sol) sur le bassin.

1.2 Problématique générale de l'étude

Plusieurs études et analyses ont montré que l'Afrique de l'Ouest notamment la bande sahélienne a enregistré une forte variabilité du régime pluviométrique au cours de la seconde moité du 20ème siècle (Nicholson and Palao, 1993; Janicot *et al.*, 1996; Servat *et al.*, 1998; Le Barbé *et al.*, 2002; Ali and Lebel, 2009). Cette variabilité pluviométrique est caractérisée au cours des quatre dernières décennies par une succession de saisons des pluies avec un cumul annuel de pluies moins important que la moyenne annuelle des deux décennies, 1950 et 1960 (déficit annuel supérieur à 20%) (Servat *et al.*, 1997; Ali and Lebel, 2009; Mahé and Paturel, 2009). Par ailleurs, cette période climatique sèche a débuté à un moment où les scientifiques commençaient à attirer l'attention générale sur une éventuelle modification globale du climat avec une augmentation de la température moyenne du globe (Dickinson and Cicerone, 1986; Houghton, Jenkins and Ephraums, 1990; Mégie and Jouzel, 2003). En effet, le premier rapport du GIEC sur le changement climatique (Houghton, Jenkins and Ephraums, 1990) attribue cette situation à une augmentation de la concentration des gaz à effet de serre dans l'atmosphère avec l'utilisation des sources d'énergie fossile (Easterling *et al.*, 1997). Des études sur l'impact de l'augmentation des gaz à effet de serre dans l'atmosphère ont démontré que ces gaz peuvent significativement modifier le régime climatique de la planète sur une longue durée et avoir des effets plus sévères sur certaines régions du globe (Hansen *et al.*, 2008; Matthews and Caldeira, 2008; Solomon *et al.*, 2009; Allen *et al.*, 2009). Katz and Brown (1992) et Beniston *et al.* (2007) évoquent même l'augmentation de la fréquence des événements extrêmes tels que les sécheresses, les cyclones tropicaux et les pluies très intenses. Ainsi, de part ces manifestations, le

6

changement climatique peut entraîner des modifications significatives du régime climatique de l'échelle régionale à l'échelle planétaire. Cependant, bien que la connexion entre le changement climatique global et la baisse de la pluviométrie actuelle sur le Sahel ouest africain ne soit pas clairement établie, les conséquences négatives des sécheresses passées (1972-1973 et 1983-1984) sur la vie des populations et sur les écosystèmes ont conduit des scientifiques à entreprendre des travaux de recherche sur la caractérisation des différents processus de surface (la dégradation de l'environnement et les processus hydrologiques) et des mécanismes climatiques de la région.

Ainsi, la persistance de la sécheresse dans la région sahélienne et la forte pression anthropique (croissance démographique annuelle de l'ordre de 3% avec la conquête de nouvelles terres) sur les ressources naturelles (sol et végétation) ont accentué la dégradation de l'environnement avec une disparition du couvert végétal dans certaines zones (Diello, 2007). Cette dégradation du couvert végétal engendre une extension des zones de sol nu capables de provoquer une augmentation de l'albédo et une diminution de la chaleur du sol. Charney *et al.* (1977) constate à partir de quelques essais de modélisations climatiques, qu'une augmentation de l'albédo à la surface du sol crée une diminution de la capacité d'absorption de la radiation solaire du sol, situation pouvant entraîner une diminution des événements pluvieux convectifs. En plus, Giannini *et al.* (2003) et Paeth and Hense (2004) ont montré à travers des simulations que si la température à la surface de l'océan Atlantique peut entraîner une baisse de la pluie sur la zone sahélienne, les processus de surface agissent dans le sens d'allonger le déficit pluviométrique sur plusieurs années. C'est surtout cet allongement du déficit pluviométrique sur plusieurs années qui fragi-

7

lise les différents hydrosystèmes de la région. La pluie est en effet le principal moteur de recharge des réservoirs de ces hydrosystèmes. Par conséquent, les effets combinés de la baisse de la pluie et de la dégradation du couvert végétal ont entraîné une modification des régimes des cours d'eau avec des crues beaucoup plus fortes sur certains cours d'eau (partie septentrionale du Burkina Faso) et des étiages beaucoup plus prononcés et allongés sur d'autres (cas du fleuve Niger et du fleuve Sénégal)(Sircoulon, 1983; Ouédraogo, 2002; Le Barbé *et al.*, 2002). Bricquet *et al.* (1997) montrent à partir d'une analyse des débits des trois grands cours d'eau de la région (le Niger, Le Sénégal et le Chari) sur la période 1950-1990, une suite d'années à écoulement déficitaire à partir de 1970. Aussi, des étiages beaucoup plus sévères furent enregistrés sur le fleuve Niger et le fleuve Sénégal au cours de la décennie 1980 (Olivry *et al.* (1994) rapportent que les écoulements avaient cessé en 1984 sur le fleuve Niger à Niamey) et sur une grande partie de la région (Thiéry *et al.*, 1993; Bricquet *et al.*, 1997). Pour les nappes souterraines, c'est surtout dans les zones de socle que les niveaux piézométriques n'atteignent plus leurs niveaux d'avant 1970 à la fin des saisons de pluies (Aranyossi and Ndiaye, 1993). Ainsi, les réponses diversifiées des systèmes hydrologiques sahéliens à la baisse de la pluie annuelle rendent compte de la complexité de leur fonctionnement hydrologique dont la compréhension nécessite une étude à une résolution spatiale adéquate.

A l'échelle du bassin, le bassin du Nakanbé, bassin stratégique pour l'approvisionnement en eau au Burkina Faso (DGIRH, 2004), fait l'objet de nombreux travaux de recherche pour une meilleure caractérisation de son fonctionnement hydrologique afin d'élaborer une meilleure approche de gestion de ses ressources en eau (Amisigo, 2006; Tay-

8

lor *et al.*, 2006; Diello, 2007). Une caractérisation du fonctionnement hydrologique du bassin permettra d'évaluer ses réponses par rapport aux tendances climatiques futures prédites pour la région par les modèles climatiques (Hulme *et al.*, 2001; De Wit and Stankiewicz, 2006; Cook and Vizy, 2006; Paeth *et al.*, 2009). Cependant, la gamme de variation des prédictions climatiques futures produite par des simulations antérieures va des conditions climatiques les plus pessimistes avec une recrudescence d'années sèches (Cook and Vizy, 2006), aux conditions climatiques humides avec une augmentation de la pluie annuelle (Hulme *et al.*, 2001). Somme toute, ces études présentent quelques insuffisances car elles sont, soit menées à partir des modèles climatiques globaux (faible résolution spatiale) qui n'intègrent pas la dynamique atmosphérique à mésoéchelle, soit faites à partir des cumuls mensuels ou annuels des pluies qui ne permettent pas de produire une description de la saison des pluies. En effet, à l'intérieur de la saison des pluies, la fréquence et l'intensité des pluies sont des facteurs déterminant dans les processus hydrologiques à l'échelle d'un bassin versant (Vischel and Lebel, 2007). De ce fait, la mise en œuvre d'un ensemble de modèles climatiques régionaux sous le scénario intermédiaire A1B sur la zone à la résolution spatiale de 50x50 km^2 et au pas de temps journalier, produit des données climatiques beaucoup plus adaptées à la description de la structure des saisons de pluies de la zone. Ainsi, les données pluviométriques issues de ces simulations peuvent restituer toute la gamme de variation du climat sur le Sahel ou une zone donnée de l'Afrique de l'Ouest sous les conditions climatiques définies par le scénario A1B. L'évaluation des réponses hydrologiques du bassin versant (à travers les modèles hydrologiques) à la gamme de variation du climat simulé constitue une voie de détermination de la capacité des différents réservoirs d'eau à assurer la demande en eau des popu-

9

lations aux horizons 2050 sous les conditions climatiques projetées par les modèles.

1.3 Problématique de la mobilisation des ressources en eau au Burkina Faso

Le déficit pluviométrique répété sur la région, en plus d'entraîner une baisse significative du rendement agricole (cultures pluviales), crée un déséquilibre dans l'approvisionnement en eau de la population et du cheptel. La situation est particulièrement inquiétante au Burkina Faso où l'eau de surface contribue significativement à l'approvisionnement en eau de la population (Ministère de l'environnement et de l'eau, 2001). En effet, plus de 80% du pays repose sur du socle cristallin (Ministère de l'environnement et de l'eau, 2001; GWP/AO, 2009) dont les principales caractéristiques sont : une capacité limitée des aquifères (porosité efficace inférieure à 10%) et une infiltration très faible en surface (Compaore *et al.*, 1997; Sandwidi, 2007). Les ressources en eau souterraines sont donc difficilement exploitables avec un taux d'échec de forage le plus élevé de la sous région et un débit moyen des forages de moins de 2 m^3/h (Ministère de l'environnement et de l'eau, 2001). A cette situation difficile s'ajoute une baisse continue du niveau de la nappe, une baisse de plus de 3 m dans le puits d'observation CIEH à Ouagadougou entre 1970 et 1985 (Milville, 1991; Niasse *et al.*, 2004). De ce fait, depuis le début des années 1970, l'espoir de la population est tourné vers les ressources en eau de surface. C'est surtout après la sécheresse de 1972-1973 que la pression est devenue beaucoup plus forte sur les ressources en eau de surface avec la construction de nombreux ouvrages de stockage d'eau (Cecchi, 2006). Les ouvrages construits avant 1970 représentent moins de 15% des ouvrages recensés en 2009 par une étude d'inventaire des retenues d'eau sur l'ensemble du pays, alors que ceux construits sur la période 1974-1990 représentent plus de 50%. D'après une répartition de ces ouvrages par bassin sur l'ensemble du pays (Ministère de l'environnement et de l'eau, 2001), le bassin du Nakanbé qui ne couvre que 12.4% du pays, concentre plus de 40% des 1479 retenues du pays (inventaire de 2008) dont trois des quatre plus grands barrages, à savoir, le barrage de Toécé (75 millions de m^3), le barrage de Ziga (200 millions de m^3) et le barrage de Bagré (1700 millions de m^3). La figure 1.1 montre que la forte densité des retenues d'eau se situe dans la partie centrale du pays que recouvre le bassin du Nakanbé. Le bassin concentre aussi près de 40% de la population burkinabé dont la population urbaine de Ouagadougou.

La problématique de mobilisation des ressources en eaux de surface du bassin du Nakanbé est un enjeu majeur dans la politique du gouvernement depuis la fin des années 1960. En effet, les eaux de surface du bassin de Nakanbé constituent une ressource importante pour le développement économique et social du pays. Ces eaux assurent plus de 80% de la consommation en eau de la ville de Ouagadougou, plus de 90% de la demande en eau pour la production hydroélectrique du pays, une importante production agricole sur les périmètres irrigués (20% des terres irriguées du pays) et une production halieutique (Ministère de l'environnement et de l'eau, 2001). Cependant, sur la base de l'indice de pénurie d'eau de l'OMM et de l'UNESCO (OMM and UNESCO, 1997), le bassin du Nakanbé se trouve dans une situation de stress hydrique depuis le début de la décennie 1980 avec une utilisation de plus de 60% de ces eaux mobilisables (Ministère de l'environnement et de l'eau, 2001). La pression est encore plus forte sur sa partie sahélienne qui héberge plus de 50% des retenues d'eau du bassin. Aussi, l'hydrologie de cette partie, partie septentrionale du bassin de Nakanbé, conditionne la gestion de l'ensemble des barrages situés en sur le bassin dont notamment le barrage de Ziga et en aval de la station de Wayen, le barrage de Bagré. Cependant, à part la question de la disponibilité de l'eau en quantité sous les conditions climatiques sèches (baisse de la pluie annuelle et forte évaporation), une autre préoccupation est entrain d'émerger sur la qualité de cette eau. En effet, l'intensification de la production agricole à travers la multiplication des périmètres irrigués (pour atténuer le déficit de la production pluviale) avec une utilisation abusive et souvent mal contrôlée des intrants agricoles, et les rejets industriels et domestiques non contrôlés, menacent significativement la qualité des eaux du bassin (DGACV, 2005; Amisigo, 2006; Tapsoba and Bonzi-Coulibaly, 2006; Gomgnimbou et al., 2009; Koné et al., 2009). Par conséquent, les impacts de la baisse de la pluie annuelle et les menaces de la pollution risquent de réduire fortement la disponibilité des ressources en eau sur le bassin du Nakanbé. Le bassin du Nakanbé représente un condensé de toute la problématique de l'eau au Burkina Faso. D'où, plusieurs interrogations quant à la situation futur menacé par une détérioration des conditions climatiques :

☆ la baisse de la pluie annuelle enregistrée au cours des quatre dernières décennies va-t-elle se poursuivre sur les décennies à venir ?

☆ quelles seront les réponses du bassin par rapport à une amplification du déficit pluviométrique actuel ?

☆ quelles seront les réponses du bassin sous les conditions du changement climatique annoncées par le GIEC ?

☆ quelles stratégies mettre en œuvre pour assurer une pérennisation des eaux retenues dans les hydrosystèmes du bassin ?

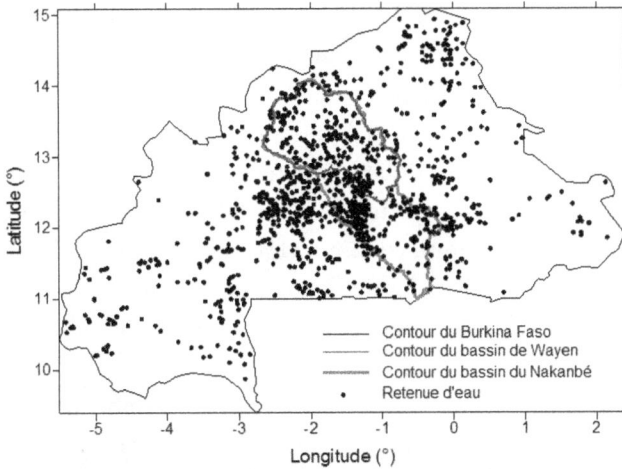

Figure 1.1: Répartition spatiale des retenues d'eau sur le territoire du Burkina Faso (base des données de la DGRE)

En bleu : contour du bassin versant du Nakanbé à la station de Wayen (21800 km²) En rouge : Contour du bassin du Nakanbé (cours d'eau principal). DGRE=Direction Générale des Ressources en Eau du Burkina Faso.

1.4 Objectifs de l'étude

La présente étude s'inscrit dans la dynamique du programme AMMA dont le principal objectif est de contribuer à une meilleure connais-

13

sance des mécanismes climatiques ouest africains. Ces mécanismes climatiques englobent l'ensemble des processus de surface, des océans et de l'atmosphère. D'où, dans la même orientation que le programme AMMA, notre étude vise à contribuer à une meilleure caractérisation de la variabilité climatique et à l'élaboration d'une méthode d'évaluation des impacts du changement climatique sur les ressources en eau de l'Afrique de l'Ouest.

Cette étude est une contribution à une meilleure caractérisation des différentes conditions climatiques projetées à l'échelle du territoire burkinabé par un ensemble de modèles climatiques régionaux mis en œuvre sous le scénario intermédiaire (A1B) du GIEC sur une fenêtre géographique qui couvre l'Afrique de l'Ouest et centrale. La gamme des variations climatiques prédite par ces modèles est utilisée pour évaluer les différentes réponses de la partie sahélienne du bassin de Nakanbé (partie amont du bassin) à travers un ensemble de modèles hydrologiques représentatifs de son fonctionnement hydrologique.

La mise en œuvre des modèles climatiques par le groupe ENSEMBLE-AMMA sous le scénario A1B et sur la fenêtre Afrique a produit un ensemble de données climatiques pour les études de la variabilité et du changement climatique et de leurs impacts sur les ressources naturelles de la région. L'analyse des données climatiques observées et simulées sur la région sur les cinq dernières décennies doivent aider à une évaluation de la performance des modèles climatiques mis en œuvre et à la validation de leurs simulations climatiques. La mise en œuvre d'une plate forme de modélisation hydrologique permettra de faire une évaluation de la disponibilité des ressources en eau à l'échelle de la partie sahélienne du bassin de Nakanbé sous des conditions de changement climatique. L'objectif général de cette étude est donc l'élaboration d'une méthode permettant d'évaluer de façon plus robuste l'évolution des ressources en eau du bassin versant dans un contexte de changement climatique. L'étude consiste en :

☆ une caractérisation de la variabilité climatique récente et prédite par les modèles climatiques régionaux dans une condition de changement climatique au Sahel ;

☆ une détermination du fonctionnement hydrologique des bassins versants sahéliens ;

☆ une évaluation des impacts du changement climatique sur les ressources en eau de la zone d'étude.

D'une manière spécifique, il s'agit de :

- valider les données climatiques générées par cinq modèles climatiques régionaux (CCLM, HadRM3P, RACMO, RCA, REMO) sur le Burkina Faso ;

- évaluer la variabilité climatique (Pluie et température) récente et future (horizon 2050) à l'échelle du Burkina Faso ;

- évaluer à travers deux modèles hydrologiques (GR2M et ORCHI-DEE), la gamme de changement des composantes du bilan hydrologique (Pluie, Evapotranspiration, Ecoulements, Infiltrations, stockage d'eau dans le sol) sous des conditions de changement climatique du scénario A1B à l'horizon 2050.

1.5 Méthodologie générale de l'étude

L'originalité de cette étude réside dans l'évaluation de l'évolution des ressources en eau dans une approche où les deux systèmes (climat et processus hydrologiques) contrôlant la disponibilité des ressources en eau sont modélisés dans le contexte sahélien. Les données climatiques générées par des modèles climatiques de faible résolution spatiale (modèles climatiques régionaux) sont utilisées pour forcer des modèles hydrologiques (représentatifs du fonctionnement hydrologique du bassin) à différents pas de temps (journalier et mensuel). La méthodologie consiste en une analyse de tous les paramètres du bilan hydrologie, elle va de l'analyse des données climatiques (Pluie, Evapotranspiration potentielle) à la modélisation hydrologique du basin pour évaluer la gamme des réponses du bassin aux conditions climatiques du scénario A1B du GIEC simulées par des modèles climatiques régionaux.

Pour atteindre les objectifs assignés à cette étude, le travail est subdivisé en cinq principales étapes :

▶ recherche bibliographique sur le changement climatique, les rétroactions sol-atmosphère, l'étude des scénarios climatiques, la modélisation climatique et hydrologique, ainsi que les études d'impacts du changement climatique sur les ressources en eau. Il s'agit pour ce premier point, de faire un état de lieux des connaissances sur la variabilité climatique en Afrique de l'Ouest et du changement climatique global, et de faire le tour d'horizon des différentes applications des modèles climatiques dans des études d'impact du changement climatique avec un inventaire des modèles hydrologiques déjà expérimentés dans des études similaires ;

▶ la caractérisation de la variabilité climatique au Burkina Faso est faite sur la période 1961-2009 à travers une procédure de discrétisation de la saison des pluies en plusieurs caractéristiques. Ces procédures sont appliquées aux données pluviométriques simulées par les cinq modèles régionaux pour évaluer la pertinence

16

des modèles climatiques dans la reproduction du climat sahélien. En plus, toutes les données climatiques utilisées dans cette études sont comparées aux observations pour l'estimation des différents biais. Des méthodes de corrections de biais ont été élaborées pour rendre les simulations climatiques plus proches des observations. Par ailleurs, pour l'évapotranspiration potentielle qui est une variable estimée, nous avons évalué la pertinence de trois méthodes (Penman-Monteith, Hargreaves et Makkink) sur le Burkina Faso ;

▶ mise en œuvre du modèle hydrologique conceptuel global GR2M sur la partie sahélienne du bassin de Nakanbé. Il s'agit ici de caler et valider le modèle GR2M sur la période historique de 1961-2009 sur la base des données climatiques et hydrométriques issues des observations. Le modèle GR2M fait un bilan hydrologique complet de la transformation de la pluie annuelle en écoulements, infiltrations et évapotranspiration ;

▶ mise en œuvre du modèle de surface ORCHIDEE (modèle physique et distribué) avec des forçages climatiques de haute résolution issus des réanalyses climatiques. Les simulations d'ORCHIDEE sont validées en comparaison avec les observations et les simulations du modèle GR2M. A la différence du modèle GR2M qui est basé sur un bilan hydrique avec la pluie et l'ETP (évapotranspiration potentielle) en entrée, le modèle ORCHIDEE est un schéma de surface basé sur un bilan d'énergie à la surface du globe sans aucune procédure de calage et validation. ORCHIDEE marche au pas de temps de 30 minutes, mais pour une question de conformité avec les autres modèles, les bilans de ses simulations sont faits au pas de temps journalier et mensuel ;

17

▶ évaluation de la réponse de la partie sahélienne du Nakanbé aux conditions de changement climatique. Le modèles hydrologique GR2M, validé et représentatif du fonctionnement hydrologique de la partie sahélienne du bassin de Nakanbé est forcé avec les simulations climatiques corrigées sur la période 1961-2050 pour évaluer la réponse du bassin par rapport aux conditions climatiques prédites par les modèles climatiques. Une évaluation des réactions du bassin est faite avec le modèle ORCHIDEE sur la base des anomalies pluviométriques déterminées entre la période de référence de 1971-2000 et la période de prédiction de 2021-2050. L'analyse des différentes composantes de sortie du bilan hydrologique de ces modèles (GR2M et ORCHIDEE) à savoir les écoulements, l'évapotranspiration réelle, les infiltrations et le stock d'eau dans le sol permettront d'estimer la disponibilité des ressources en eau du bassin à l'horizon 2050 sous les conditions climatiques prédites par les modèles climatiques avec le scénario A1B.

1.6 Organisation du rapport

La présentation des résultats de cette étude s'organise autour de de trois grandes parties (hors introduction et conclusion générales) :

Introduction générale (chapitre 1)

Elle présente le sujet de thèse, les objectifs assignés à cette étude et la méthodologie du travail élaborée pour atteindre les objectifs.

1ᵉʳᵉ partie : Présentation du cadre général de l'étude (chapitres 2, 3 et 4)

Le deuxième chapitre présente la zone d'étude avec les caractéristiques physiques et climatiques de la zone sahélienne et un état des lieux sur la partie sahélienne du bassin versant de Nakanbé. Une analyse critique des différentes données de l'étude issues des observations est faite dans cette section pour évaluer leur qualité et leur représentativité à l'échelle du Burkina Faso.

Le troisième chapitre de cette partie est une synthèse bibliographique des études sur le changement climatique et les modèles climatiques. Nous présentons aussi les principaux scénarios du changement climatique élaborées par le GIEC et les cinq modèles climatiques régionaux retenus pour cette étude avec leurs différentes caractéristiques.

Nous présentons dans le quatrième chapitre la nomenclature des deux modèles hydrologiques, GR2M et ORCHIDEE, mis en œuvre sur le bassin versant de Nakanbé en amont de Wayen.

2ᵉʳᵉ partie : Analyse des données climatiques sur le Burkina Faso sur la période 1961-2050 (chapitres 5, 6 et 7)

Les analyses des données commencent par la discrétisation de la saison des pluies en huit caractéristiques (début des saisons, fin des saisons, durée des saisons, nombre de jours de pluie, hauteur moyenne de la pluie journalière, pluie maximale journalière, cumul annuel de pluies et durée moyenne des séquences sèches) et la classification des hauteurs de pluies journalières en six différentes classes de pluies. Les caractéristiques des saisons de pluies définies sont utilisées pour évaluer la

19

performance des modèles climatiques dans la reproduction de la saison des pluies au Burkina Faso. Les biais identifiés sont corrigés à l'aide des procédures de correction des biais élaborées pour ramener les simulations climatiques dans l'amplitude des observations à partir de l'échelle journalière. Les différentes méthodes de correction sont appliquées jusqu'à 2050 et une validation des données corrigées est faite sur la période 1991-2009 pour vérifier la pertinence des procédures de correction.

Le sixième chapitre est consacré à la caractérisation de l'évolution des différents paramètres climatiques de l'étude sur la période 1961-2050. La partie méthode présente les procédures utilisées pour détecter les tendances significatives et estimer leur amplitude. Enfin, une évaluation de l'amplitude de variation de tous les paramètres climatiques est faite entre la période de référence de 1971-2000 et la période de prédiction de 2021-2050 pour caractériser les différentes tendances.

Le septième chapitre de cette partie présente les différentes formules d'estimation de l'évapotranspiration potentielle. Une évaluation des trois principales formules d'estimation d'ETP (Penman-Monteith, Hargreaves, et Makkink) est faite à partir des données climatiques observées. La représentativité des ETP estimées à partir des simulations des modèles climatiques est évaluée sur la période 1961-1990. De même que les autres données climatiques, les biais des données d'ETP sont évalués et corrigés. Une estimation de l'évolution de l'ETP est faite pour l'horizon futur avec les données brutes et les données corrigées.

3ᵉʳᵉ partie : Modélisation du fonctionnement hydrologique du bassin de Nakanbé à Wayen (chapitres 8 et 9)

Cette partie est consacrée à la modélisation hydrologique du bassin versant du Nakanbé en amont de la station hydrométrique de Wayen. Le huitième chapitre est consacré à l'analyse des données hydrologiques du bassin et à la mise en œuvre des procédures de calage et validation des modèles hydrologiques. Les différentes composantes du bilan hydrologiques du bassin sont estimées à partir des simulations hydrologiques de deux modèles hydrologiques (GR2M global et OR-CHIDEE).

Le neuvième chapitre présente les résultats du forçage du modèle GR2M global avec les données climatiques mensuelles corrigées sur la période 1961-2050. Ces résultats sont comparés avec les simulations hydrologiques de ORCHIDEE mis en œuvre avec les anomalies climatiques des modèles climatiques sur les tendances entre la période de référence de 1971-2000 et la période de prédiction de 2021-2050. Toute une gamme de variations des différentes composantes du bilan hydrologique est obtenue pour les conditions de changement climatique.

Synthèse et perspectives (chapitre 10)

La synthèse des différents résultats de cette étude est présentée avec une ouverture sur les perspectives d'une étude générale sur l'ensemble des grands bassins ouest africains et la prise en compte des autres scénarios de changement climatique que propose le Groupe d'experts Intergouvernemental sur l'Evolution du Climat (GIEC ou IPCC).

Première partie

Présentation du cadre général de l'étude

Chapitre 2

Présentation de la zone d'étude et des données

La région Ouest Africaine (zone bleue sur la figure 2.1) est limitée au Sud et à l'Ouest par l'Océan Atlantique, au Nord par le désert du Sahara et à l'Est par le Tchad et le Cameroun. Elle couvre une surface de plus de 7,9 millions de km^2 avec une population principalement agricole estimée à 315 millions d'habitants en 2007 (Atlas régional de l'Afrique de l'Ouest de 2009). Les régimes hydrologiques et le fonctionnement des hydrosystèmes dépendent principalement de la saison des pluies dont la pluviosité est régie par le système de la mousson ouest-africaine.

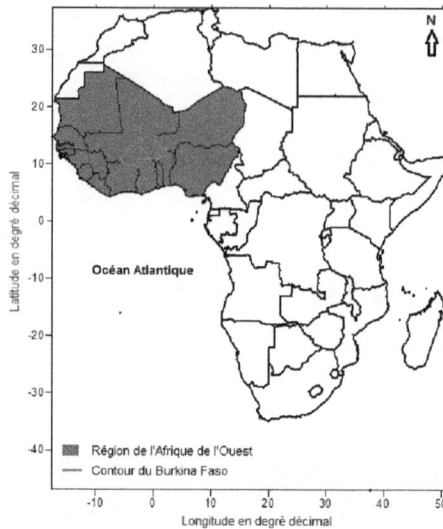

Figure 2.1: Situation géographique de l'Afrique de l'Ouest

2.1 Caractéristiques physiques et climatiques de l'Afrique de l'Ouest

2.1.1 Relief

La topographie de l'Afrique de l'Ouest se caractérise par un relief relativement plat avec une altitude moyenne inférieure à 500 m (Figure 2.2). La figure 2.2 montre les six principaux massifs montagneux qui surplombent les vastes pénéplaines (Grandin, 1973), le massif du Fouta Djalon à l'Ouest, le plateau de Jos au centre Est, le plateau de

24

2.1. Caractéristiques physiques et climatiques de l'Afrique de l'Ouest

l'Adamaou au Sud-Est et le massif de l'Aïr, le massif de Hoggar et le massif de Tibesti au Nord. Ces deux derniers massifs se trouvent à la bordure de la région ouest africaine. Ces plateaux sont des ensembles de plaines et de collines avec des sommets très élevés (Grandin, 1973). Le point culminant du Fouta Djalon est le mont Loura qui atteint 1 515 m d'altitude et le sommet du plateau de Jos est à 2 010 m d'altitude. Sur les hauts plateaux de l'Adamaoua (Poudjom Djomani *et al.*, 1997), les principaux sommets sont surtout des massifs volcaniques tels que le Mont Cameroun (Déruelle *et al.*, 1987), volcan toujours en activité (4095 m), le Mont Manengouba (2396 m), les Monts Bamboutos (2740 m) et le Mont Oku (3008 m). Le point culminant du massif de l'Aïr (Gallaire, 1995) est le mont Idoukal-n-Taghès sur les monts Bagzane avec 2022 m d'altitude. Le Hoggar au Sud de l'Algérie, culmine à 2 918 m et le Tibesti du coté tchadien culmine à plus de 3 415 m d'altitude (Emi Koussi).

Considéré comme le château d'eau de la région, le massif du Fouta Djalon (Orange, 1990) est la source d'un important réseau hydrographique dont trois grands fleuves, le fleuve Niger, le fleuve Sénégal et le fleuve Gambie.

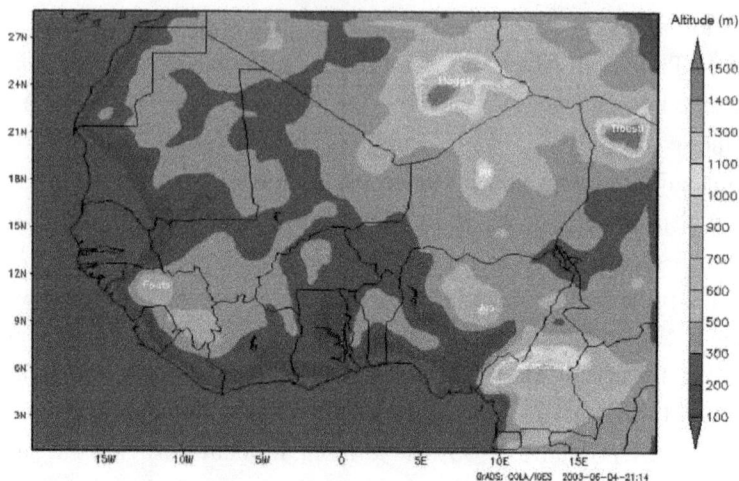

Figure 2.2: Carte topographique de l'Afrique de l'Ouest

2.1.2 Le réseau hydrographique de la région

La topographie peu accidentée de l'Afrique de l'Ouest favorise la formation de grands bassins régionaux dont le troisième grand fleuve de l'Afrique, le fleuve Niger (Figure 2.3) (Dabin and Maignien, 1979). C'est un cours d'eau dont le bassin est partagé par neuf pays (Cameroun, Bénin, Burkina Faso, Côte d'Ivoire, Guinée, Mali, Niger, Nigeria et Tchad) et qui traverse différentes zones climatiques (climat guinéen, climat soudanien, climat sahélien et climat saharien). Le fleuve Niger qui prend sa source dans le Fouta Djalon (Orange, 1990), est long de 4200 km avec un bassin actif qui couvre près de 2 000 000 km^2. Ce bassin a d'importants atouts sur le plan hydro-agricole, halieutique, énergétique, de développement économique et social, mais les sécheresses répétées de ces trois dernières décennies et la pression démographique sur les ressources naturelles ont fortement fait baisser son hydraulicité. L'absence de politiques efficaces soucieuses de la préservation de l'environnement a engendré une accélération de la dégradation des terres et des eaux avec notamment un fort ensablement du lit, l'envahissement par des végétaux flottants, et une fragilisation des écosystèmes.

Deux autres grands cours d'eau, la Volta et le fleuve Sénégal (Figure 2.3), marquent le réseau hydrographique ouest africain (Dabin and Maignien, 1979). La Volta, deuxième cours d'eau de la région, d'une longueur de plus de 1850 km et d'un bassin d'une superficie d'environ 400 000 km², est partagé par le Bénin, le Burkina Faso, la Côte d'Ivoire, le Ghana, le Mali et le Togo (Kasei *et al.*, 2010). Le troisième grand réseau hydrographique est constitué par le fleuve Sénégal qui prend sa source sur le Fouta Djalon. Ce fleuve est long de 1 790 km avec un bassin versant d'environ 337 000 km² et s'étend sur quatre pays, la Guinée, le Mali, la Mauritanie et le Sénégal.

A coté de ces trois grands cours d'eau, nous dénombrons une multitude de petits bassins (Figure 2.3) de quelques dizaines à quelques centaines de km² qui se jettent tous dans l'océan Atlantique. Les systèmes andoréïques sont présents par endroit dans les zones de bassin sédimentaire (Favreau *et al.*, 2009). La principale cuvette est le lac Tchad à la confluence de quatre pays, le Tchad, le Niger, le Nigeria et le Cameroun. D'autres petites cuvettes et zones de dépression (mares et marigots) marquent aussi le réseau hydrographique de l'Afrique de l'Ouest.

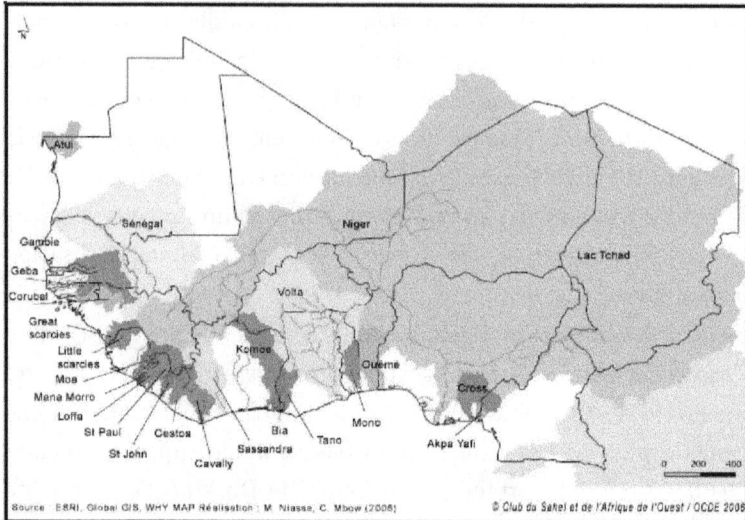

Figure 2.3: Réseau hydrographique et bassins de l'Afrique de l'Ouest et centrale (Source : www.oecd.org/ csao/cartes)

2.1.3 Système climatique de l'Afrique de l'Ouest

La description de ce système est présentée par rapport à la circulation atmosphérique générale dont il constitue une composante importante (Weldeab *et al.*, 2007). C'est d'ailleurs par cette circulation générale que l'équilibre atmosphérique se maintient (Gaye, 2002) autour du globe. Le mécanisme climatique ouest africain repose principalement sur l'interaction sol-atmosphère-océan (Lafore *et al.*, 2010) qui détermine la dynamique au sein de la zone de convergence intertropicale (ZCIT) sur la région. La ZCIT est la zone de rencontre entre deux

28

masses d'air dont un vent humide venant de l'Océan Atlantique au
Sud et un vent chaud et sec venant du Sahara au Nord (Ramel, 2005).
Par ailleurs, la dynamique des deux flux dépend des activités des zones
de dépression (D) et des zones de haute pression de la cellule de Hadley (A) (Ramel, 2005). Les zones de haute pression ou anticyclones
sont situées vers les 30° Nord et 30° Sud. La dynamique des vents sur
la région se caractérise par une poussée de l'air par l'anticyclone S^{te}
Hélène au Sud et par l'anticyclone saharien au Nord. Ces deux masses
d'air circulent dans les basses couches atmosphériques (inférieure à 3
km d'altitude) et portent le nom d'alizé (Figure 2.4). L'alizé du sud
qui traverse l'océan et les zones forestières est chargé en vapeur d'eau
et porte le nom de mousson et l'alizé venant du nord en traversant
la zone désertique, porte le nom de l'Harmatan (vent chaud et sec)
(Figure 2.4). D'autre part, l'intensité de l'alizé du sud est fortement
influencé par le contraste de température entre le continent et l'Océan
Atlantique (Fontaine and Bigot, 1993; Weldeab *et al.*, 2007). Ainsi, le
Front Intertropical (FIT) marque quant à lui, la limite Nord du front
de la mousson à l'intérieur du continent (Figure 2.4). Le FIT est aussi
le lieu de minimum de pression à la surface du sol (Gaye, 2002).
La circulation dans les hautes couches atmosphériques est principalement dominée par deux autres grands courants d'air sur la période
de juin à septembre, le Jet d'Est Africain (JEA) dans les couches
moyennes de l'atmosphère (3-6 km) et le Jet d'Est Tropical (JET)
dans la haute atmosphère (12-15 km) (Gaye, 2002; Gu and Adler,
2004; Parker *et al.*, 2005). Ces deux courants d'air (Figure 2.4) ont un
impact significatif sur la pluviosité de la mousson et agissent à contre
sens. Un JEA fort et un JET faible entraîne des saisons de pluies
avec une faible pluviosité alors que les saisons de pluies avec un faible

JEA et un fort JET sont marquées par une forte pluviosité (Mahé and Citeau, 1993). Cependant, Grist and Nicholson (2001) précisent que la seule intensité du JEA ne suffit pas, la position latitudinale du JEA joue aussi un rôle important dans la pluviosité d'une saison, une position plus au Nord entraîne une forte pluviosité.

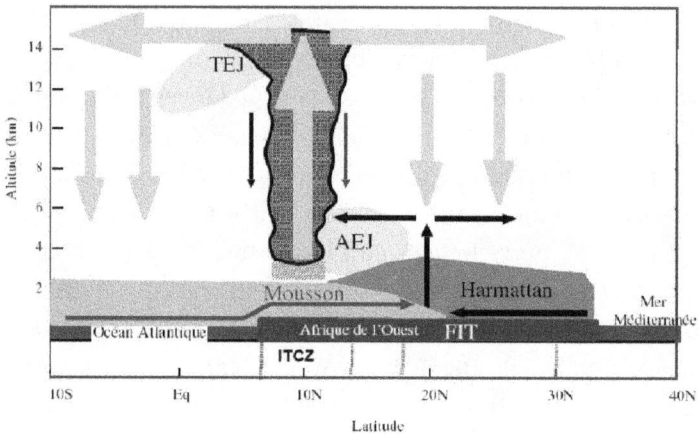

Figure 2.4: Schéma du mécanisme climatique de l'Afrique de l'Ouest (Peyrillé, 2006)

Ainsi, selon l'intensité des alizés (diminution de la pression de l'une des anticyclones due à la position du soleil), le FIT (Figure 2.4) se déplace du Sud vers le Nord, du mois de février au mois d'août où il atteint sa position la plus septentrionale aux alentours de 20°Nord et dans le sens inverse, du Nord vers le Sud, du mois de septembre au mois de janvier où il atteint sa position la plus méridionale aux alentours de 5°Nord (Penide, 2010). C'est ce déplacement du FIT qui gouverne l'alternance des deux saisons (saison sèche et saison des pluies) en Afrique de l'Ouest avec une saison sèche dans les zones situées au Nord du front des deux alizés (Figure 2.5).

Le climat sur le Sahel ouest africain est principalement dominé par ces deux saisons (Figure 2.5), la saison des pluies sur la période avril-octobre et la saison sèche sur la période novembre-mars (Sivakumar, 1988; Sultan and Janicot, 2003). La démarrage de la saison des pluies est marqué par un changement rapide de la position de la ZCIT de sa position quasi-stationnaire autour de 5°Nord en mai-juin à une deuxième position quasi-stationnaire en juillet-août à 10°Nord (Sultan and Janicot, 2000). Les pluies apportées par le flux de mousson à l'intérieur du continent surviennent sous forme d'événements pluvieux ou orages dont la durée moyenne est inférieure à 12 heures (Lebel and Le Barbé, 1997; Le Barbé and Lebel, 1997). Ces orages peuvent arroser une zone très limitée dans le cas des convections locales ou une zone très étendue dans le cas des convections organisées ou lignes de grains. Les lignes de grains ont un parcourt généralement d'Est en Ouest avec des pluies très intenses (Gaye, 2002). Une étude (Mathon *et al.*, 2002) faite sur le degré carré de Niamey au Niger a montré que les 90% de la pluie annuelle sont générés par des systèmes convectifs de méso-échelle (MCS) dont les 75% sont dus aux lignes de grains. Selon Laurent *et al.* (1998), les systèmes convectifs de mésoéchelle ont été responsables de plus 80% de la couverture nuageuse convective de la bande sahélienne en 1993.

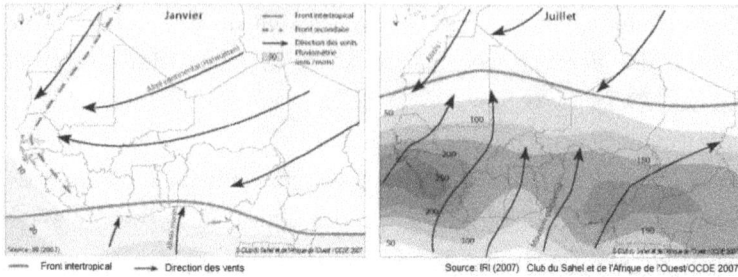

Figure 2.5: Cycle des alizés en Afrique de l'Ouest (source : www.oecd.org/csao/cartes)

2.2 Régime climatique et bilan en eau au Burkina Faso

Le Burkina Faso est un pays enclavé et situé au cœur de l'Afrique de l'Ouest avec une superficie de 274 200 km^2 (Figure 2.1 et Figure 2.2). Le climat est à dominance sahélienne avec une zone plus humide au Sud. Le pays est subdivisé en trois principales zones climatiques en fonction de la pluie annuelle moyenne (Figure 2.6), la zone sahélienne au Nord (300-600 mm/an), la zone sub-sahélienne (ou soudano-sahélienne) au centre (600-900 mm/an) et la zone nord soudanienne au Sud (900-1200 mm/an). Certains découpages climatiques de la région étendent la zone sahélienne jusqu'à l'isohyète 750 mm/an (Sircoulon, 1992).

L'essentiel des ressources en eau du Burkina Faso est apporté par la pluie dont le cumul annuel diminue du Sud vers le Nord avec un gra-

32

dient de l'ordre de 1 mm/km/an. Ces eaux de pluies sont retenues dans deux types de réservoirs, le réservoir de surface et le réservoir souterrain ; le reste se déverse vers l'océan. Le volume annuel moyen (1960-1990) précipité sur l'ensemble du pays est estimé à 206.9 milliards de m^3 dont 8.79 milliards de m^3 d'écoulements (4%), 32.4 milliards de m^3 d'infiltrations (16%) et 165.9 milliards de m^3 d'évaporation (80%) (Ministère de l'environnement et de l'eau, 2001). Les ressources en eaux exploitées par la population sont constituées de retenues d'eau dont le volume est estimé à 5 milliards de m^3 et des nappes souterraines dont le volume est estimé à 402 milliards de m^3 avec un volume renouvelable de 41 milliards de m^3. La DGH (Direction Générale de l'Hydraulique) a dénombré en 2001, plus de 1450 retenues d'eau sur l'ensemble du territoire et plus de 37518 points d'eau dont 21610 forages productifs et 15908 puits modernes (Ministère de l'environnement et de l'eau, 2001).

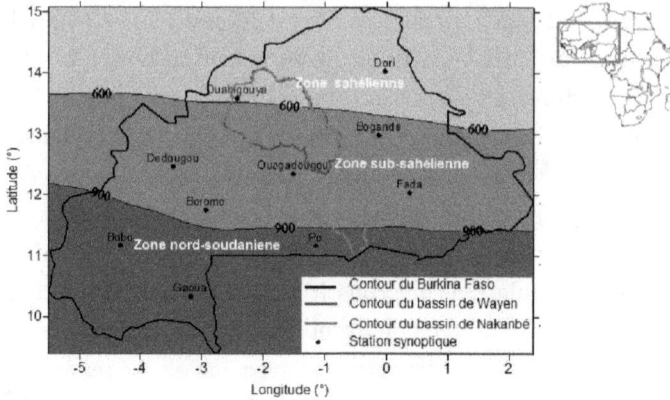

Figure 2.6: Zones climatiques du Burkina Faso

Les coordonnées sont en degré décimal. Les isohyètes représentent les moyennes annuelles (en mm) sur la période 1961-1990 issues des données du CRU.

2.2.1 Caractéristiques physiques du bassin du Nakanbé en amont de la station de Wayen

Le bassin du Nakanbé (Figure 2.7), situé dans la partie centrale du Burkina Faso, couvre une surface d'environ 41 400 km². L'inventaire des retenues d'eau du Burkina Faso de 2001 a recensé plus de 400 retenues d'eau sur le bassin dont deux parmi les plus grands barrages du pays, le barrage de Bagré et le barrage de Ziga. Le barrage de Bagré fut construit en 1994 principalement pour la production de l'électricité et pour l'irrigation tandis que le deuxième est destiné essentiellement à l'alimentation en eau potable de la ville de Ouagadougou. Le bassin

34

du Nakanbé joue donc un rôle important dans la vie de la population du bassin et pour le développement économique du Burkina Faso.

Le bassin du Nakanbé est partagé entre les trois zones climatiques du pays (Figure 2.7), mais la zone sahélienne couvre la plus grande proportion avec plus de 50% de sa superficie située en amont de la station hydrométrique de Wayen (Figure 2.7).

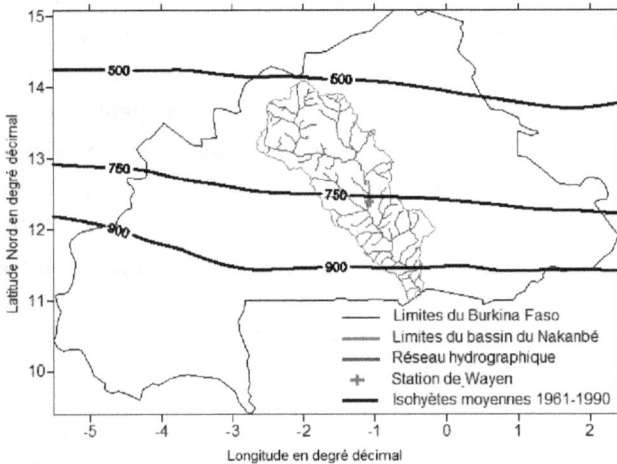

Figure 2.7: Contour du bassin du Nakanbé au Burkina Faso

Les isohyètes représentent les moyennes annuelles (en mm) sur la période 1961-1990 issues des données du CRU.

A. Topographie et hydrographie du bassin du Nakanbé à Wayen

La carte topographique (Figure 2.8a) du bassin est élaborée à partir des données ASTER DEM du ERSDAC (Earth Remote Sensing Data Analysis Center) (http ://www.gdem. aster.ersdac.or.jp/) à la résolution spatiale de 30x30 m^2. Le bassin du Nakanbé en amont de la station de Wayen (Figure 2.7a) couvre une superficie d'environ 21800 km^2 avec un périmètre de 78 km et le plus long cours d'eau est long d'environ 335 km (Figure 2.8a). Le relief est relativement plat avec un point culminant à 523 m, l'exutoire à 257 m, et une pente moyenne le long du plus long trajet de 0.04%. Aussi, avec une altitude moyenne de 324 m, la répartition hypsométrique du bassin (Figure 2.8b), montre que 95% du bassin est au dessus de l'altitude 288 m et 5% du bassin est au dessus de 356 m. L'altitude médiane (50%) du bassin est à 327 m.

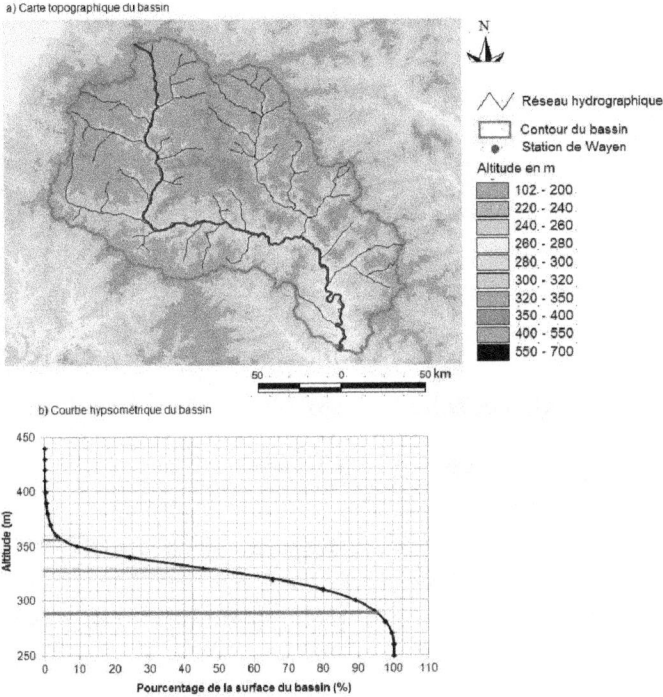

Figure 2.8: Topographie et courbe hypsométrique du bassin versant du Nakanbé à Wayen

La carte topographiques est issue des données ASTER DEM du ERSDAC, http ://www.gdem.aster.ersdac.or.jp/

La figure 2.8a montre que le relief est dominé par des collines de faible altitude entre lesquelles s'organise le réseau hydrographique le long des dépressions. Certaines de ces dépressions sont des zones préférentielles d'accumulation des eaux de ruissellement (appelées "les bas-fonds") qui descendent à partir des versants des collines avoisinantes. Les bas-fonds peuvent donner naissance à des mares temporaires ou semi-permanentes qui déversent dans le cours d'eau. Les bas-fonds, en fonction de la perméabilité de leur couverture de surface (sableux très perméable et argileux moins perméable), constituent aussi des zones de forte recharge des nappes souterraines et c'est le long de ces bas-fonds que les retenues d'eau et autres ouvrages d'aménagement hydro-agricole sont construits.

B. Géologie et hydrogéologie du bassin

Le bassin du Nakanbé repose sur le socle cristallin précambrien ou craton ouest africain. Les roches cristallines et cristallophylliennes de la plate-forme ouest-africaine constituent la presque totalité du sous-sol du bassin (IWACO, 1993). Ces formations cristallines issues du Précambrien C et D (Birimien et Antébirimien) couvrent plus de 80 % du territoire burkinabé. Ces formations sont également recouvertes à l'Est du pays par les dépôts du Continental Terminal. Ces formations géologiques sont constituées principalement d'un complexe granito-gnésique.

Le recouvrement de surface est dominé en grande partie par des plateaux latéritiques parfois très cuirassés. L'épaisseur de ces latérites varie selon la nature des formations sur lesquelles elles se reposent. Ces latérites sont particulièrement impressionnantes dans les régions où affleurent les formations birimiennes, notamment au Nord de la station de Wayen. C'est à travers ce recouvrement de latérites et d'alluvions que s'organisent les mécanismes de transfert d'eau verticaux vers les nappes. La coupe géologique type de la zone (Figure 2.9) montre une superposition de trois types d'aquifères (Savadogo, 1984; IWACO, 1993; Boker, 2003; Ouandaogo/Yameogo, 2008) :

- un aquifère supérieur formé de cuirasses et des alluvions dont l'épaisseur moyenne varie entre 3 et 10 m ;

- un aquifère des arènes grenues et fluentes entre 10 et 40 m de profondeur ;

- un aquifère du socle fissuré ou fracturé de 35 à 60 m de profondeur en fonction des zones et de la lithologie de la roche mère.

Le premier aquifère est la matrice de la nappe libre exploitée à partir des puits traditionnels ou modernes à grand diamètre, et il est principalement alimenté par les infiltrations. Les eaux de cet aquifère sont transférées vers l'aquifère inférieur à travers les fissures qui jouent le rôle de conduites hydrauliques. Ce transfert assure le renouvellement des eaux de la nappe profonde qui peut être captive à certains endroits. Cependant, ces différents aquifères ont une porosité efficace faible, comprise entre 1 et 5%. Le niveau statique des nappes est en moyenne à 20 m de la surface du sol sur l'ensemble du pays (Ouandaogo/Yameogo, 2008).

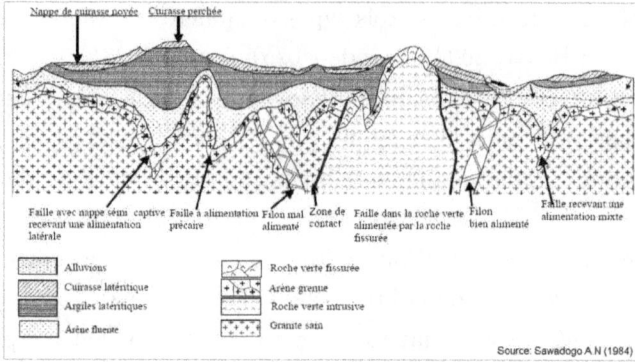

Figure 2.9: Coupe géologique type d'une zone du socle au Burkina Faso (Savadogo, 1984)

C. Pédologie et végétation du bassin

La nature du sol sur le bassin est conditionnée par la géologie. Trois types de sol dominent le bassin, les sols isohumiques (sols bruns subarides ; sols brun-rouge subarides), les sols ferrugineux tropicaux non ou peu lessivés et les sols ferrugineux tropicaux lessivés (Casenave and Valentin, 1989). Ces sols sont généralement pauvres en éléments fertilisants et présentent une mauvaise structure (Dembele and Somé, 1991). Ce sont des sols peu évolués à cause de la nature de la roche mère et ils ont une faible épaisseur.

Les caractéristiques hydrodynamiques des sols dépendent de la texture et de la structure du sol. Une étude de Dembele and Somé (1991) sur les différents types de sol du territoire burkinabé a mesuré une conductivité hydraulique de plus de 7 cm/h en début de l'humectation

40

et une stabilisation à 3.5 cm/h pour un sol brun eutrophe tropical vertique et à 6.5 cm/h pour un sol ferrugineux tropical. Une autre étude (Niang, 2006) faite sur différents états de surface du Nord du Burkina Faso a mesuré une conductivité hydraulique à une profondeur de 50 cm de 0.7 cm/h pour une croûte d'érosion (surface indurée) et 3.5 cm/h pour une croûte de dessiccation (placage sableux). Bien que les conductivités hydrauliques varient en fonction de l'état de surface du sol, les vitesses d'infiltration des sols sont nettement inférieures aux intensités des averses qui peuvent dépasser les 10 cm/h (Balme *et al.*, 2006).

D'autre part, malgré la faible épaisseur de ces sols, une végétation se développe sous une forte influence de la pluie. La végétation évolue du Sud au Nord, du type savane parsemée de forêts claires au type steppe clairsemée d'arbrisseaux et d'arbustes (Fontes and Guinko, 1995).

2.2.2 Situation démographique du bassin de Nakanbé à Wayen

La population résidente sur le territoire burkinabé est estimée à 14 017 262 habitants d'après le dernier recensement général de la population de 2006 (INSD, 2008) contre 10 312 602 habitants en 1996 (Diello, 2007), soit un taux d'accroissement annuel moyen de 3,1% (Ramdé and Sory, 2009). L'agriculture, principale activité de la population, occupe plus de 80% de la population du pays.

D'après les résultats de Diello (2007) sur l'analyse de l'évolution de la population sur le bassin de Wayen, la population riveraine est passée de 747274 habitants en 1960 à 1222286 habitants en 1996. Cette population est de l'ordre de 1502600 habitants en 2006 (calculée sur

la base de la densité de population par province issue des données de
INSD (2008)), soit une augmentation de 101% sur 47 ans. Ainsi le
bassin qui ne couvre que 8% de la superficie du pays, héberge environ
11% de la population du pays en 2006. En effet, la densité moyenne
de population sur le bassin (Figure 2.10) est de 69 hbts/km^2 en 2006
contre une moyenne nationale de 51 hbts/km^2.

La forte densité de la population sur le bassin (Figure 2.10) a entraîné
une forte pression sur les ressources naturelles du bassin avec une mise
en culture de plus de 68% du bassin d'après les images LANDSAT de
2002 (Diello, 2007). La proportion du bassin cultivée a connu une augmentation exponentielle entre 1960 et 1990 avec une augmentation de
la surface cultivée de plus de 112%, passant de 0.6 Mha (Millions d'ha)
en 1960 à 1.3 Mha en 1990. Mais, depuis la fin de la décennie 1980, le
bassin semble être saturé avec un manque des zones de végétation naturelle à mettre en valeur. Un autre aspect de la pression anthropique
sur les ressources naturelle du bassin, est la construction des retenues
d'eau qui occupent une proportion non négligeable du bassin ; en effet,
ces plans d'eau couvrent 1.5% du bassin en 2002 (Diello, 2007).

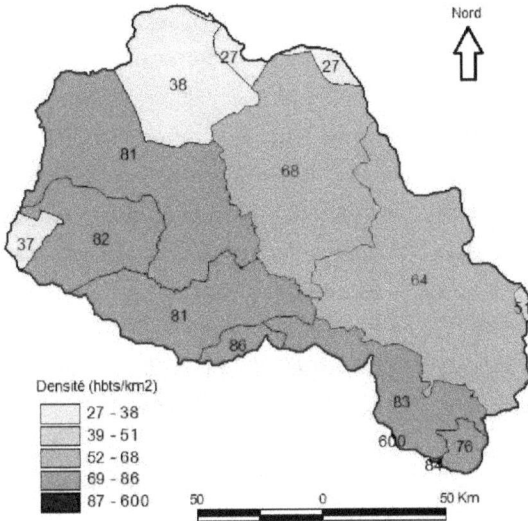

Figure 2.10: Densité de la population par province sur la bassin d'après les données du recensement général de la population et de l'habitat de 2006 (INSD, 2008)

2.2.3 Etat des ressources en eau sur le bassin de Wayen

Les ressources en eau du bassin de Wayen subissent une forte pression anthropique depuis la sécheresse des années 1970 avec une augmentation rapide du nombre des retenues d'eau, des puits et des forages. L'exploitation des eaux de surface s'organise autour des retenues d'eau et des mares naturelles. 196 retenues d'eau sont dénombrées sur le

43

bassin de Wayen en 2006 avec une capacité totale de l'ordre de 470 Mm³ (Figure 2.11). Les principales retenues sont le barrage de Ziga d'une capacité de 200 Mm³ mis en eau en 2000 et le barrage de Toécé (Kanazoé) d'une capacité de 75 Mm³ mis en eau en 1994. Bien que ces retenues soient construites pour assurer l'alimentation en eau de boisson et/ou pour les aménagements hydroagricoles, l'évaporation directe constitue un grand frein à la pérennité des eaux stockées car elle emporte plus de 70% du volume d'eau stocké dans les réservoirs (Lo and Escourrou, 1991). Les petites retenues d'une capacité inférieure à 5 Mm³ sont généralement vides en début de la saison des pluies et remplies au cours de la saison (de Condappa *et al.*, 2009).

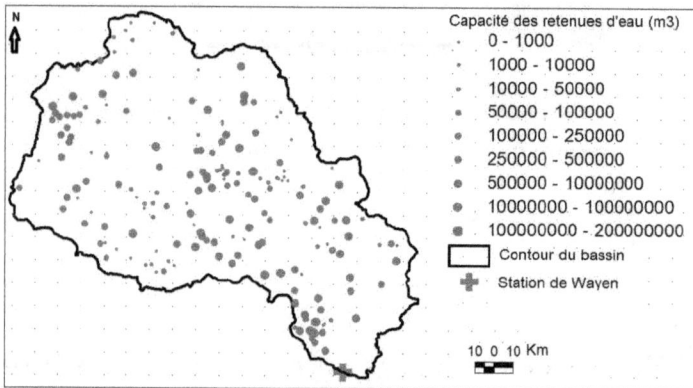

Figure 2.11: Répartition spatiale des retenues d'eau sur le bassin de Wayen en 2008 (base des données DGRE)

L'exploitation des eaux souterraines s'organise autour des forages et

44

des puits dont les débits sont faibles. Les aquifères du bassin sont très limités, d'épaisseur et de porosité efficace faibles (cf 2.2.1). Les débits d'exploitation faible, la moyenne nationale des débits des forages sont de l'ordre de 2 m^3/h (Ministère de l'environnement et de l'eau, 2001).

2.3 Présentation des données de l'étude

Un des objectifs du programme AMMA est de rassembler les données climatiques et environnementales de l'Afrique de l'Ouest dans une base de données (http ://database.amma-international.org/) accessible aux chercheurs. Ces données sont constituées de mesures de terrains, de mesures aéroportées, d'observations satellitaires, et de simulations climatiques. Notre étude porte sur l'analyse des données climatiques observées et simulées à l'échelle du Burkina Faso et des données hydrométriques de la station de Wayen sur la partie amont du bassin de Nakanbé sur la période 1961-2009.

2.3.1 Motivation du choix de l'échelle spatio-temporelle

Les données utilisées dans cette études sont au pas de temps de journalier et mensuel à la résolution spatiale de 0.5°x0.5°. Ces choix se justifient par rapport à la disponibilité des données et aux résolutions des modèles hydrologiques. En effet, toutes les données ponctuelles observées sont mesurées au pas de temps journalier et les données spatialisées, plus étendues, sont au pas de temps mensuel. De même, le choix de la résolution spatiale est imposée par la résolution spatiale des modèles climatique qui correspond à la résolution du modèle

45

hydrologique ORCHIDEE.

2.3.2 Données climatiques

Les données climatiques proviennent de trois principales sources : les données ponctuelles des observations proviennent de la Direction de la Météorologie du Burkina Faso, les données spatialisées à la résolution spatiale de 0.5°x0.5° (produites à partir des procédures de spatialisation) et les simulations des modèles climatiques régionaux.

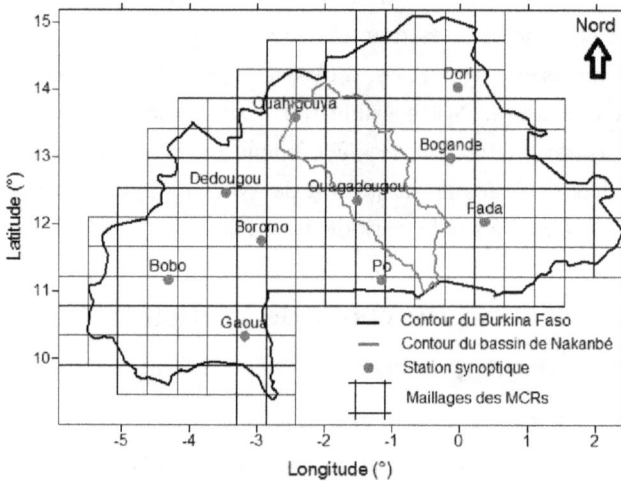

Figure 2.12: Réseau de mesure des paramètres climatiques de l'étude et les mailles des MCRs au Burkina Faso

A. Données climatiques observées

a. Sources et types de données

Les observations proviennent d'un réseau de dix stations synoptiques du Burkina Faso (Gaoua, Bobo Dioulasso, Po, Boromo, Fada N'Gourma, Ouagadougou, Dédougou, Bogandé, Ouahigouya et Dori) de la Direction Nationale de la Météorologie (Diello *et al.*, 2003). Ces dix stations sont bien réparties sur l'ensemble du territoire Burkinabé avec au moins trois stations par zone climatique dont trois pour la zone sahélienne au Nord, quatre pour la zone sub-sahélienne au centre et trois pour la zone nord soudanienne au sud (Figure 2.12). Ces stations font parti du réseau optimal (51 stations) de suivi des modifications climatiques au Burkina Faso proposé par Diello *et al.* (2003). Les observations concernent huit principaux paramètres climatiques : la pluie, la température (minimale, moyenne et maximale), l'humidité (minimale, moyenne et maximale), l'insolation, le vent, l'évaporation bac collorado, et l'évapotranspiration potentielle de Penmann-Monteith (ETP). Toutes les données utilisées sont au pas de temps journalier et elles couvrent la période 1961-2009. Ainsi, les données pluviométriques sont complètes au niveau de neuf stations : c'est seulement la station de Bogandé qui manque des données pluies sur l'année 1978. Cependant pour les données des autres paramètres climatiques, nous analysons seulement la qualité des données d'ETP qui est une estimation à partir des données des autres paramètres. Notons que le démarrage des mesures du vent a accusé beaucoup plus de retard, en 1984 à Po et à Bogandé et en 1998 à Bogandé. C'est ce retard qui explique les taux très élevés de lacunes dans les données journalières d'ETP au niveau de ces stations sur la période 1961-1990 (Figure 2.13). Le taux de lacune est encore important à la station de Bogandé sur la période 1991-2009.

47

Somme toute, d'autres formules d'estimation de l'ETP qui prennent en compte moins de paramètres climatiques seront utilisées au cours de cette étude pour la constitution des données plus complètes.

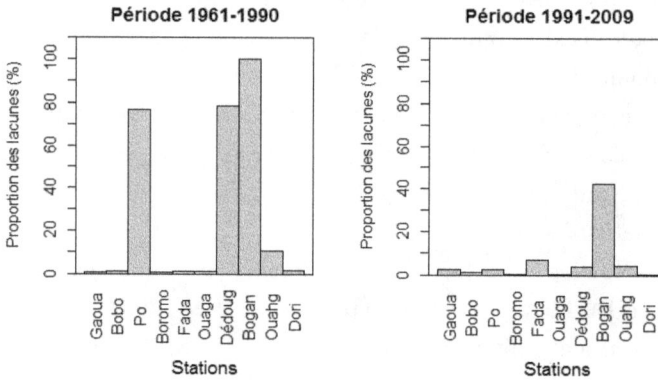

Figure 2.13: Proportion moyenne annuelle de lacunes dans les données de l'ETP des dix stations synoptiques du Burkina Faso pour la période 1961-1990 et la période 1991-2009

Le deuxième type de données, est constitué de données dérivées des observations, générées à travers des procédures de spatialisation (New et al., 2002; Paturel et al., 2010b). Toutes ces données sont au pas de temps mensuel et à la résolution spatiale de 0.5°x0.5°. Le premier jeu de données est celui du CRU (Climate Research Unit) (New et al., 2002), est constitué de données pluviométriques et des données d'ETP sur la période 1901-1998. Le deuxième jeu de données spatialisées, est celui de l'IRD (Institut de Recherche pour le Développement) (Paturel *et al.*, 2010*b*), est constitué uniquement de données pluviométriques sur la période 1901-1998. La base de données IRD contient des données pluviométriques mensuelles de l'ensemble des stations pluviométriques des services nationaux de la météorologie des pays sahéliens. Le réseau englobe 156 stations sur le Burkina Faso contre 65 stations pour le réseau CRU dont l'ensemble des dix stations du réseau synoptique pour les deux données (Mahé *et al.*, 2008). Somme toute, ces données (CRU et IRD) ont déjà été utilisées dans le cadre de plusieurs études sur la variabilité climatique et la modélisation hydrologique en Afrique de l'Ouest et Centrale et sur la modélisations hydrologiques (Ardoin-Bardin, 2004; Held *et al.*, 2005; Diello, 2007; Mahé *et al.*, 2008; Paturel *et al.*, 2010*b*).

Le troisième jeu de données est constitué par les données climatiques WATCH (Water and Global Change) produites dans le cadre du programme WATCH pour des simulations hydrologiques afin d'évaluer l'évaporation de référence (Weedon *et al.*, 2011). Ces données ont été générées à partir d'une procédure de désagrégation d'une combinaison des données climatiques de réanalyses ERA-40, du CRU et du GPCP sur la période 1958-2001. Elles ont une résolution spatiale de 0.5°x0.5°. et une résolution temporaire de 3 heures. Elles constituent les données de forçage de ORCHIDEE sur la période 1961-2000.

Les données IRD, CRU et WATCH couvrent le Burkina Faso sur un total de 120 mailles de 0.5°x0.5° entre les latitudes Nord 9.75° et 15.25° et les longitudes entre -5.25° et 2.25° (Figure 2.12).

b. Comparaison entre les différentes sources des données pluviométriques à l'échelle du pays

La pluie est le paramètre commun de l'ensemble des quatre types de données de base de l'étude (ponctuelle, IRD, CRU, et WATCH). Nous avons comparé les différentes données entre elles pour évaluer les différences qui peuvent exister de l'échelle mensuelle à l'échelle annuelle. La comparaison est faite sur une période de forte variabilité interannuelle, la période 1961-1995. Ainsi, la comparaison des moyennes mensuelles sur la période 1961-1990 n'a montré aucune différence significative entre les données avec un coefficient de corrélation supérieur à 0.9 et un écart inférieur à 4% des moyennes mensuelles. De même, la comparaison à l'échelle annuelle (Figure 2.14) a montré une corrélation significative entre les données avec un coefficient de corrélation supérieur à 0.8 avec un écart relatif aux moyennes sur les dix stations inférieur à 4%. Ainsi, chacun des quatre types de données pluviométriques représente bien la pluie moyenne sur le Burkina Faso. Aussi, l'écart-type interannuel des différentes données est de l'ordre de 17% de la pluie annuelle moyenne pour chacune des données (il varie entre 14% et 25% à l'échelle des stations). Cette proportion est d'un même ordre de grandeur que l'incertitude associée à la mesure de la pluie annuelle qui varie entre 12 et 20% (Grommaire-Mertz, 1998).

En plus, nous avons évalué la représentativité de la pluie annuelle à l'échelle du pays en fonction du nombre de stations par zone climatique. L'analyse est faite sur le cumul annuel de pluies en considérant un réseau de trois (une station par zone climatique), six (deux stations par zone climatique) et dix stations (trois stations par zone climatique). La figure 2.14 montre que les cinq courbes présentent la même variabilité interannuelle sur la période 1961-1995 avec des coefficients de corrélation supérieurs à 0.8 (Mahé *et al.*, 2008). Cependant, l'écart-type entre les pluies annuelles sur les dix stations est de l'ordre de 25% de la pluie annuelle moyenne sur le pays et il ne dépend pas de cette pluie annuelle moyenne (coefficient de corrélation de -0.3).

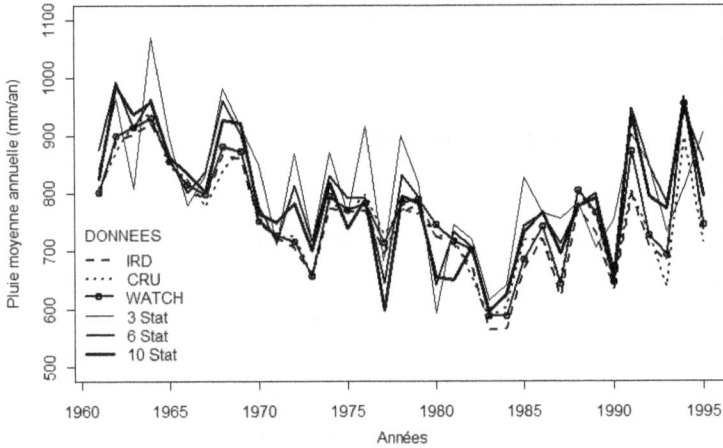

Figure 2.14: Comparaison de la pluie moyenne annuelle sur la période 1961-1995 entre les différentes sources de données et les combinaisons de stations

3 stat= moyenne avec une station par zone climatique, 6 stat=moyenne avec deux stations par zone climatique, et 10 stat= moyenne de l'ensemble des stations du réseau.

B. Données climatiques simulées

Les simulations climatiques proviennent de la mise en oeuvre de cinq modèles climatiques régionaux (MCRs) sur la zone Afrique au pas de temps journalier et à une résolution spatiale de 0.44°x0.44° (Figure 2.12). Les MCRs ont produit des données journalières sur la période 1950-2050 sur une zone qui couvre entièrement le Burkina Faso. Les

51

données que nous utilisons dans cette étude sont constituées des données pluviométriques et des données des principaux paramètres climatiques utilisés dans l'estimation de l'ETP (température, humidité,
rayonnement et vent).

2.3.3 Données hydrologiques

Les mesures hydrologiques sont constituées des données de débits
moyens journaliers de la station de Wayen. Nous disposons pour cette
étude des données de débit moyen journalier sur la période 1955-
2002 obtenues auprès de la Direction Générale des Ressources en Eau
(DGRE) du Burkina Faso. La figure 2.15 des proportions annuelles
des données manquantes montre que les lacunes sont très importantes
(supérieure à 10%) du début de la série jusqu'en 1977 et concernent
surtout la période de juin-septembre. Sur les 48 ans de données, c'est
uniquement sur la période 1978-1996 que les lacunes sont moins de
10% par an et principalement enregistrées pendant la saison sèche sauf
pour la saison 1995 où les lacunes sont enregistrées aux mois d'août
et septembre. Il est à noté que la mise en eau en 2000 du barrage de
Ziga, situé à une quinzaine de kilomètres en amont de la station, peut
avoir des impacts sur les débits enregistrés à Wayen avec une gestion
artificielle des lâchers d'eau du barrage.

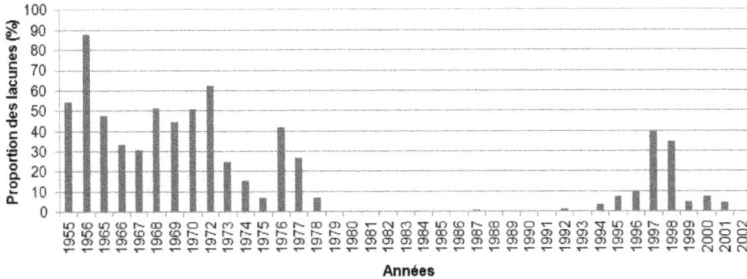

Figure 2.15: Proportion des lacunes dans la série des débits journaliers à Wayen sur la période 1955-2002

2.3.4 Synthèse sur les données de l'étude

Le deuxième paramètre climatique, l'ETP, sera estimé au cours de cette étude à partir des formules déjà utilisées dans la région sahélienne (Allen *et al.*, 1996). Les autres paramètres climatiques, humidité, rayonnement et vent ne feront pas l'objet d'une analyse car leurs impacts sur les ressources en eau sont traduit par l'ETP. D'autre part, le calage et la validation des modèles hydrologiques sur le bassin de Wayen seront faits sur la période 1978-1999 qui présente moins de lacunes.

2.4 Synthèse partielle

L'Afrique de l'Ouest présente un mécanisme climatique complexe avec des zones arides au Nord (sans aucune goutte de pluie), et des zones hu-

53

mides, fortement arrosées (plus de 1500 mm/an), au Sud. Ce contraste
pluviométrique fait que la problématique de la mobilisation des ressources en eau ne se pose pas avec la même acuité sur l'ensemble de
la région.

Le Burkina Faso, pays situé au cœur de l'Afrique de l'Ouest, se trouve
dans les zones climatiques intermédiaires avec un territoire partagé
sur trois grand bassins transfrontaliers, le Niger, la Volta et la Comoé.
Cependant, le recouvrement du pays sur plus de 3/4 de sa superficie
par le socle cristallin complique l'exploitation des ressources en eau
souterraines et oblige la population à s'orienter vers les ressources en
eau de surface fortement sensibles à la baisse de la pluie annuelle.
Ainsi, pour atténuer l'effet de la sécheresse, plusieurs retenues d'eau
sont construites pour le stockage des eaux de ruissellent des bassins.
D'où, la rentabilité et l'efficacité de ces retenues d'eau dépendent de
l'évolution des fonctionnements hydrologiques des bassins.

D'autre part, toutes les données pluviométriques issues des observations (IRD, CRU, et WATCH) utilisées dans cette étude sont représentatives de la pluie annuelle du Burkina Faso et peuvent être utilisées
pour le forçage des modèles hydrologiques sur le bassin de Nakanbé à
Wayen. Bien que, le réseau synoptique dont nous avons pu acquérir les
données ne soit constitué que de dix stations, la répartition spatiale
de ces stations permet de reproduire la situation climatique moyenne
à l'échelle du pays.

Chapitre 3

Changement climatique et modélisation de l'évolution du climat

"Dès le 19ème siècle, le suédois Svante Arrhénius, attire l'attention sur le fait que l'homme est en train de modifier la composition de l'atmosphère en gaz carbonique à travers l'utilisation du charbon. A partir d'un calcul relativement simple, il estime que notre planète devrait se réchauffer de 5°C d'ici la fin du 20ème siècle. Mais ce n'est qu'à partir des années 1970 que ce problème de l'action potentielle des activités humaines sur le climat devient l'objet de l'attention des scientifiques." (Mégie and Jouzel, 2003)

Le climat, selon la définition de l'organisation météorologique mondiale citée par Ciesla (1997), est la "synthèse des conditions météorologiques dans une région donnée, caractérisée par les statistiques à long terme des variables de l'état de l'atmosphère". Le cycle saisonnier et les fluctuations inter-annuelles font donc parti du climat (Ciesla, 1997). De façon générale, le climat à la surface de la terre est commandé par deux principaux facteurs :

- les facteurs externes, liés aux activités du soleil et à la dynamique du système solaire ;

- les facteurs internes, liés au système terrestre (tectonique des plaques, océans, atmosphère, etc.) et aux activités anthropiques.

Le système climatique terrestre est régi par l'échange de l'énergie entre le soleil et la terre, l'énergie émise par le soleil en direction de la terre est réfléchie à 30% par les couche atmosphériques et la partie incidente sur la terre est décomposée en une partie réfléchie par la terre (albédo) et une partie qui contribue à l'échauffement de la terre (Sadourny, 1994). Du fait donc de la position de la terre dans le système solaire et des mouvements des plaques tectoniques, le climat est donc sujet à une variabilité interannuelle avec des périodes chaudes et des périodes froides par rapport à une situation de référence (Sadourny, 1994). Cependant, le changement des activités de l'homme de l'époque du développement industriel du $18^{\text{ème}}$ siècle à nos jours, est un phénomène sans précédent dans l'histoire de l'humanité. L'intensification de l'exploitation des ressources naturelles a provoqué plus de changement dans l'environnement planétaire au cours de ces 200 dernières années qu'au cours des 2000 ans antérieurs (Myers and Tickell, 2001). En effet, le développement industriel a engendré l'utilisation des sources d'énergie qui sont restées longtemps enfouies dans la terre et dont la combustion à la surface de la terre augmente le taux des gaz à effet de serre dans l'atmosphère (Fouquart, 2003).

3.1 Changement climatique global

Le climat est un système extrêmement complexe régi par l'interaction de plusieurs processus terrestres, atmosphériques, solaires et interpla-

56

nétaires (Beniston, 2009; Florides and Christodoulides, 2009). Certains de ces processus sont aléatoires et d'autres respectent des lois de la physique avec une forte variabilité au cours du temps. De ce fait, le climat connaît dans son évolution normale des phases de réchauffement et de refroidissement (Sadourny, 1994; Fouquart, 2003). Son évolution est caractérisée à l'échelle globale à travers l'évolution de la température moyenne de la terre déterminée pour les périodes passées à partir des traceurs isotopiques des calottes glaciales et des fossiles géologiques, et des mesures directes pour l'époque récente. Ainsi, de l'époque précambrienne (800 Ma avant) au quaternaire, le climat a enregistré cinq phases glaciaires et cinq phases chaudes (Figure 3.1). La figure 3.1 montre que les phases chaudes (interglaciaires) sont plus longues que les phases glaciaires de refroidissement.

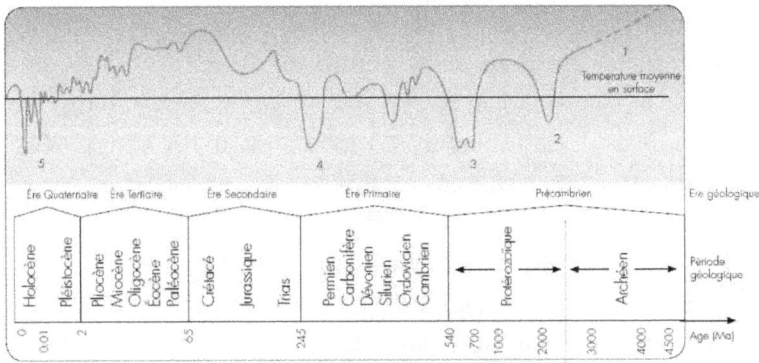

source: http://crdp.ac-amiens.fr/edd2/docs/themes/poles/fiche_03_090225.pdf, 09/08/2011

Figure 3.1: Variation de la température en surface au cours de l'histoire de la Terre

D'ailleurs, l'évolution du climat récent (climat du Quaternaire) se caractérise par deux phases, une phase froide (du 1.8 Ma (Million d'années) à 0.01 Ma) et une dernière phase chaude. Le Quaternaire a été marqué par des cycles glaciaires-interglaciaires d'une durée de 100 000 ans environ qui furent mis en évidence d'abord sur les continents (blocs erratiques, restes de moraine, etc.) puis dans les sédiments océaniques et les glaces polaires (http ://accès.inrp.fr/acces/ author/lhuillier). Le dernier maximum glaciaire se situe dans la tranche de 21 000-17 000 ans avant 1950 (Sylvestre *et al.*, 1998; Gasse, 2000). Plus spécifiquement pour l'Afrique de l'Ouest, Fabre and Petit-Maire (1988) rapportent que le Sahara a connu au cours de l'holocène quatre grandes phases de variabilité climatique :

- une phase humide pendant le troisième niveau isotopique (40-20 ky B.P. (1000 ans Before Present)) ;

- une phase aride pendant le deuxième niveau isotopique (20-10 ky B.P.) qui marque l'extension de la ceinture du Sahara ;

- une phase humide pendant le premier niveau isotopique (10-3 ky B.P.) marquée par une extension des lacs. Mais il y a eu un début de la détérioration des conditions climatiques aux environs de 7000 yr B.P ;

- installation de la phase aride depuis ca. 3 ky B.P.

C'est cette dernière phase d'aridité (Yan and Petit-Maire, 1994) qui continue jusqu'à nos jours avec une extension du Sahara; elle est accentuée par le phénomène de la désertification aggravé par la baisse de la pluie annuelle des dernières décennies (Mahé and Paturel, 2009). Somme toute, la variabilité climatique (augmentation de la température moyenne) des deux derniers siècles (19-20ème siècle) est d'une ampleur plus grande que les variabilités climatiques données par la

58

paléoclimatologie. Les variabilités climatiques anciennes se sont produites sur des milliers voir des millions d'années et sont dues au fonctionnement normal des systèmes terrestre et solaire (Nakicenovic and Swart, 2000; Mann and Jones, 2003). Alors que les dernières variabilités plus rapides semblent provenir des activités de l'homme à la surface du globe : injection du dioxyde de carbone dans l'atmosphère (Fouquart, 2003). D'où la notion du "changement climatique" attribuée à une variation du climat dont la cause est d'origine anthropique. Ainsi, la notion du changement climatique (Houghton *et al.*, 2001) est entrée dans la conscience publique à partir des années 1990 (Houghton, Jenkins and Ephraums, 1990; ONU, 1992; Beniston, 2009) avec les travaux du Groupe d'experts intergouvernemental sur l'évolution du climat GIEC ou IPCC (Intergovernmental Panel on Climate Change). Plusieurs études (Nakicenovic and Swart, 2000; Solomon *et al.*, 2009; Beck, 2007) sur l'évolution du climat entre la période post industrielle et aujourd'hui ont montré une augmentation accélérée de la concentration des gaz à effet de serre notamment le dioxyde de carbone dans l'atmosphère parallèlement à une augmentation de la température moyenne de la terre. Beck (2007) présente l'évolution du taux de dioxyde de carbone dans l'atmosphère de l'Hémisphère Nord. Ce taux passe de moins de 280 ppm (proportion par million) en 1750 à plus de 385 ppm en 2008 (Le Quéré *et al.*, 2009). Cependant, bien que la corrélation entre la variation du taux de CO_2 dans l'atmosphère et la variation de la température soit forte (Indermühle *et al.*, 2000), l'identification de la cause du récent réchauffement global de la terre reste encore incomplète (Solomon, 2007; Florides and Christodoulides, 2009). Ainsi, l'approche développée pour évaluer l'impact des activités humaines sur le climat est l'élaboration d'un ensemble de scénarios de l'évolution de la population et de ses activités pour la mise en œuvre des modèles climatiques.

3.2 Les principaux scénarios du changement climatique

L'intensité des rejets des gaz à effet de serre (le dioxyde de carbone (CO_2), le méthane (CH_4), le protoxyde d'azote(ou N_2O), l'ozone (O_3)) dans l'atmosphère est aggravé par le développement industriel et l'augmentation de la population (Giddens and Meyer, 1994). L'impact de ces gaz sur l'évolution du climat est aujourd'hui évalué à travers une série de simulations climatiques sur les périodes passées et futures (Meehl, 1984; Houghton, Jenkins and Ephraums, 1990; Hansen *et al.*, 2008; McGuffie and Henderson-Sellers, 2001; Matthews and Caldeira, 2008).

Ainsi, avec l'incertitude qui caractérise le développement des activités humaines à la surface du globe, une multitude de projections ou scénarios de l'accroissement de la population et de ses activés sont élaborées pour évaluer l'évolution de la quantité des gaz émis dans l'atmosphère (Nakicenovic and Swart, 2000). C'est sur la base de ces scénarios de la démographie, du développement technologique et des activités socio-économiques que les quantités d'émission de gaz à effet de serre sont estimées pour le futur. Le Groupe d'experts Intergouvernemental sur l'Evolution du Climat (GIEC ou IPCC) a proposé six principaux groupes de scénarios d'émission des gaz à effet de serre (A1B, A1FI, A1T, A2, B1, B2) dans son rapport spécial sur les scénarios d'émission de 2000. Ces scénarios vont du scénario le plus optimiste B1T (faible émission) avec une faible utilisation des énergies fossiles au scénario le plus pessimiste A1FI (forte émission) avec une

60

forte croissance démographique et une utilisation à outrance des énergies fossiles. Le scénario moyen ou scénario intermédiaire est le scénario A1B qui repose sur une utilisation équilibrée des sources d'énergie,
fossiles et non fossiles. Les six scénarios sont (www.iddri.org) :

- scénarios A1. Trois scénarios sont regroupés sous cette famille. Ils
  décrivent tous une croissance économique très rapide, une population globale qui plafonne en 2050 et l'introduction rapide de technologies plus efficientes ; les grandes régions du monde convergent
  économiquement et interagissent fortement. Les trois scénarios se
  distinguent par l'intensité technologique de leur secteur énergétique :
  très intensif en ressources fossiles (A1FI), recours rapide et exclusif
  à des sources non fossiles (A1T) ou mix énergétique équilibré appelé
  le scénario intermédiaire (A1B) ;
- scénario A2 (pessimiste). Le monde est très hétérogène (affaiblis-
  sement du mouvement de mondialisation), la population globale
  croît constamment et la croissance économique tout comme le changement technologique sont plus fragmentés et plus lents que dans
  les autres scénarios. Le recours à l'énergie n'est brimé par aucune
  contrainte forte, et les émissions de gaz à effet de serre sont très importantes, aboutissant à une concentration en gaz carbonique de 850
  ppm environ en 2100, ce qui situe ce scénario dans la haute classe
  des scénarios du GIEC, sans qu'il constitue pour autant un cas
  extrême. (http ://www.onerc.org/content/les-scénarios-d-émission-
  de-gaz-effet-de-serre) ;
- scénario B1 (optimiste). Les régions du monde convergent rapidement, la population mondiale plafonne en 2050, et la structure économique se tourne rapidement vers une économie de service et d'information (moins intensive matériellement et plus efficace énergéti-
  quement) avec l'adoption d'une politique de développement durable

global ;

– scénario B2. La population mondiale est en croissance continue, le développement économique et le changement technologique sont à des niveaux intermédiaires, et la recherche d'un développement durable se fait à un niveau plus local. L'émission des gaz à effet de serre est plus faible en raison des orientations plus fortes vers la protection de l'environnement et l'équité sociale, une moindre croissance démographique et une évolution technologique modérée. Certaines mesures partielles de réduction des gaz à effet de serre et des aérosols sont prises en compte, en réponse à des préoccupations environnementales d'ordre local ou régional, telles que les problèmes de la qualité de l'air. Le résultat est une concentration en gaz carbonique de 600 ppm environ en 2100, ce qui situe ce scénario dans la basse classe des scénarios du GIEC. (http ://www.onerc.org/content/les-scenarios-d-emission-de-gaz-effet-de-serre).

Tous ces scénarios sont basés sur une augmentation continue de la population jusqu'à 2050. Une tendance à la baisse est appliquée aux familles, A1 et A2, à partir de 2050 avec l'adoption d'une politique de contrôle de la natalité. Par contre, la famille B2 est élaborée sur la base d'une croissance continue de la population (3.2). La figure 3.2 montre l'évolution de la quantité de dioxyde de carbone émis dans l'atmosphère selon les différent scénarios. Le fuseau des droites représente les évolutions selon les différents modèles considérés par le GIEC. C'est sous la base de ces scénarios que des modèles climatiques globaux et régionaux sont mis en œuvre pour produire la gamme de variation du climat futur ou d'une condition climatique donnée.

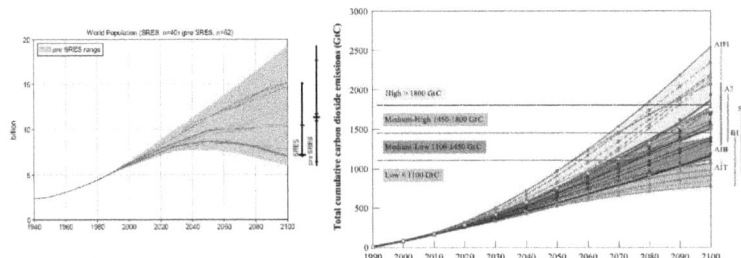

Figure 3.2: Fourchette d'émission du CO2 par scénario de changement climatique de l'IPCC (Nakicenovic and Swart, 2000)

3.3 Généralités sur les modèles climatiques

La recherche d'une meilleure connaissance du système climatique et de son évolution a abouti depuis les années 1950 à l'élaboration d'outils informatiques de prévisions climatiques à court et à long terme. Ces outils sont constitués d'un ensemble d'équations déterminées à partir des lois de la physique fondamentale, de la mécanique, de la chimie ou de la biologie pour reproduire de manière informatique les modes de fonctionnement des différentes composantes du système climatique (les fluides atmosphériques et océaniques, les glaciers ou la biosphère continentale et marine) avec une validation par les observations. Un modèle climatique est un logiciel très complexe à l'image du système climatique (Beniston, 2009; McGuffie and Henderson-Sellers, 2001), dont le but est de reproduire aussi fidèlement que possible le com-

63

portement du climat terrestre ou le climat d'une région donnée du globe.

Historiquement, le premier modèle atmosphérique date de 1950, et a été testé sur le premier ordinateur existant, l'ENIAC (Electronic Numerical Integrator Analyser and Computer). Les premiers modèles étaient de simples modèles élaborés sur la base des interactions entre deux ou trois composantes du système climatique (terre, océan, et atmosphère) (McGuffie and Henderson-Sellers, 2001), ils étaient limités par la capacité de calcul des premiers ordinateurs.

Aujourd'hui, grâce au développement de l'informatique, les modèles climatiques sont élaborés pour faire des simulations du climat terrestre à différentes résolutions spatiales (Figure 3.3) et temporelles sous différents scénarios d'évolution de certains paramètres climatiques appelés forçages. Les modèles globaux (toute la planète) de faible résolution spatiale (plus de 400kmx400km) ont constitué la première génération des modèles climatiques globaux ou modèles de circulation générale (MCGs). Ces modèles climatiques globaux ont évolué avec l'intégration de nouveaux processus ou composantes du système climatique (convection, nuages et précipitations, schéma de surface, transferts radiatifs, etc.). D'après Le Treut (2010), l'évolution des modèles climatiques globaux peut être subdivisée en six générations :

- années 1970 : Premiers modèles de circulation générale de l'atmosphère. Prise en compte d'éventuelles variations de l'irradiance solaire et de l'évolution de la concentration atmosphérique de CO_2. Modélisation sommaire des précipitations ;

- années 1980 : Prise en compte des propriétés des surfaces émergées ; couverture de glace prescrite. Modélisation sommaire de la nébulosité ;

- premier rapport (AR1=FAR) du GIEC (1990) : Océan "marécage" c'est-à-dire prise en compte des échanges de chaleur et d'eau entre l'océan et l'atmosphère, mais sans structure verticale de l'océan ni courants océaniques ;

- deuxième rapport (AR2=SAR) du GIEC (1995) : Prise en compte de l'activité volcanique ainsi que des sulfates issus des émissions anthropiques de SO2. Représentation encore sommaire des processus thermiques et dynamiques de l'océan en 3 dimensions ;

- troisième rapport (AR3=TAR, 2001) du GIEC : Prise en compte du cycle de carbone, des flux d'eau des rivières, des propriétés des aérosols anthropiques ; représentation plus avancée de la circulation tridimensionnelle des océans ;

- quatrième rapport (AR4, 2007) du GIEC : Prise en compte de la chimie atmosphérique. Prise en compte des interactions entre la végétation, le climat, et les propriétés des surfaces émergées.

Ces modèles ont évolué depuis les années 1990 avec une nouvelle génération de modèles climatiques dits régionaux avec une haute résolution spatiale atteignant moins de 10x10 km^2 (Castel *et al.*, 2010). L'intérêt de ces derniers modèles bien que demandeurs en terme de capacité de calcul et de temps de mise en œuvre, est qu'ils prennent en compte des spécificités locales tel que la topographie, l'usage du sol, l'organisation du réseau hydrographique, les activités anthropiques, et etc. que les modèles globaux ne peuvent pas bien représenter (McGregor, 1997; Alves and Marengo, 2010).

65

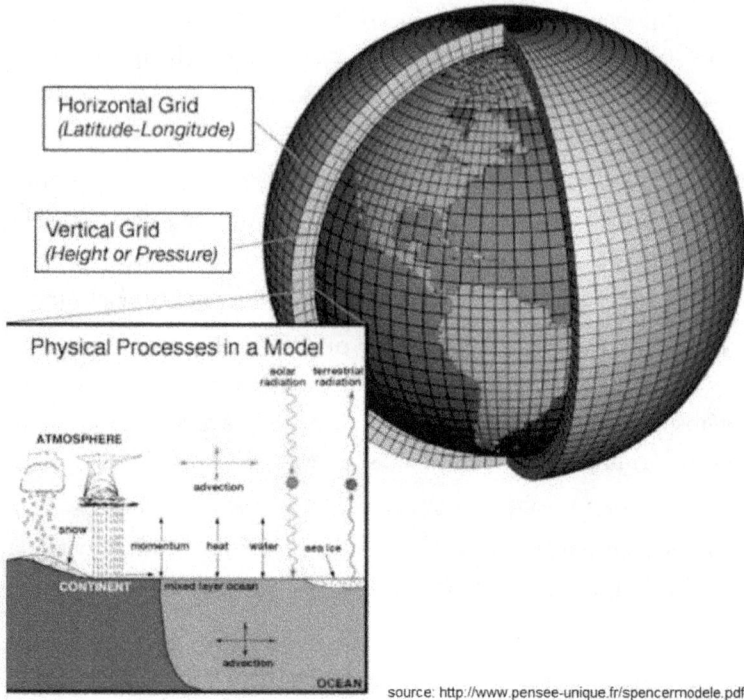

source: http://www.pensee-unique.fr/spencermodele.pdf

Figure 3.3: Schéma conceptuel de la structure d'un modèle climatique

3.4 Présentation des modèles climatiques régionaux de l'étude

Plusieurs modèles climatiques (Hulme *et al.*, 2001; Vanvyve *et al.*, 2008; Paeth *et al.*, 2011) ont déjà été tournés sur la zone ouest Afri-

66

caine pour la reproduction du fonctionnement du système climatique dans le cadre des études du GIEC ou de certains organismes de recherche. Ces études ont permis de mettre en évidence certains aspects du mécanisme climatique ouest africain, dont :

- l'influence de la température à la surface de l'océan sur le régime de précipitation de la sous région (Semazzi *et al.*, 1993; Giannini *et al.*, 2003; Paeth and Hense, 2004; Moron *et al.*, 2004) ;

- l'influence des systèmes de vents d'Est tropical (JET) et du vent d'Est Africain (AEJ) sur la mousson africaine (Cook, 1999; Grist and Nicholson, 2001; Gu and Adler, 2004) ;

- l'impact de la dégradation du couvert végétal sur les précipitations (Nicholson, 2000; Giannini *et al.*, 2003; Paeth and Hense, 2004; Alo and Wang, 2010).

Les résultats de ces études ont permis d'améliorer significativement la modélisation du climat de la région, surtout dans les modèles régionaux (Sylla *et al.*, 2010). Notre analyse de l'évolution du climat sous le scénario A1B est basée sur les simulations climatiques de onze modèles climatiques régionaux (Figure 3.1) mis en œuvre par le groupe ENSEMBLE-Europe (http ://ensemblesrt3.dmi.dk/) sur la zone de l'Afrique de l'Ouest (de -35° à +31° en longitude et de -20° à +35° en latitude). Ces MCRs, d'une résolution spatiale de 0.44°x0.44° (50x50 km^2) ont été tournés avec deux conditions aux limites (Figure 3.4), les premières données proviennent des données climatiques ERA-Interim (Dee *et al.*, 2008) et le deuxième jeu de données proviennent des simulations climatiques de deux modèles climatiques globaux (MCGs), ECHAM5 (Roeckner *et al.*, 2006) et HadCM3 (Gordon *et al.*, 2000). Les premières simulations couvrent la période 1987-2007, et les secondes, la période 1950-2050. Malheureusement, toutes les onze

longues simulations ne couvrent pas la période 1961-2050 et n'ont pas
produit tous les paramètres climatiques nécessaires à l'estimation de
l'évapotranspiration potentielle avec la formule de Penman–Monteith
(Allen *et al.*, 1996). Cette insuffisance nous a conduit à sélectionner les
cinq modèles (tableau 3.1) ayant les plus longues séries de données et
des paramètres climatiques pour l'estimation de l'évapotranspiration
potentielle.

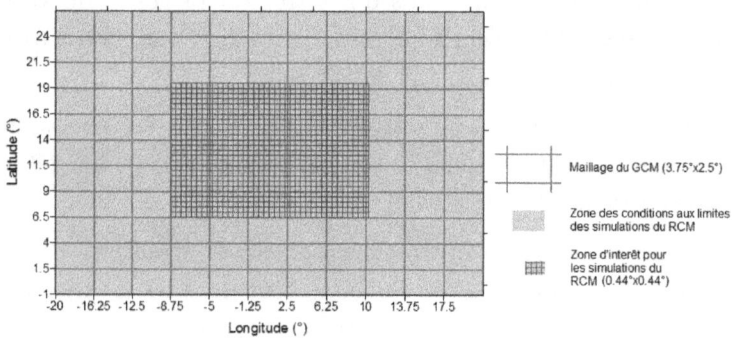

Figure 3.4: Schéma type des maillages des modèles climatiques

Instituts	Modèles	Période des données	Paramètres d'ETP
METO-HC	HadRM3P	1951-2100	OK
MPIMET	REMO	1951-2050	OK
DMI	HIRHAM	1989-2050	
INM	RCA	1951-2100	NO
KNMI	RACMO	1970-2050	OK
ICTP	RegCM	1980-2100	
SMHI	RCA	1951-2100	OK
UCLM	PROMES	1990-2050	
GKSS	CCLM	1961-2050	OK
CHMI	Aladin	1991-2050	
METNO	HIRHAM	1990-2050	

Tableau 3.1: Liste des modèles climatiques régionaux mis en œuvre par ENSEMBLE dans le cadre du programme AMMA

Les cinq modèles climatiques sélectionnés sont marqués par le "OK".

Les références scientifiques des cinq modèles sont présentées dans le tableau 5.1 à la section 5.2. Cependant, les cinq modèles présentent quelques différences au niveau de leur physique et de la structure de la couche atmosphérique. Le tableau 3.2 présente les différentes caractéristiques de chaque modèle (Jacob *et al.*, 2007).

Caractéristiques	CCLM	HadRM3P	RACMO	RCA	REMO
Niveau vertical	20	19	31	24-60	19
Convection	Mass flux Tiedtke 1989	Mass flux Gregory and Rowntree 1990, Gregory and Allen 1991	Mass flux Tiedtke 1989	Mass flux Kain and Fritsch 1990	Mass flux Tiedtke 1989, Nordeng 1994 for CAPE closure
Microphysique	Kessler 1969, Lin et al. 1983	Smith 1990, Jones et al. 1995		Rasch and Kristjansson 1998	Sundquist 1978
Radiation	Ritter and Geleyn 1992	Edwards and Slingo 1996	Morcrette 1991	Savijarvi 1990, Sass et. al. 1994	Morcrette 1989, Giorgetta and Wild 1995
Schéma de surface		Cox et al. 1999		Bringfelt et al. 2001	Dümenil and Todini 1992
Couches thermiques du sol	9	4	4	2	5
Couches d'humidité du sol		4	4	2	1

Tableau 3.2: Caractéristiques des cinq modèles climatiques régionaux de l'étude

3.5 Synthèse et conclusion partielle

Les études de la paléoclimatologie ont permis de comprendre que le climat de la terre a beaucoup varié au cours du temps (Sylvestre *et al.*, 1998; Gasse, 2000). Plusieurs études ont montré que l'évolution du climat est caractérisée par une succession d'époques très froides et d'époques très chaudes (assèchement du Sahara), et vice versa. Ces périodes critiques ont toujours eu de graves conséquences sur le développement de la vie à la surface de la terre, comme en témoigne la disparition de certains lacs ou peuplements dans certaines régions du globe (le Sahara, le désert de l'Australie, etc.).

Cependant, la perturbation climatique de ces deux derniers siècles caractérisée par l'augmentation accélérée de la température moyenne est attribuée par beaucoup d'études à l'augmentation de la quantité des gaz à effet de serre dans l'atmosphère (Houghton *et al.*, 2001; Beck, 2007; Hansen *et al.*, 2008; Matthews and Caldeira, 2008). En effet, la présence de ces gaz dans l'atmosphère augmente la proportion du rayonnement solaire emprisonné dans les basses couches atmosphériques (Sadourny, 1994; Fouquart, 2003). Ainsi, les inquiétudes soulevées par cette perturbation climatique ont conduit les chercheurs au développement de scénarios de l'évolution des activités anthropiques (Nakicenovic and Swart, 2000) pour estimer la variation future du climat à l'aide des modèles. Ces modèles, dont la performance s'améliore au fil du temps, sont aujourd'hui mis en œuvre à de hautes résolutions spatiale et temporelle pour reproduire le fonctionnement du système climatique et/ou pour évaluer l'évolution du climat pour les années à venir sous différents scénarios du développement des activités humaines (Solomon *et al.*, 2007).

Chapitre 4

Présentation des modèles hydrologiques de l'étude

Les processus hydrologiques représentent l'ensemble des processus de transformation de la pluie annuelle en écoulements, infiltrations, évaporation, transpiration et stockage dans les réservoirs. Tout comme le système climatique, les processus hydrologiques sont étudiés et modélisés depuis quelques décennies (Makhlouf, 1994; Varado, 2004; Vischel and Lebel, 2007). Les modèles hydrologiques sont élaborés dans le but de produire une meilleure description des processus hydrologiques à l'échelle d'un bassin versant, de faire des prédictions des écoulements et des crues le long du cours d'eau, et à évaluer les impacts du changement climatique ou d'un phénomène donné sur les écoulements. Ces modèles sont capables de restituer la dynamique de l'évolution des ressources en eau à l'échelle d'un bassin versant ou d'une région donnée à partir des données climatiques et des données biophysiques du bassin.

4.1 Fonctionnement hydrologique des bassins versant et modélisation

Le bilan hydrologique est établi à l'échelle d'un bassin versant dont la limite est généralement déterminée à partir de la topographie même s'il peut aller au delà de la limite topographique (écoulements souterrains). Le bassin versant topographique est l'espace à l'intérieur duquel toute goutte d'eau qui tombe, et qui ruisselle, convergera vers un point appelé l'exutoire du bassin versant. C'est donc l'ensemble des surfaces drainées par un cours d'eau et ses affluents en amont de l'exutoire (Lambert, 1996; Musy, 2011). La figure 4.1 présente une coupe type d'un bassin versant avec les différents processus hydrologiques.

L'équation du bilan hydrologique à l'échelle du bassin prend en compte toutes les entrées d'eau, les sorties d'eau et le stockage d'eau sur le bassin (Figure 4.1). Elle est définie par l'équation de conservation de la masse d'eau du système bassin, $\sum entrées = \sum sorties$. L'équation 4.1 présente le bilan hydrologique global pour une année hydrologique sans tenir compte des usages à l'intérieur du bassin.

$$P + R_b = ETR + IR + R + \Delta S \qquad (4.1)$$

P la pluie annuelle, R_b alimentation par la nappe, ETR l'évapotranspiration réelle, IR infiltrations vers la nappe ou recharge, R écoulements à l'exutoire, ΔS variation du stock d'eau dans la zone non saturée du sol.

73

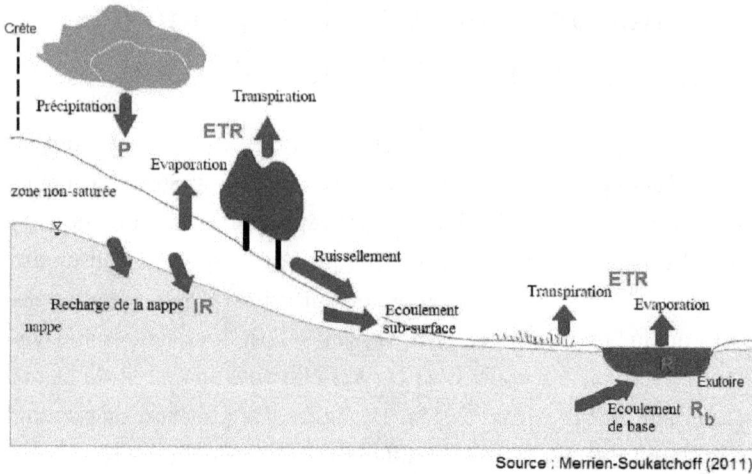

Source : Merrien-Soukatchoff (2011)

Figure 4.1: Schéma type des différentes mécanismes hydrologiques sur un bassin versant (Merrien-Soukatchoff, 2011)

Le bassin versant est donc considéré comme un système fermé où l'équation 4.1 est résolue (Musy, 2011). Il est à noter que le terme R_b de l'équation 4.1 est difficile à estimer sur beaucoup de bassins de la zone sahélienne du fait d'un manque de données sur les nappes. De ce fait, la détermination du fonctionnement hydrologique d'un bassin consiste à déterminer la fonction de répartition de toute la quantité de pluie entrant dans le bassin en évaporation, recharge ($RE = IR - R_b$), écoulement à l'exutoire et variation du stock d'eau du sol. Chacune de ces composantes repose sur des processus physiques complexes dont la connaissance nécessite une exploration des caractéristiques physiques du bassin (topographie, géologie, sol, végétation et climat). Les écoulements à l'exutoire sont constitués des ruissellements de surface, des écoulements sub-surface et des écoulements de base qui proviennent des nappes (Figure 4.2). Ainsi, les principaux mouvements de l'eau à l'intérieur d'un bassin sont décrits par les processus de transfert de l'eau de la surface à la nappe et des processus de transfert de l'eau de la surface et des couches du sol vers l'exutoire. La figure 4.2 présente les différents mouvements de l'eau à l'intérieur d'un bassin versant de la surface du sol à la nappe qui déterminent les différentes composantes de l'équation 4.1 du bilan hydrologique.

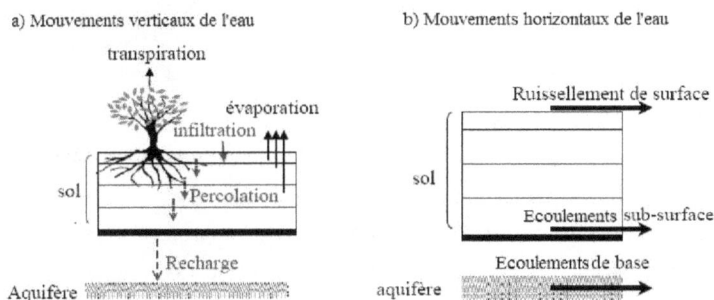

Figure 4.2: Schéma des différents mouvements de l'eau sur un bassin versant (Chaponnière, 2005)

La modélisation du fonctionnement hydrologique d'un bassin versant consiste à résoudre l'équation 4.1 à différents pas de temps. Cependant, malgré le développement de l'outil informatique, la prise en compte de certains processus hydrologiques se fait encore à travers des hypothèses implicites. Les premiers modèles appelés "boite noire" sont des modèles empiriques simples basés sur une relation directe entre l'entrée (la pluie) et la sortie (le débit) (Varado, 2004). Le bassin étant considéré comme une seule entité homogène, ces modèles ne donnent aucune description des processus hydrologiques engagés sur le bassin. Mais, depuis quelques années (années 2000), la pertinence d'un modèle est liée à sa capacité à restituer tous les termes du bilan hydrologique (Equation 4.1) et de décrire tous les processus impliqués.

Selon l'approche utilisée dans l'élaboration de leurs équations, les modèles hydrologiques sont classés en différentes catégories :

- le modèle conceptuel dont les équations découlent d'une série d'hypothèses ;

- le modèle physique dont les équations proviennent des lois de la physique avec une description des processus impliqués ;

- le modèle semi-conceptuel, élaboré avec une combinaison des deux précédentes approches.

En plus, de part la résolution spatiale du modèle, nous avons les modèles distribués ou spatialisés qui nécessitent une décomposition du bassin en plusieurs mailles ou éléments homogènes et les modèles globaux qui prennent le bassin comme une entité unique.

Après leur élaboration, les modèles hydrologiques doivent être validés avec les observations de terrains sur un ou plusieurs bassins versants. Une procédure de calage est alors mise en œuvre pour des modèles dont le fonctionnement requiert une période dite "d'apprentissage" pendant laquelle les valeurs du jeu des paramètres sont déterminées sur le bassin cible. Cette procédure de calage est suivie par une procédure de validation qui évalue la pertinence des valeurs du jeu de paramètres. D'où, un modèle hydrologique peut reproduire de façon pertinente les écoulements sur plusieurs bassins de différentes régions du globe avec

76

des caractéristiques climatiques et physiques différentes. Ainsi, plusieurs modèles hydrologiques élaborés par des centres de recherche en hydrologie sont aujourd'hui adaptés aux contextes des bassins versants sahéliens et permettent de modéliser de façon réaliste l'évolution des écoulements sur ces bassins.

4.2 Justification du choix des modèles hydrologiques

Le volet hydrologique de cette étude sur l'évaluation des impacts du changement climatique sur les ressources en eau repose sur une modélisation hydrologique du bassin du Nakanbé à la station hydrométrique de Wayen (cf 2.2.1) avec deux modèles hydrologiques dont les fonctionnements sont différents. Il s'agit du modèle GR2M (modèle global au pas de temps mensuel) et le modèle ORCHIDEE (modèle distribué à la résolution spatiale de 0.5°x0.5° et au pas de temps de 30 minutes). Les deux modèles se distinguent du point de vue de leurs résolutions spatiale et temporelle et de la représentation des processus hydrologiques. Le choix de ces deux modèles se justifie par leur nomenclature qui présente une répartition complète de la pluie annuelle sous la forme des composantes du bilan hydrologique. Ainsi, à travers leur fonctionnement hydrologique, les deux modèles permettront non seulement d'établir un bilan hydrologique complet du bassin mais aussi d'évaluer la gamme d'impact du changement climatique sur les écoulements (renouvellement du stock des réservoirs de surface), la recharge de la nappe (renouvellement du stock d'eau souterraine) et sur l'évapotranspiration.

En plus, les deux modèles ont été déjà mis en œuvre sur certains bas-

77

sins de l'Afrique de l'Ouest pour des études d'impact du changement climatique sur les ressources en eau. Ainsi, Vissin (2007) a obtenu de résultats pertinents avec le modèle GR2M dans une étude d'impact du changement climatique sur les écoulements de trois affluent du fleuve Niger au Nord Bénin (Mékrou, Alibori et Sota). Il a établi à partir du modèle GR2M et du modèle GR4J au pas de temps journalier (Perrin *et al.*, 2003), le bilan hydrologique des trois bassins et évalué la variation des écoulements et de la recharge sous une condition climatique modifiée. De même, d'Orgeval (2006) a évalué la sensibilité des grands bassins de l'Afrique dont le bassin de la Volta aux variations du climat à partir d'une série de simulations hydrologiques avec OR-CHIDEE. Ainsi, les amélioration apportées à ORCHIDEE au cours de cette étude ont permis de reproduire la variabilité hydrologique des différents bassins entre une période humide de 1954-55 et une période sèche de 1971-72.

Le pas de temps mensuel du modèle GR2M est un pas de temps adapté à la gestion des ressources en eau alors que le pas de temps fin (inférieur ou égal à un jour) du modèle ORCHIDEE permet de caractériser l'impact hydrologique des changements à l'échelle des événements pluvieux (moins d'une journée au Sahel).

4.3 Modèle hydrologique GR2M (version globale)

Cette version du modèle GR2M est tirée de l'étude de Mouelhi *et al.* (2006) sur le développement d'un modèle à deux paramètres au CE-MAGREF. Elle a été développée sur la base de la version globale du GR2M (Makhlouf, 1994) qui présente une modulation de la pluie et de l'ETP.

La procédure de modélisation de la présente version de GR2M est présentée sur la figure 4.3. Le niveau initial du réservoir sol S est modifié sous l'effet de la pluie P, et devient $S_1 = \dfrac{S + X_1 * \varphi}{1 + \varphi\dfrac{S}{X_1}}$ avec

$\varphi = tanh\left(\dfrac{P}{X_1}\right)$ et X_1 premier paramètre du modèle représente la capacité du réservoir sol.

La partie de la pluie P restante est donc $P_1 = P - (S_1 - S)$. Sous la demande évaporative, le niveau S_1 est baissé à $S_2 = \dfrac{S_1(1 - \psi)}{1 + \psi\left(1 - \dfrac{S_1}{X_1}\right)}$

avec $\psi = tanh\left(\dfrac{ETP}{X_1}\right)$ d'où l'évapotranspiration réelle est $ETR = S_1 - S_2$. A partir du paramètre X_1, le niveau du réservoir sol à la fin du pas de temps est $S = \dfrac{S_2}{\left[1 + \left(\dfrac{S_2}{X_1}\right)^3\right]^{1/3}}$, d'où le sol aurait relâché

dans le système une quantité d'eau $P_2 = S_2 - S$ (S niveau du réservoir sol en début du prochain pas de temps).

La somme $P_3 = P_1 + P_2$ constitue la pluie nette qui entre dans le réservoir de routage. Avec l'entrée de P_3, le niveau du réservoir de routage est mis à jour à $R_1 = R + P_3$ (R le niveau du réservoir de routage en début du pas de temps). La proportion de la réserve du réservoir qui participe à l'écoulement est $R_2 = X_2 * R_1$ avec X_2 deuxième paramètre du modèle ($0 < X_2 < 1$). Le débit qui sort est $Q = \dfrac{R_2^2}{R_2 + 60}$ et l'échange avec le système extérieur est $F = (X_2 - 1) * R_1$.

Par conséquent, le niveau du réservoir de routage à la fin du pas de temps est $R = R_2 - Q$ (R le niveau du réservoir de routage en début du prochain pas de temps)

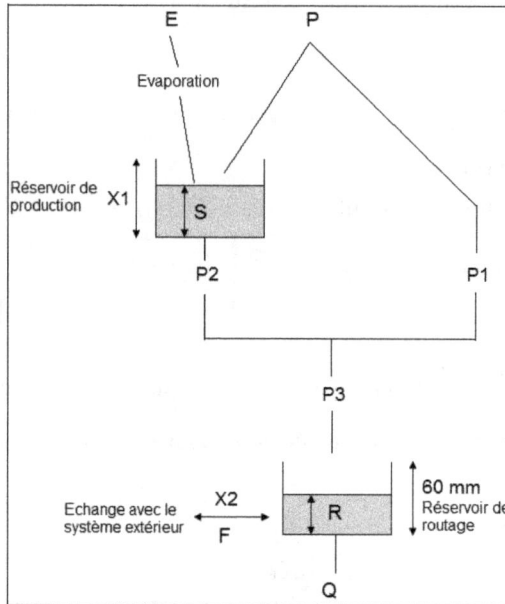

E   P
Evaporation

Réservoir de production   X1   S

P2   P1

P3

Echange avec le système extérieur   X2   R   60 mm Réservoir de routage
F

Q

Figure 4.3: Schéma de fonctionnement du modèle hydrologique GR2M version globale (Mouelhi *et al.*, 2006)

La procédure de fonctionnement du GR2M présente un bilan hydrologique complet à chaque pas de temps avec $P = ETR + Q + |F| + \Delta S$ (le R de l'équation 4.1 est représenté ici par Q). Ainsi, une approximation peut être faite entre la recharge $RE = IR - R_b$ dans l'équation 4.1 et le paramètre d'échange extérieur du GR2M, F. Or, la contribution de la nappe (écoulements de base) sont négligeables sur la partie sahélienne du bassin de Nakanbé car la nappe est très profonde (Mahé, 2009). Aussi, la variation du stock d'eau du sol ΔS est nulle sur un cycle hydrologique annuel (les sols sont très secs après plus de trois mois sans pluie). Le bilan hydrologique annuel du modèle présente alors une répartition complète de la pluie annuelle sous forme d'écoulement, d'évaporation et de la recharge. Le modèle GR2M peut donc permettre de déterminer l'impact de la variation du climat, caractérisé par les variations de la pluviométrie P et de l'ETP, sur le fonctionnement hydrologique du bassin à travers la variation des composantes du bilan hydrologique. Les paramètres X_1 et X_2 sont déterminés à l'échelle du bassin à travers la procédure de calage et validation. Ces paramètres dépendent du fonctionnement hydrologique de chaque bassin et peuvent être différents sur des bassins d'une même zone climatique.

4.4 Modèle du schéma de surface, ORCHIDEE

Le modèle ORCHIDEE (ORganising Carbon and Hydrology In Dynamic EcosystEms, http ://orchidee.ipsl.jussieu.fr/) est un modèle développé par l'IPSL (Institut Pierre-Simon Laplace). ORCHIDEE est composé de trois modules, le module du schéma de surface, SECHIBA (Schématisation des EChanges Hydriques à l'Interface Biosphère - Atmosphère) des bilans énergétique et hydrique, le module STOMATE (Saclay-Toulouse-Orsay Model for the Analysis of Terres¬ trial Ecosystems) du bilan de carbone et le module LPJ (Lund-Potsdam-Jena) de la dynamique de la végétation. ORCHIDEE est un modèle complet des processus de surface continentale qui peut être couplé au modèle climatique régional LMDZ (Laboratoire de Météorologique Dynamique Zoom, http ://lmdz.lmd .jussieu.fr/) développé au LMD (De Rosnay, 1999; d'Orgeval, 2006; Guimberteau, 2010).

Cette étude utilise le module SECHIBA qui est basé sur la résolution de l'équation du bilan hydrologique à l'échelle des mailles d'un demi degré carré (0.5°x0.5°). Le modèle de surface SECHIBA a surtout pour vocation de représenter les échanges hydriques et énergétiques à la surface continentale (Guimberteau, 2010). Le module prend en entrée des paramètres climatiques, les caractéristiques physiques des mailles et le mode d'occupation et d'usage des sols :

◊ les paramètres climatiques du bilan d'énergie et l'apport en eau ; température de l'air à 2 m, humidité spécifique de l'air à 2 m, vitesse du vent à 10 m (composante U et V), pression de surface, rayonnement incident de courte longueur d'onde, rayonnement incident de grande longueur d'onde, la pluie et la neige ;

◊ les caractéristiques physiques des mailles ; la topographie, le type de sol et le couvert végétal (13 classes de végétation voir Guimberteau (2010)) ;

◊ le mode d'occupation et d'usage des sols dont l'irrigation.

Les données climatiques et topographiques sont estimées à l'échelle de la maille alors que les autres types de données sont estimées en fonction de la proportion de surface occupée sur la maille.

Le module SECHIBA fonctionne sur la base de deux bilans, le bilan d'énergie et le bilan hydrique, établis à la surface de la maille.

a) L'équation du bilan d'énergie est :

$$R_n = R_g(1 - \alpha) + R_a - R_t \qquad (4.2)$$

avec R_n le rayonnement net $[J.m^2.s^{-1}]$, R_g le rayonnement solaire global $[J.m^2.s^{-1}]$, α albédo, R_a le rayonnement atmosphérique à onde longue $[J.m^2.s^{-1}]$, R_t le rayonnement terrestre à onde longue $[J.m^2.s^{-1}]$. L'équation 4.2 peut aussi s'écrire sous la forme :

$$R_n = \lambda ETP + H + G + M \qquad (4.3)$$

avec λETP fraction du rayonnement utilisé pour l'évapotranspiration, λ chaleur latente de vaporisation de l'eau $(2, 46.10^6 J.kg^{-1})$, ETP flux massique d'eau d'évapotranspiration potentielle $[kg.m^2.s^{-1}]$, H fraction utilisée sous forme de chaleur sensible, G flux de chaleur dans le sol, M fraction transformée en énergie chimique par les végétaux.

La figure 4.4 présente le schéma des différents termes de cette équation. Dans cette équation, le terme M est négligeable devant les autres termes, d'où l'équation 4.3 est beaucoup plus connue sous la forme de $R_n = \lambda ETP + H + G$.

Le rayonnement net R_n est déterminé directement à partir des données d'entrée de SECHIBA et les autres termes sont estimés à partir des formules empiriques intégrée dans le module.

◊ Flux de chaleur sensible H,

$$H = \frac{\rho_{air}.C_{pair}}{r_a}(T_s - T_a) \qquad (4.4)$$

ρ_{air} : masse volumique de l'air (égale à 1.15 $kg.m^{-3}$), C_{pair} chaleur massique de l'air (égale à $10^{15} J.kg^{-1}.K^{-1}$), T_s température à la surface du sol, T_a température de l'air $[K]$ et r_a résistance aérodynamique de l'air $[s.m^{-1}]$. Le paramètre $r_a$est estimé avec la formule,

83

$$r_a = \frac{1}{K^2.u}\left[ln\left(\frac{z - d_0}{z_0}\right)\right]^2 \tag{4.5}$$

Avec, ra : résistance aérodynamique $[s/m]$, K : constante de von Karman (= 0.41), u : vitesse du vent [m/s], z : hauteur de l'anémomètre (= h +2 où h est la hauteur de la végétation en m) $[m]$, z0 : hauteur de frottement [m], d0 : translation du plan origine de la relation logarithmique entre la vitesse du vent et la hauteur $[m]$.

◇ Flux de chaleur dans le sol G,

$$\begin{cases} G = k\dfrac{\partial T_s}{\partial z} \\ \dfrac{\partial T_s}{\partial t} = \dfrac{k}{\rho_{sol} * C_{psol}}.\dfrac{\partial^2 T_s}{\partial^2 z} \end{cases} \tag{4.6}$$

avec k conductivité du sol $[W.m^{-1}.K^{-1}]$, elle varie en fonction du type de sol et de l'humidité du sol. ρ_{sol} la masse volumique du sol $[K.m^{-3}]$, C_{psol}

chaleur massique du sol $[J.kg^{-1}.K^{-1}]$.

◇ Flux de chaleur latente λETP est déterminé dans SECHIBA à l'aide de la formule de Budyko (1956) qui permet d'évaluer la demande évaporative de l'atmosphère ETP :

$$ETP = \frac{\rho_{air}}{r_a}(q_{sat}(T_s) - q_{air}) \tag{4.7}$$

avec, q_{air} humidité spécifique de l'air au niveau de référence $[kg.kg^{-1}]$, $q_{sat}(T_s)$ humidité spécifique de l'air saturé à la température T_s de la surface qui évapore $[kg.kg^{-1}]$.

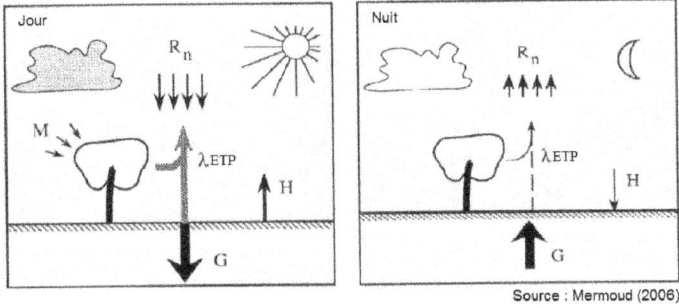

Figure 4.4: Schéma des paramètres du bilan d'énergie à la surface de la terre du modèle ORCHIDEE (Mermoud, 2006)

b) Le bilan hydrique ou hydrologique est établi à partir de l'équation 4.8 sur une couche de sol de 2 m :

$$P = ETR + R_{tot} + \frac{\partial W}{\partial t} \qquad (4.8)$$

$P = P_{lid} + P_{ng}$ et $R_{tot} = R_{surf} + D$

P_{lid} pluie liquide, P_{ng} neige, R_{tot} écoulement total $[m.s^{-1}]$, R_{surf} ruissellement de surface $[m.s^{-1}]$, D drainage profond $[m.s^{-1}]$.

W humidité du sol $[m]$, P précipitations totales $[m.s^{-1}]$, E évaporation totale $[m.s^{-1}]$.

L'évaporation totale est constituée de cinq composantes,

$$ETR = E_1 + E_v + T_v + E_{neige} + E_{flood} \qquad (4.9)$$

E_1 évaporation du sol nu (pour v=1) $[m.s^{-1}]$, E_v évaporation due à l'interception de l'eau par la canopée (pour v=2 à 13) $[m.s^{-1}]$, T_v

85

transpiration de la végétation (pour v=2 à 13) $[m.s^{-1}]$, E_{neige} sublimation de la neige $[m.s^{-1}]$, E_{flood} évaporation des plaines d'inondation $[m.s^{-1}]$.

Le bilan d'énergie et le bilan hydrique sont liés à travers l'évaporation et l'état hydrique du sol. Dans la pratique, la résolution de l'équation du bilan hydrologique précède la résolution de l'équation du bilan d'énergie. Il faut préciser que le terme neige est nul sous les conditions climatiques de l'Afrique de l'Ouest.

L'équation du bilan hydrologique (4.8) est résolue à chaque pas de temps et en fonction de la répartition des types de couvert végétal sur la maille et de l'usage du sol (irrigué ou non). Le bilan hydrologique est établi sur une couche de sol de 2m subdivisée en onze couches (De Rosnay, 1999) dont l'épaisseur varie en fonction de la profondeur. A partir de la surface, l'épaisseur de la couche i est le double de l'épaisseur de la couche i-1, ce qui fait que la couche superficielle est d'une épaisseur d'environ 1 mm et la dernière couche a une épaisseur d'environ 1 m.

Le transfert de l'eau dans le sol à travers les onze couches est défini par quatre processus :

- le processus d'infiltration, le mouvement de l'eau dans le sol (passage de l'eau d'une couche à une autre) est caractérisé par une discrétisation de l'équation de Fokker-Planck sur les onze couches (d'Orgeval, 2006) ;

$$\frac{\partial \theta\,(z,t)}{\partial t} = \frac{\partial}{\partial z}(D(\theta)\frac{\partial \theta(z,t)}{\partial z} - K(\theta)) - S \qquad (4.10)$$

ϑ représente l'humidité du sol en $[m^3.m^{-3}]$, D est la diffusivité en $[m^2.s^{-1}]$ et K la conductivité en $[m.s^{-1}]$, toutes deux fonctions de ϑ, et S extraction de l'eau du sol par les racines.

- le processus d'évaporation directe du sol (E_1) ;

- le processus d'extraction racinaire qui dépend de la densité racinaire ;

- le processus de drainage (D) au bas de la dernière couche du sol qui alimente le réservoir lent (Figure 4.6).

Le drainage simulé par ORCHIDEE est transféré au réservoir lent qui alimente les écoulements à l'exutoire du bassin versant. D'où, en comparaison avec le schéma des mouvements de l'eau (Figure 4.2), le réservoir lent du SECHIBA représente le réservoir qui alimente les écoulements sub-surface qui n'atteignent pas la nappe.

c) Le routage des écoulements dans SECHIBA est présenté sur la figure 4.5. La résolution de l'équation du bilan hydrologique permet de déterminer les lames d'eau R, D et ETR qui vont modifier les volumes d'eau disponible dans les trois réservoirs. Les caractéristiques des trois réservoirs sont définies par :

◊ le réservoir fleuve de volume V_1, de constante de temps τ_1 et dans lequel s'écoule le fleuve à partir de la maille amont.

◊ le réservoir rapide de volume V_2, de constante de temps τ_2 et dans lequel s'écoule le ruissellement (R).

◊ le réservoir profond de volume V_3, de constante de temps τ_3 et dans lequel s'écoule le drainage (D).

La figure 4.6 présente le schéma de fonctionnement hydrologique de SECHIBA. Le bilan hydrologique est établi à l'échelle de chaque pas de temps avec un partage de l'eau disponible dans les trois réservoirs indépendants. Tous les réservoirs sont vides en début de la simulation de la période de la mise en route et atteignent des niveaux d'initialisation à la fin de la mise en route ; V_1^0, V_2^0 et V_3^0. Le routage est calculé à un pas de temps Δtr de 3 heures, au temps $t_1 = t_0 + \Delta tr$, $V_1 = V_1^0 + Q^{in}$, $V_2 = V_2^0 + R$ et $V_3 = V_3^0 + D$

87

Nous avons, $\tau_1 < \tau_2 < \tau_3$ et $\tau_1 = 0.24jr$, $\tau_2 = 3jrs$ et $\tau_3 = 25jrs$. Le débit sortant d'une maille est calculé par :

$$Q_i^{out} = \frac{1}{\tau_i}\alpha_t V_i \quad avec \quad i = 1, 2, 3 \tag{4.11}$$

α_t est un indice qui prend en compte la topographie de la maille. D'où, le débit total sortant de la maille au temps $t + \Delta tr$ et qui entre dans la maille avale (B' sur la figure 4.5) est :

$$Q^{'in} = Q^{out} = \sum_{i=1}^{3} Q_i^{out} \tag{4.12}$$

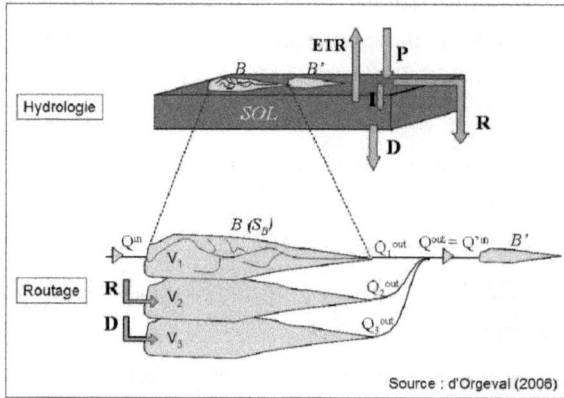

Figure 4.5: Schéma du routage de SECHIBA dans ORCHIDEE (d'Orgeval, 2006)

d) Prise en compte de l'irrigation (d'Orgeval, 2006)

Ce module prend en compte l'irrigation sur les mailles (Figure 4.6). La demande d'irrigation sur la maille est calculée en fonction de la demande évaporative de l'atmosphère ETP. Elle (I_{rpot}) est considérée comme la différence entre l'évapotranspiration maximale de la plante considérée $K_c.ETP$ et la pluie efficace P_{eff} qui est la quantité d'eau effectivement reçue par le sol.

$$\begin{cases} I_{rpot} = K_c.ETP - P_{eff} \\ P_{eff} = max(0, P - R - D) \end{cases} \tag{4.13}$$

L'irrigation réelle dépend de la disponibilité de l'eau dans les différents réservoirs et elle est déterminée par l'équation suivante en fonction de la fraction de surface irriguée (f_{ir}).

$$I_r = min(V_1 + V_2 + V_3, \; f_{ir}.I_{rpot}) \tag{4.14}$$

I_r est en priorité prélevé (Figure 4.6) dans le réservoir fleuve (V_1), puis le réservoir rapide (V_2) et enfin dans le réservoir lent (V_3). I_r est prélevé avant de procéder au calcul du débit sortant Q^{out}. Le volume d'eau I_r est ensuite infiltré dans la colonne sol avant le pas de temps suivant.

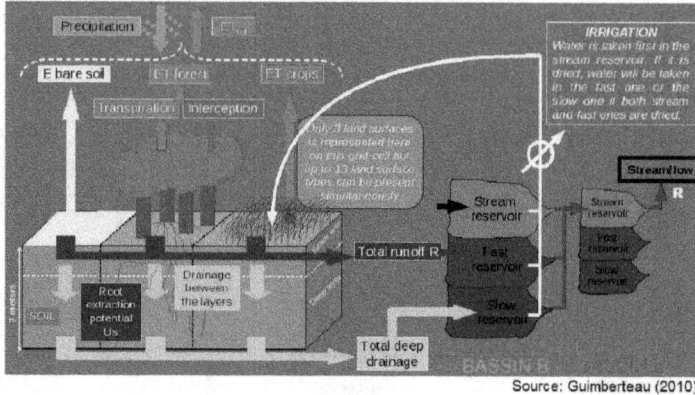

Source: Guimberteau (2010)

Figure 4.6: Schéma du fonctionnement de SECHIBA dans ORCHIDEE (Guimberteau, 2010)

Le module SECHIBA présente un bilan hydrologique complet avec une répartition de la pluie reçue par une maille sous forme d'écoulement à l'exutoire et d'évaporation sur le bassin, $P = ETR + Q^{out} + \Delta S$. Le modèle ne représente donc pas la composante IR des échanges avec la nappe souterraine (l'équation 4.1). Ce terme devrait être intégré dans les écoulements à l'exutoire du bassin car tout comme la variation du stock ΔS est nulle sur un cycle hydrologique annuel au Sahel (sol très sec en début des saisons de pluies). Cependant, le schéma de OR-CHIDEE présente une description du cheminement de toute la pluie tombée sur le bassin dans les processus de ruissellement direct, de l'infiltration dans une couche de sol de 2 m et de l'évaporation. C'est un modèle physique qui ne nécessite aucune procédure de calage car il présente une discrétisation très large des processus hydrologiques

90

à travers des couches du couvert végétal, des types de sol et de la topographie.

4.5 Conclusion partielle

Les fonctionnements hydrologiques des deux modèles présentent des différences significatives au niveau du calcul des différentes composantes du bilan hydrologique à l'échelle d'un bassin. La différence entre les deux modèles réside dans la décomposition du processus hydrologique sur le bassin versant. Le modèle GR2M présente un facteur d'échange avec la nappe alors que le modèle ORCHIDEE présente une description à l'échelle de l'événement pluie des processus hydrologiques de surface qui déterminent les crues dans le cours d'eau. Malgré cette différence, les composants du bilan hydrologique des deux modèles doivent être similaires sur un même bassin à partir du pas de temps mensuel. Par ailleurs, à la différence de ORCHIDEE, le modèle GR2M doit être calé et validé avec les débits observés avant de procéder à des simulations sur la période d'intérêt. Par conséquent, les composantes du bilan hydrologique produites par ORCHIDEE seront comparées avec les simulations du modèle GR2M (calé et validé) aux pas de temps mensuel et annuel pour leur validation. La validation des deux modèles sur la partie sahélienne du bassin du Nakanbé permettra ainsi de les mettre en oeuvre dans les conditions climatiques prédites par les MCRs pour la zone.

L'utilisation de ces deux modèles pour l'horizon futur permettra d'évaluer la gamme des impacts du changement climatique (sous le scénarios A1B) sur la disponibilité des ressources en eau de surface et souterraine sur le bassin à partir de la variation des différentes composantes du

91

bilan hydrologique. Les simulations hydrologiques du GR2M permettront de décrire l'évolution des échanges avec la nappe alors que les simulations hydrologiques de ORCHIDEE présenteront une description plus exhaustive de l'impact du changement du régime pluviométrique sur l'hydrologie du bassin à l'échelle journalière.

Deuxième partie

Analyse des données climatiques sur le Burkina Faso sur la période 1961-2050

Chapitre 5

Critique des données pluviométriques simulées sur la période 1961-2009

La performance des cinq modèles climatiques à reproduire le régime pluviométrique au Burkina Faso est évaluée sur la période historique de 1961-2009 à travers une comparaison entre la statistique des données pluviométriques simulées et la statistique des données pluviométriques observées. L'analyse critique des simulations pluviométriques consiste à évaluer leur représentativité sur l'ensemble du pays en comparaison avec les données enregistrées au niveau des dix stations du réseau synoptique. Cette analyse est faite par rapport aux principales caractéristiques de la saison des pluies qui décrivent toutes ses potentialités agricoles et hydrologiques. La méthodologie développée ici vise à évaluer l'amplitude des différents écarts ou des similarités entre les caractéristiques issues des données observées et celles issues des données simulées.

5.1 Tests statistiques de comparaison des caractéristiques de la saison des pluies

La représentativité des simulations pluviométriques est évaluée à travers une détermination des amplitudes, de la variabilité saisonnière et interannuelle, et de la variabilité spatiale des deux types de données pluviométriques sur l'ensemble du Burkina Faso. La première formule d'estimation de l'écart entre deux séries de données est la différence directe entre ces données à chaque rang. Si toutes les différences sont nulles, alors les deux séries de données sont dites identiques. Malheureusement, dans le cas des données climatiques ou hydrologiques, ces différences sont rarement toutes nulles. D'où l'élaboration d'une série de procédures pour l'estimation des écarts et de leur significativité statistique. Ainsi, quatre principaux tests statistiques non paramétriques sont utilisés au cours de cette étude pour évaluer le niveau de la différence entre deux jeux de données (observations et simulations).

5.1.1 L'écart moyen absolu (MAE) et l'écart quadratique moyen (RMSE) (Willmott and Matsuura, 2005)

L'écart moyen absolu est la moyenne des écarts en valeur absolue entre les données des deux séries prises deux à deux. Soit $(X_i,\ 1 \leq i \leq N)$ la série des observations et $(Y_{i,\ 1 \leq i \leq N})$ la série des simulations avec N le nombre de données, posons $e_i = X_i - Y_i$ l'écart entre les deux données au rang i :

$$MAE = \frac{1}{N} \sum_{i=1}^{N} \|e_i\| \qquad (5.1)$$

La MAE est d'autant proche de zéro que les deux séries de données sont similaires.

La deuxième caractéristique de calcul des écarts entre les observations et les simulations, est l'écart quadratique moyen, qui représente la distance entre les moyennes des deux séries. Tout comme la MAE, la RMSE est d'autant plus proche de zéro que les deux séries sont similaires.

$$RMSE = \left[\frac{1}{N} \sum_{i=1}^{N} e_i^2 \right]^{1/2} \qquad (5.2)$$

Willmott and Matsuura (2005) à partir d'une analyse de la pertinence des deux indicateurs d'écart, MAE et RMSE, montrent que pour une analyse des données climatiques, la MAE est plus robuste que la RMSE. Car la MAE est fonction de trois caractéristiques d'un ensemble d'écart (MAE, distribution des e_i^2, et $N^{1/2}$), plutôt que de l'écart moyen seul.

En plus, de ces deux évaluations de l'amplitude des écarts, le test de Wilcoxon (Ansari and Bradley, 1960) est utilisé pour déterminer la significativité de la différence entre deux séries.

5.1.2 Le test non paramétrique de Pearson (Millot, 2009)

Le test non paramétrique de Pearson évalue le degré d'indépendance de deux échantillons de même taille. Il évalue le degré de ressemblance de la variabilité temporelle ou spatiale de deux séries de données.

L'hypothèse nulle du test de Pearson est un coefficient de corrélation nul, $\rho = 0$. Cette hypothèse est acceptée si la p-value du test est supérieure au seuil de 5%. Le coefficient de corrélation entre les deux séries est :

$$r = \frac{\sum_{i=1}^{N}(X_i - \overline{X})(Y_i - \overline{Y})}{\sqrt{\sum_{i=1}^{N}(X_i - \overline{X})^2 \sum_{i=1}^{N}(Y_i - \overline{Y})^2}} \tag{5.3}$$

avec $\overline{X}$ et $\overline{Y}$ moyenne respective des séries. La variable test est :

$$t_r = \frac{r}{\sqrt{\dfrac{1 - r^2}{N - 2}}} \tag{5.4}$$

t_r suit la loi de Student de degré de liberté $df = N - 2$ ($N > 6$). La p-value associé au test est la probabilité de t_r déterminée sur la table de Student (Rice, 1989).

5.1.3 Le test non paramétrique de Flinger (Fligner and Killeen, 1976)

Le test de Fligner évalue la ressemblance de la dispersion des données autour de la valeur moyenne. Ce test est nécessaire lorsque la corrélation entre les deux données est non significative car deux séries de même variabilité temporelle présentent nécessairement la même variance.

Ce test permet d'évaluer l'homogénéité de variance dans les k séries de données ($X_{i,j}$ avec $1 \le i \le n_j$ et $1 \le j \le k$). $k = 2$ pour notre analyse car nous avons deux séries, la série des données observées et la série des données simulées ; et $n_j = N$ pour tout j. La procédure est basée sur le rang des données dans un classement par ordre croissant de toutes les données et le calcul du score moyen de chacune des séries.

97

La variable test est :

$$x_0^2 = \frac{N \sum_{j=1}^{2} (\overline{A}_j + \overline{a})^2}{V^2} \qquad (5.5)$$

avec $\overline{A}_j$ le score moyen des données de la série j, $\overline{a}$ le score moyen des deux séries, et V^2 est la variance des scores des séries.

$\overline{A}_j = \frac{1}{N} \sum_{i=1}^{N} a_{2N,j.i}$

avec $a_{2N,j.i}$ le rang des données de l'échantillon j dans la série totale (les deux séries mélangées) ordonnée.

$\overline{a} = \frac{1}{2N} \sum_{i=1}^{2N} a_{2N,i}$ et $V^2 = \frac{1}{2N-1} \Sigma (a_{2N,i} - \overline{a})^2$

La variable test x_0^2 suit la loi de probabilité de Chi-carré à 1 $(k-1)$ degré de liberté. Si les deux séries ont des variances similaires, la p-value du test est inférieure au seuil de risque de 5%.

5.2 Description des saisons de pluies observées et simulées

La saison des pluies est décrite à travers des caractéristiques liées à la période de la saison, aux intensités et à la fréquence des pluies, et à la durée des séquences sèches. Ces caractéristiques sont déterminées dans chacun des deux types de données pluviométriques journalières (observées et simulées). Les résultats de cette analyse ont été publiés dans le journal *Climate Dynamics* (Ibrahim, Polcher, Karambiri and Rockel, 2012).

5.2.1 Discrétisation de la saison des pluies au Burkina Faso

La discrétisation de la saison des pluies consiste à représenter la saison des pluies à travers des caractéristiques pluviométriques déterminées à l'intérieur de la période de la saison. Ces caractéristiques permettent d'analyser la saison des pluies sous différents aspects. Cependant, la détermination des dates du début et de fin de la saison des pluies constituent la base d'une meilleure caractérisation de la saison des pluies. Ainsi, un ensemble de méthodes sont déjà développées pour la zone sahélienne sur la détermination de la date du début et de la date de la fin de saison de pluies à partir des données pluviométriques journalières (Sivakumar, 1988; Somé and Sivakumar, 1994; Ati *et al.*, 2002; Balme-Debionne, 2004).

A. Méthodes empiriques d'identification de la saison des pluies

L'agriculture, principale activité de la population dépend fortement des caprices de la pluie car une saison des pluies déficitaire est synonyme d'une mauvaise récolte (Sivakumar, 1988; Barron *et al.*, 2003; Balme *et al.*, 2005). La première pluie, après plus de cinq mois de saison sèche, est attendue chaque année avec beaucoup d'impatience et son installation suscite un grand espoir chez la population rurale (plus de 80% de la population sahélienne). Par conséquent, la prédiction de la date du démarrage de la saison des pluies est une préoccupation importante pour une meilleure planification de la production agricole au Sahel (Sivakumar, 1988). Sivakumar (1988) rapporte que l'installation précoce de la saison des pluies est synonyme d'un meilleur rendement

99

agricole, donc une importante production agricole dans la région.

Cependant, l'identification de la période d'installation de la saison des pluies dépend des objectifs de l'analyse selon les trois domaines : agronomie, hydrologie et climat. Ati *et al.* (2002) présentent un ensemble de six méthodes d'identification de la date d'installation de la saison des pluies dans leur analyse de détermination d'une méthode pertinente pour la zone Nord du Nigeria. Les six méthodes se distinguent significativement dans les seuils de pluies journalières, les cumuls de pluies et de la durée des séquences sèches à considérer. Somme toute, la méthode dite "méthode agronomique" développée par Sivakumar (1988) est la plus exigeante de ces six méthodes.

Nous présentons pour la présente étude les deux principales méthodes d'identification des dates de début et de fin de saison des pluies élaborées pour la zone sahélienne à partir des observations de terrain :

- Le critère "agronomique" fut présenté par Somé and Sivakumar (1994). Somé and Sivakumar (1994) retiennent comme condition du démarrage de la saison (date X), une quantité de 20 mm de pluies recueillies en 3 jours consécutifs après le 01 avril de l'année, sans période sèche d'une durée supérieure à 7 jours dans les 30 jours qui suivent. Ce critère empirique est basé d'une part sur l'observation des pratiques des paysans sur le terrain et d'autre part sur les résultats des études similaires (Sivakumar, 1988, 1992). La date de la fin de saison des pluies (Y) est le jour où, après le 01 septembre, il n'y a plus de pluie supérieure ou égale à 5 mm pendant au mois 20 jours successifs ou deux décades. La longueur de la saison culturale (Z) est la différence entre la date de fin de saison et la date du début de la saison (Y-X).

- Le critère "hydrologique" (Balme-Debionne, 2004) détermine le démarrage la saison des pluies en chaque station avec la première pluie

100

enregistrée supérieure ou égale à un seuil (0.5 mm/jr, 2.5 mm/jr, et 5 mm/jr), et l'arrête à la dernière pluie supérieure ou égale à ce seuil. La gamme des seuils explorés va de la hauteur minimale enregistrée par les pluviographes (0.5 mm) et à un seuil de 5 mm/jr susceptible de générer un écoulement dans cette région sahélienne (sur une croûte d'érosion) (Peugeot, 1995).

L'application des deux critères aux données pluviométriques journalières des dix stations (Figure 5.3) a révélé une différence significative entre les deux méthodes. La méthode hydrologique présente un début très précoce de la saison et une fin très tardive en comparaison avec la méthode agronomique. La différence est beaucoup plus importante au niveau du début la saison où on note un écart d'un mois en moyenne entre les deux méthodes alors que cette différence moyenne n'est que de quelques jours au niveau de la fin des saisons. D'où, la saison des pluies identifiée par la méthode agronomique est complètement incluse dans la période déterminée par la méthode hydrologique. L'écart important entre les deux méthodes empiriques nous a conduit à élaborer un nouveau critère basé sur une analyse de la statistique de la série des pluies journalières à l'échelle de chacune des stations. Le choix de cette approche se justifie par le fait que nous avons des données pluviométriques issues des simulations des modèles climatiques qui peuvent être d'intensité et/ou de fréquence de pluies différentes de celle des observations (Frei *et al.*, 2003; Déqué, 2007). Les saisons des pluies peuvent aussi être complètement décalées dans les simulations des MCRs par rapport à la période classique (Avril-Septembre) retenue par la méthode agronomique.

B. Méthode statistique d'identification de la saison des pluies

Une nouvelle méthode est élaborée sur la base des deux méthodes précédentes (hydrologique et agronomiques) et des résultats des études des caractéristiques de la saison des pluies sur le degré carré de Niamey (Lebel and Le Barbé, 1997; Balme-Debionne, 2004; Ramel, 2005). Le degré carré de Niamey est un site unique en Afrique de l'Ouest avec une forte densité d'appareils de mesure des pluies (30 à plus de 100 stations par saison sur une zone de 110x160 km^2) et avec des observation sur plus de deux décennies (Lebel and Le Barbé, 1997; Balme *et al.*, 2005). Balme *et al.* (2005) a étudié le démarrage des saisons de pluies sur cette zone selon un critère basé des seuils de pluies de 1, 2.5 et 5 mm/événement. Une deuxième étude fut menée par Ramel (2005) selon un critère basé sur des proportions du cumul annuel de pluies avec 2.5% comme indicateur du début de la saison et 97.5% comme indicateur de la fin de saison. L'insuffisance de ces deux méthodes (Ramel (2005) et Balme *et al.* (2005)) est leur sensibilité aux événements pluvieux isolés à l'image de la méthode hydrologique. Voilà pourquoi, nous avons commencé par analyser ces caractéristiques pour bien déterminer leur variabilité et évaluer les seuils moyens à considérer pour notre étude. D'autre part, une analyse statistique des durées moyennes des séquences sèches est faite pour déterminer une durée limite à respecter pour tenir compte de la condition du critère agronomique sur la durée de la séquence sèche à considérer après la pluie qui marque l'installation de la saison.

a. Hauteur moyenne des premières pluies

Nous avons analysé les hauteurs moyennes des vingt premières pluies enregistrées au niveau de chacune des stations sur la période 1961 à 2009 pour la détermination du seuil de la première pluie de la saison. La figure 5.1 présente les résultats des trois principales stations qui représentent les trois zones climatiques (Figure 2.6). La station de Gaoua et la station de Dori représentent les situations extrêmes du pays. Les figures montrent que les hauteurs moyennes des premières pluies dépendent de la station, 9 mm/jr à Gaoua, 5 mm/jr à Ouagadougou, et 4.8 mm/jr à Dori. De façon générale, la hauteur moyenne de la première pluie est inférieure aux hauteurs des trois pluies suivantes. D'où au lieu de considérer une hauteur de pluie fixe comme le suggère la méthode hydrologique, il est plus pertinent de considérer une hauteur de pluie relative à chacune des stations. Ainsi, pour la présente étude, le seuil limite de la première pluie du démarrage de la saison des pluies est fixé à la hauteur moyenne des premières pluies de chaque année au niveau de la station sur toute la série des données.

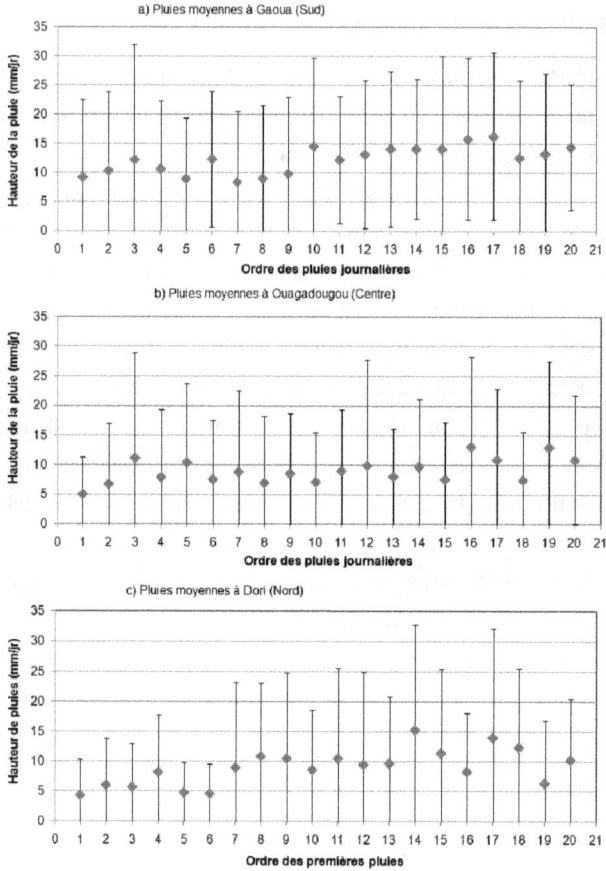

Figure 5.1: Hauteurs moyennes des pluies journalières selon leur rang dans l'année (moyenne sur la période 1961-2009)

Les stations sont choisies par zone climatique avec un gradient Sud-Nord. Le point représente la valeur moyenne et la barre représente l'écart-type de la série de chaque rang.

b. Proportions du cumul annuel de pluies

Pour déterminer les proportions du cumul annuel de pluies à considérer en référence à l'analyse de Ramel (2005), nous avons étudié l'évolution de la proportion du cumul annuel de pluies entre 0 et 20% pour le début des saisons et entre 90 et 100% pour la fin des saisons. Pour mieux mettre en évidence l'évolution des différentes proportions, l'analyse est faite à l'échelle des saisons car une analyse sur les moyennes lissera les fluctuations d'un jour à l'autre. L'analyse au niveau de différente stations montre des évolutions similaires du cumul des proportions avec un décalage des courbes en fonction de la position de la station. Sur la figure 5.2 présente les cas de cinq saisons (1961, 1971, 1981, 1991 et 2001) à la station de Gaoua et à la station de Ouagadougou. A Gaoua, des pluies supérieures à 1% du cumul annuel sont enregistrées dès le début du mois de mars alors qu'elles se produisent vers mi-avril à la station de Ouagadougou et beaucoup plus tard à Dori (graphique non inséré). D'où, la méthode agronomique qui considère la date du 01/04 comme référence du démarrage de la saison ne peut convenir à la station de Gaoua où les premières pluies peuvent être enregistrées au mois de mars. Le seuil de 2.5% sera aussi trop sensible aux pluies isolées car nous notons au niveau des deux stations, des pluies en début des saisons qui dépassent les 3% du cumul annuel. Le seuil indicatif du démarrage des saisons est donc fixé à 5% car dans toutes les saisons analysées, ce seuil est atteint à partir d'au moins deux pluies. Le Seuil de 95% est retenu comme indicateur de la fin de saison car pour toutes les saisons que nous avons analysées, ce seuil est atteint après la mi-septembre. En effet, les différentes tendances sont similaires au cas des autres stations et saisons.

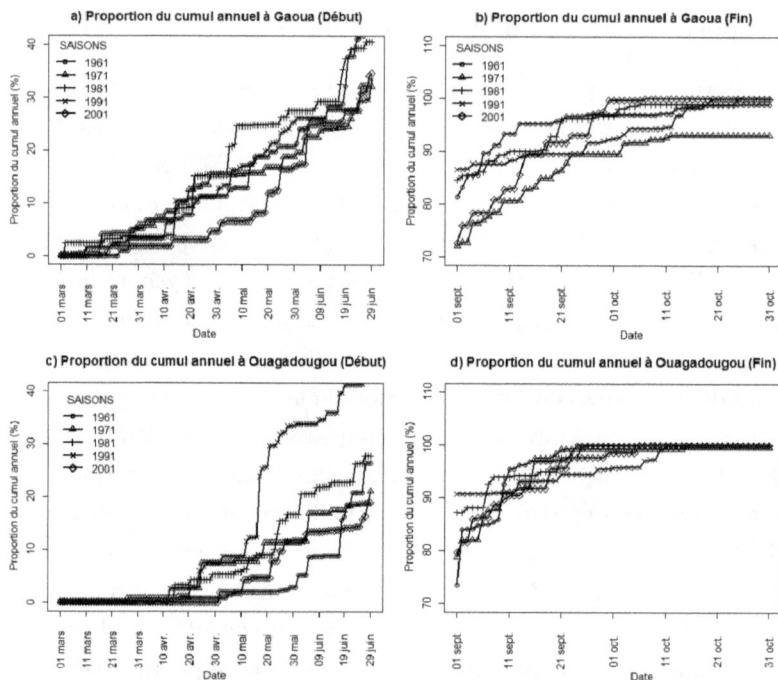

Figure 5.2: Evolution des proportions du cumul annuel de pluies pour cinq saisons de pluies à Gaoua et à Ouagadougou

c. Durée des séquences sèches

Pour éviter de considérer des pluies isolées comme indicatrices du démarrage de la saison, nous avons déterminé le nombre de jours limite

106

sans pluies (après les 5%) à considérer à une station donnée. Le nombre de jour limite sans pluie ou séquence sèche seuil doit être de l'ordre de grandeur de la durée moyenne des séquences sèches à la station. Ainsi nous avons considéré la médiane des durées moyennes saisonnières des séquences sèches. Ce seuil est la durée moyenne des séquences sèches enregistrée à la station en moyenne une saison sur deux. Ce seuil est de 3 jours au niveau de toutes les stations sauf à Bogandé où il est de 4 jours (sur la période de 1961 à 2009).

d. Récapitulatif des principaux points de la méthode statistique

En résumé, la méthode statistique est établie sur la base de quatre points :

- Le cumul annuel des pluies (CP_i), le début de la saison des pluies est à déterminer après les 5% du cumul annuel et la fin de saison des pluies est à déterminer après les 95% du cumul annuel ; $CP_i = \sum_{j=1}^{m} P_{j.i}$, $CP_d = 5\% * CP$ et $CP_f = 95\% * CP$, j indice des pluies et m nombre total des pluies de l'année i

- Les pluies à considérer pour le démarrage de la saison des pluies sont supérieures à un seuil P_l (hauteur moyenne des premières pluies à la station). La hauteur moyenne des premières pluies est $P_l = \dfrac{\sum_{i=1}^{n} P_{1.i}}{n}$ avec $P_{1.i}$ Première pluie de l'année i et n le nombre d'années de la série.

- Le début de la saison est marqué par une pluie supérieure à P_l après le CP_d et qui n'est pas immédiatement suivie par une séquence sèche plus longue que $MSeq$. $MSeq$ est la médiane des séquences sèches moyennes annuelles $MSeq = mediane(seq_{moy.i})$, $seq_{moy.i}$ Durée moyenne de toutes les séquences sèches de l'année i déterminées entre la première et la dernière pluie de plus de 0.1 mm/jr.

- La fin de saison des pluies est marquée par la première pluie après le CP_f ou qui complète le CP_f et suivie par une séquence sèche plus longue que $MSeq$.

e. Comparaison des trois méthodes d'identification de la saison des pluies

L'application de la méthode statistique aux données des dix stations (Figure 5.3) a produit des dates du début des saisons de pluies comprises entre les dates de la méthode hydrologique et les dates de la méthode agronomique (Figure 5.3a). Cependant, la fin des saisons de pluies de la méthode statistique est plus précoce que les dates identifiées avec les deux premières méthodes (Figure 5.3b). Ce déphasage entre les différentes méthodes apparaît clairement au niveau de la durée des saisons de pluies, sur la figure 5.3c, la méthode hydrologique produit de très longues saisons contrairement aux deux autres méthodes qui produisent des durées très proches. Pour mieux comprendre les écarts entre les trois méthodes, nous avons analysé en détails le déroulement des saisons à la station où les trois méthodes présentent une forte différence. La figure 5.3d montre des années où les écarts entre les durées des saisons dépassent un mois.

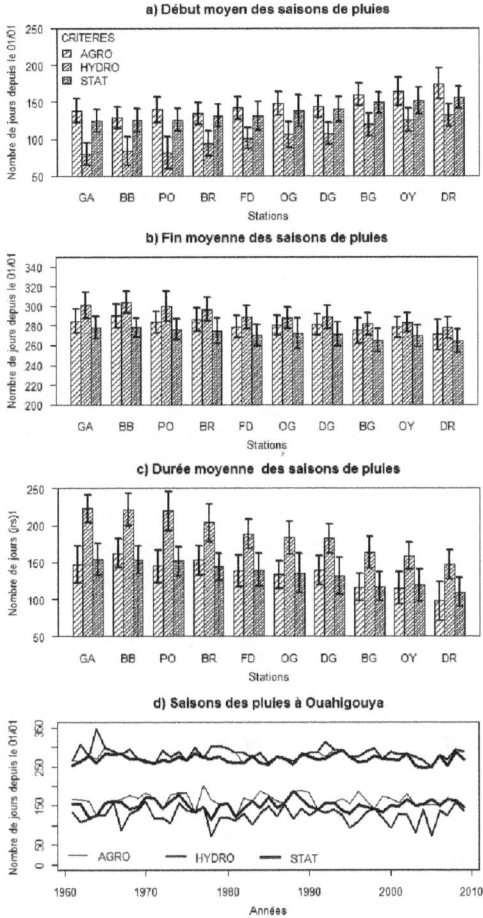

Figure 5.3: Début et fin moyens des saisons de pluies au Burkina Faso sur la période de 1961 à 2009

GA=Gaoua, BB=Bobo, PO=Pô, BR=Boromo, FD=Fada N'Gourma, OG=Ouagadougou, DG=Dédougou, BG=Bogandé, OY=Ouahigouya, DR=Dori

109

Par exemple, pour la saison des pluies de 1978 à Ouahigouya (Figure 5.4), la date du début de saison hydrologique est le 14/03/1978 avec une pluie de 20.6 mm. Cette pluie fut suivie d'une deuxième pluie de 43.7 mm le 25/04/1978 soit 40 jours de séquence sèche entre les deux pluies. La 3ème pluie de 6 mm est enregistrée le 26/04/1978 et la 4ème d'une hauteur de 14.5 mm le 03/05/1978. Cette quatrième pluie fut suivie de 9 jours de séquence sèche. La date de début de la saison selon la méthode agronomique est le 16/06/1978 avec la pluie de 8.5 mm suivie par une pluie de 12.2 mm le 18/06/1978 (un jour de séquence sèche), alors que le cumul des pluies antérieur au 16/06/1978 est de 128 mm qui représente 16.5 % du cumul annuel. Il y a donc plus de trois mois d'intervalle entre la date de la méthode hydrologique et la date de la méthode agronomique. La méthode statistique détecte quand à elle la date du début de la saison à la pluie du 25/04/1978. La figure 5.4 montre que la méthode agronomique saute des phases de pluies de hauteur moyenne (10-15 mm/jr) séparées par de courtes séquences sèches (3-5 jours) alors que la méthode hydrologique est très sensible aux pluies isolées (suivi par des séquences sèches de plus de 7 jours).

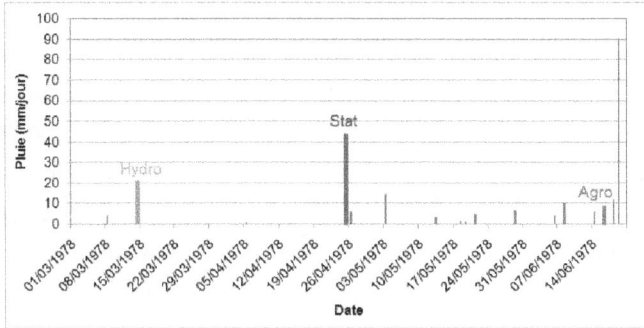

Figure 5.4: Début de la saison des pluies en 1978 selon les trois méthodes à Ouahigouya

Hydro=Date de la méthode hydrologique, Stat=Date de la méthode statistique, Agro=Date de la méthode agronomique

5.2.2 Résume de l'article sur la caractérisation de la saison des pluies au Burkina Faso et sa représentation par les modèles climatiques régionaux (Ibrahim, Polcher, Karambiri and Rockel, 2012)

Les simulations pluviométriques de cette analyse proviennent de la mise en œuvre des cinq RCMs sous deux différentes conditions aux limites : données ERA-Interim et des simulations de deux GCMs (ECHAM5 et HadAM3).

La représentativité des données pluviométriques des cinq modèles climatiques de la saison des pluies au Burkina Faso est évaluée à travers une comparaison des huit principales caractéristiques de la saison des pluies (début de saison, fin de saison, durée de la saison, nombre de jours de pluie, hauteur moyenne de pluies, pluie maximale journalière, pluie annuelle, durée de la séquence sèche) sur la période de 1990-2004. Pour les trois premières caractéristiques qui définissent la périodes saisons, nous avons constaté un début précoce de la saison (plus de 30 jours en avance) sur trois modèles (HadRM3P, RACMO, et RCA). Cependant, le démarrage de la saison est tardif dans les conditions aux limites des GCMs pour CCLM et pour REMO (retard moyen de quatre semaines). Pour la fin de saison, seul le modèle RCA présente une fin moyenne proche des observations, tous les autres modèles présentent un retard de plus de 30 jours. Le démarrage précoce de la saison et/ou la fin tardive des saisons a entraîné des saisons de pluies beaucoup plus longues que dans les observations pour quatre modèles sous les deux conditions aux limites (HadRM3P, RACMO, RCA et REMO). Cependant, malgré ces écarts, les cinq modèles reproduisent la saison des pluies à l'intérieur de la principale périodes saisons de pluies au Sahel, du début du mois d'avril à la fin du mois de septembre (Sivakumar, 1988; Somé and Sivakumar, 1994).

D'autre part, pour les autres caractéristiques de la saison, les modèles présente une fréquence très élevée de pluies (plus de 60% de la durée de la saison pour RCMs contre 40% dans les observations) avec une faible hauteur moyenne des pluies (7 mm/jour contre 13 mm/jours) mais des pluies maximales journalières très élevées (plus de 120 mm/jour contre 60 mm/jour). La conséquence de la fréquence élevée des pluies dans les MCRs est la réduction de la durée des séquences sèches par rapport aux observations. Par contre, les MCRs présentent les deux tendances sur la reproduction de l'amplitude de la pluie annuelles,

les simulations CCLM (ERA) et RCA (GCM) sous-estiment la pluie annuelle (autour de 15% de la moyenne observée) alors que les deux simulations du HadRM3P présentent une forte surestimation (plus de 50% de la moyenne observée). Les autres simulations surestiment légèrement la pluie annuelle (moins de 20% de la moyenne observée). Les cinq MCRs, sous les deux conditions aux limites, présentent des écarts significatifs par rapport aux observations sur les différentes caractéristiques de la saison des pluies au Burkina Faso. Cependant, ces écarts ne sont pas du même type et de la même amplitude pour tous les modèles sur l'ensemble des caractéristiques de la saison de pluies.

5.2.3 Changes in rainfall regime over Burkina Faso under a climate change scenario simulated by 5 regional models

A. Abstract

West African monsoon is one of the most challenging climate components to model. Five regional climate models (RCMs) were run over the West African region with two lateral boundary conditions, ERA-Interim re-analysis and simulations from two general circulation models (GCMs). Two sets of daily rainfall data were generated from these boundary conditions. These simulated rainfall data are analyzed here in comparison to daily rainfall data collected over a network of ten synoptic stations in Burkina Faso from 1990 to 2004. The analyses are based on the rainy season characteristics description through a number of parameters. It was found that the two sets of rainfall data produced with the two driving data present significant biases. The RCMs generally produce too frequent low rainfall values (between 0.1 and 5 mm/d) and too high extreme rainfalls (more than twice the observed values). The high frequency of low rainfall events in the RCMs induces shorter dry spells at the rainfall thresholds of 0.1 mm/d to 1 mm/d. Altogether, there are large disagreements between the models on the simulate season duration and the annual rainfall amounts but most striking are their differences in representing the distribution of rainfall intensity. It is remarkable that these conclusions are valid whether the RCMs are driven by re-analysis or GCMs. In none of the analyzed rainy season characteristics, a significant improvement of their representation can be found when the RCM is forced by the re-analysis, indicating that these deficiencies are intrinsic to the models.

Key words : climate change, climate modeling, rainfall variability, Sahel, Burkina Faso

B. Introduction

Burkina Faso, as all the West African area, is subject to a continuous rainfall deficit since the beginning of the 1970 decade(Landsberg, 1975; Dai, Trenberth and Qian, 2004). An analysis of the rainfall data from 1896 to 2006 in West Africa shows that the mean annual rainfall amount during the last four decades (1970-2009) remained lower than the mean annual rainfall recorded during the period 1900-1970 (Mahé and Paturel, 2009). This continuous rainfall deficit is detrimental to the socio-economic situation because the population's main activities, agriculture and livestock, depend strongly on the rainfall amount fallen during the rainy season. Every rainfall deficit is synonymous with a drop in crop yields and a deficit of food. Indeed, two extreme events demonstrate the fragility of the sahelian natural resources (surface water, groundwater, and ecosystems), the drought of 1972-1973 and

114

the drought of 1984-1985 (Landsberg, 1975; Herceg *et al.*, 2007) which caused loss of human life and a decimation of livestock herds in the semiarid zone. One of the characteristics of this rainfall deficit is a decrease in the number of rainy days (Le Barbé *et al.*, 2002). The authors showed that the rainfall deficit is much more due to a decrease of the rainfall frequency than to a decrease of the rainfall amounts per event. Another study (Sivakumar, 1988) made over the Niamey area (Niger) on the predictions of the potentialities of the rainy season demonstrated the importance of the installation time and the season lengths. It showed that the season length depends strongly on the date of its onset, the earlier (later) the season begins, the longer (shorter) it will be. Also the longer the season, the more likely it is to have an important number of rainfall events and a larger total rainfall. The results of these two studies show that the rainfall deficit can be related to a shortening of the rainy season and/or a low number of rainfall events. The results quoted in this paragraph, show that the rainfall amount recorded during a season and its potential to satisfy the needs of the societies depend on several factors which need to be quantified and should be predicted by models. Climate models are essential tools for understanding climatic processes and their evolution at a global scale (Hulme *et al.*, 2001; Rockel *et al.*, 2008; Vanvyve *et al.*, 2008; Ruti *et al.*, 2011). One of the first applications of global models were done over Africa with the experiments of Charney *et al.* (1977). But since it has been established that global models lack the spatial resolution to properly resolve the mesoscale processes (such as the life cycle of the convective systems) essential for controlling the variability in this region (Sylla *et al.*, 2010). Regional climate models have been developed in many institutes in order to overcome these problems. Their higher resolution allows to represent more detailed local

115

processes relevant to climate, such as orography, vegetation distribution or land-use. Several RCMs have already been tested over West Africa (Vanvyve *et al.*, 2008; Sylla *et al.*, 2010; Paeth *et al.*, 2011) for different purposes. Most of these studies focused on their skill in representing the annual or seasonal cycle of critical meteorological variables (rainfall, temperature, humidity, cloudiness, etc.). Sylla *et al.* (2010) assess the ability of the ICTP (International Center for Theoritical Physics) regional climate model RegCM3 to reproduce the seasonal temperature and precipitation cycle during the period 1981 to 2000 over West Africa with two sets of boundaries conditions, reanalysis data and ECHAM5 output. They found that on average, the first run underestimates rainfall amount during the rainy season while the second run overestimated it even if both runs produced an annual cycle of rainfall close to the observed one. Paeth *et al.* (2011), in a review of recent dynamical downscaling exercise over West Africa, found that RCMs are subject to systematic biases for rainfall over the region. Nevertheless it is of great interest for RCM output users to have a detailed evaluation of the main characteristics of the rainy seasons in these models. The main focus of this study is the evaluation of the performance of an ensemble of regional climate models through the dominant rainy season characteristics derived from daily rainfall data recorded and simulated over a typical sahelian area. The observed rainfall data come from a network of ten well spread synoptic stations over Burkina Faso for the period 1990-2004. The simulated data are produced by five regional climate models (CCLM, HadRM3P, RACMO, RCA and REMO). The climate models were run, in the context of the collaboration between the ENSEMBLES and AMMA European Projects, under the SRES scenario A1B over the period from 1960 to 2050 with GCMs boundary condition. In a second set of simulations the RCMs were driven by ERA-interim reanalysis (Dee *et al.*, 2008) over the period from 1989 to 2005. We will first present in more detail the data used and the methods applied in order to describe all the sub-seasonal characteristics of the rain-season. Then we will evaluate the ability of the RCMs to reproduce the observed properties of the rainfall in this sahelian region.

Observed rainfall data were obtained through the effort made by AMMA (African Monsoon Multidisciplinary Analysis) to ensure data exchange between operational services and the research community. The present study focuses on daily rainfall data recorded by the national meteorology service of Burkina Faso from a network of ten synoptic stations (Bobo Dioulasso, Bogandé, Boromo, Dédougou, Dori, Fada N'Gourma, Gaoua, Ouagadougou, Ouahigouya, and Po) for the time period from 1961 to 2004. These stations are homogeneously distributed over the country (Figure 5.5). The datasets are complete for nine stations ; there is only one gap, the 1978 season at Bogande. Burkina Faso is a land locked country which covers a surface of about 274 200 km ^{2}. The country is subdivided into three main climate zones (Figure 5.5) : north-Sudanese in the south (annual rainfall between 900 and 1200mm), sub-Sahelian in the middle (annual rainfall between 600 and 900 mm) and Sahelian zone in the north (annual rainfall between 400 and 600mm).

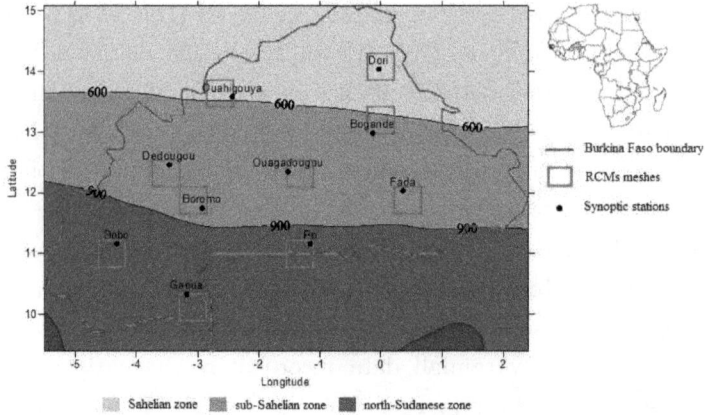

Figure 5.5: Synoptic stations with the co-located RCMs grid box over Burkina Faso

The map represents the three climatic zones and the ten stations with the surrounding RCM mesh. The climate zones are derived from the annual rainfall average over 1961-1990 from CRU rainfall data.

The second type of data comes from the simulations of five Regional Climate Models performed in the framework of the EU FP6, EN-SEMBLES project (http ://ensemblesrt3.dmi.dk/). The RCMs used here are listed in table 5.1. The boundary conditions are from the ERA-Interim re-analysis (1989-2005) and from two global climate models (1960-2050). The GCMs were run under the SRES A1B scenario (Nakicenovic and Swart, 2000) which assumes a balanced increase in the greenhouse gas (GHG) concentrations. We will consider here only the current climate of these runs. The two GCMs used as boundary conditions are, HadCM3Q0 a version of the Hadley Centre's third ge-

118

neration coupled ocean-atmosphere general circulation model (Wilson *et al.*, 2010) and ECHAM5 (Roeckner *et al.*, 2006), the MPI (Max Plank Institute of Germany) fifth-generation of atmospheric general circulation model. ECHAM5-r1 and ECHAM5-r3 differ only in the initial conditions which are based on stabilization runs. The RCM's resolution is about 50km and the same grid is used by all 5 models. The domain covered by the models is much larger than our study area and it goes from 35°W to 30°E and 20°S to 35°N. As the periods covered by the different data sets are not the same, we will focus our study on the overlay period 1990-2004.

Institute	Driving GCM	Model (RCM)	Reference
HZG	ECHAM5-r1	CCLM 4.8	Rockel et al. 2008
KNMI	ECHAM5-r3	RACMO2.2b	Meijgaard et al. 2008
HC	HadCM3Q0	HadRM3P	Moufouma-Okia and Rowell 2009
SMHI	HadCM3Q0	RCA	Samuelsson et al. 2011
MPI	ECHAM5-r3	REMO	Kotlarski et al. 2010

Tableau 5.1: List of the five RCMs forced by ERA-interim and a GCM

c. Methods

This study provides a detailed description of the rainy seasons in Burkina Faso from the data sets discussed above in order to better identify its characteristics and to determine the ability of models to reproduce them correctly. The main rainy season characteristics to be analyzed

119

are related to season duration (onset and end of season), rainfall intensity (daily rainfall average, annual rainfall number, extreme daily rainfall intensities), and dry spells (frequency and duration). The first approach of the analysis is to identify the rainy seasons at a given station based on its daily rainfall data. The rainy season is generally identified in the West African zone according to different methods depending on the objectives of the studies and the locations. We can distinguish two classes of methods which are usually used in the Sahelian region; the agronomic method and the hydrological method (Sivakumar 1988; Balme et al. 2005). The agronomic method defines the rainy season start after the first April with a three days cumulative rainfall amount higher than 20 mm and not followed by a dry spell of more than seven days. The end of the rainy season of this method is marked by the last rainfall higher than 5 mm/d after the first September without any rainfall higher than 5 mm/d during the twenty following days. For the hydrologic method, the rainy season begins with the first rainfall higher than 5 mm/d (runoff triggering threshold) and it ends with the last rainfall higher than 5 mm/d. The limit of these two methods is that they are empirical and they are based on some assumptions on the behavior of land surface conditions or the crops. As this study deals with simulated rainfall data, which could have systematic biases(Lebel *et al.*, 2000; Frei *et al.*, 2003; Déqué, 2007; Jacob *et al.*, 2007), a new method which does not include any assumption on locally valid rainfall thresholds or on any specific application is needed. The proposed approach will be called the statistical method and it is valid for a rainfall regime of one rainy season within the year. The criteria used for this method are only based on the statistical properties of the daily rainfall time series for a given station or RCM grid point. The criteria are formulated as follows :

120

- The season onset is determined after 5 % of the total annual rainfall amount is reached and the end of season is determined after 95 % of the annual total rainfall amount has fallen;
- The date of the season onset corresponds to the date of the rainfall higher than the average of annual first rainfall events over the entire period. In addition, to be considered, the rainfall event must not be followed by a dry spell longer than the median of the mean dry spell durations at the station or grid point;
- The end of season is marked by a rainfall event occurring after or completing the 95 % of the annual rainfall amount and followed by a dry spell longer than the median dry spell durations at the station or grid point.

Secondly, a rain day is defined by a threshold of 0.1 mm/d which is the minimum intensity of the observations. From this low threshold, six rainfall classes are defined for the daily rainfall amounts analysis : very low (0.1-5 mm/d), low (5-10 mm/d), moderate (10-20 mm/d), strong (20-50 mm/d), very strong (50-100 mm/d) and extremes (>100 mm/d). The ability of RCMs to reproduce the observed characteristics of rainfall time series is assessed with correlation analysis of the inter-annual variability and statistical tests for average and variance. The difference between the observations and the simulations assessment is based on the difference in their averages and the inter-annual variance of the time series. Non parametric procedures which don't require any condition on the data distribution are used to assess the significance (Wasserman, 2006) : o The nonparametric Wilcoxon rank sum test (Ansari and Bradley, 1960) allows assessing the bias between two series. For two given samples, the difference between the data are calculated and classified in ascending order of the absolute value of the differences. With W_+ the sum of the positive value rank and W_- the sum of the negative value rank, $W_+ + W_- = N(N+1)/4$, N the number of non zero differences. If $N > 25$ as in this case with 30 values, the W+ or W_- distribution can be approximated by $\mathcal{N}(\mu; \sigma)$ with

$$\mu = \frac{N(N+1)}{4} \text{ et } \sigma = \sqrt{\frac{N(N+1)(2N+1)}{24}}$$

The test variable is $u = \dfrac{w - \mu}{\sigma}$ with $w = min(W_+, W_-)$. At the significant level of α=5%, $u_\alpha = 1.96$ taken from the normal distribution $\mathcal{N}(0,1)$. So, the null hypothesis (no significant difference between the two time series) is rejected if is greater than u_α. As suggested by Willmott and Matsuura (2005), the mean absolute error is used to compute the gap magnitude between the observed data and the simulated data;

- The non parametric median-centering Fligner-Killeen test for homogeneity of variances (Fligner and Killeen, 1976; Conover et al., 1981) is used at the significant level α=5% to assess the differences between the variances of the 2 data sets. For the correlation, the Pearson test is used to assess the correlation significance between the data (Millot, 2009).

Furthermore, the Taylor diagram (Taylor, 2001) which displays on one plot the correlation coefficient and the relative standard deviation (ratio between the simulated and observed standard deviations) is used to assess the inter-annual variability of the simulations. The procedures listed above are applied at the level of each station but the analysis will not emphasize the inter station disparities and most reported results are averages over the 10 stations or the corresponding 10 grid boxes. As similar errors were found over the 10 stations, the averages reported are representative of the whole country. In addition,

122

a comparison between the CRU (New *et al.*, 2002) and IRD (Paturel *et al.*, 2010*b*) spatial rainfall data over Burkina Faso and the ten synoptic stations were conducted but haven't shown any meaningful differences. The three annual rainfall averages (CRU, IRD, and stations) are very similar. We conclude that the ten synoptic stations capture well the rainfall characteristics over the whole country. All evaluations are performed on the ERA-Interim driven as well as the GCM driven simulations.

D. Results

a. Rainy season characteristics in Burkina Faso

The dates of the season onset and the end of season are discussed first as they are key parameters for defining the rainy season period in the region. For this analysis these dates are measured in days since the first January of the given year. The statistical method of rainy season periods characterization has been verified through a comparison with the agronomic and hydrologic methods (results not shown here). It was found that the hydrological method produced earlier start dates and was very sensitive to isolated intense rainfall events. In contrast, the agronomic method is very demanding on the rainfall amounts as it ignores rainfall sequences between 15 mm/d to 20 mm/d separated by four to seven dry days. In order to illustrate this difference we take the case of the rainy season of 1978 at Ouahigouya as it displays the largest difference between the 3 methods. While the hydrological method gives a season onset on the 14th March, the agronomic method computes a stating date on the 18th June and the statistic method determines the season onset on the 24th April. The large difference between the two first criteria is observed frequently at the ten stations. It was also

123

noted that the inter-annual variance of the season onset is higher with the hydrologic and agronomic methods than with the statistic method indicating a better stability for the methodology proposed here.

b. Rainy season period characteristics

The rainy season in Burkina Faso is governed by the West African monsoon flux with a northward intrusion in March and a southward retreat in September (Sultan and Janicot, 2000; Ramel, 2005). In the same way as the monsoon flux, the rainy season onset in Burkina Faso migrates northward and takes more than 40 days to run along the country, from the beginning of April on average at Gaoua (the most southern station) to the first decade of June on average at Dori (the most northern station) (Figure 5.6&5.7). In contrast, from the same figures, the duration of the southward migration takes around 20 days to cover the same North-South distance, from the mid-September on average at Dori to the beginning of October on average at Gaoua. Thus, the rainy season installation is about two times slower than it's withdrawal. This result is in agreement with the ITF (Inter-Tropical Front) movement over West Africa. Issa Lélé and Lamb (2010) found that the ITF is almost twice as fast in its southward retreat than in its northward advance. All modeled season onset and end dates are at around the observed period at each station. So, the models reproduce the general migrations of season onset and end of season but most of them have an early onset and a delayed end (Figures 5.6&5.7) when compared to observations. HadRM3P is the most advanced in season onset and the most delayed at the end of season in contrary to CCLM model which has a late season onsets and advanced ends of season. Altogether, the models generally produce too long rainy seasons. Figures 5.6&5.7 show that the five models keep the same deficiencies for the season onset and end of season with the two driving data sets. The Wilcoxon test, applied at the 5% level at each station (results not shown), shows that HadRM3P, RACMO, RCA and CCLM present a significant difference with the observed dates of seasons onset for the two sets of driving data. We observe a negative bias (advanced dates) for the two first models and a positive bias (late dates) for CCLM. REMO doesn't present any significant difference with observations for the GCM driven run (Figures 5.6&5.7). The same test applied for the end of season, reveals a significant delay for HadRM3P and RACMO for the two driving data. The other models do not present any significant differences with observation at more than seven stations. The second aspect to be analyzed for these two parameters (season onset and end of season) is their inter-annual variance. It was found from observation that the season onset has a high inter-annual variance (standard deviation of 16 days) in comparison to the end of season (standard deviation of 10 days). These values for the simulations are on average 21 days and 11 days respectively for season onset and the end of season (Figures 5.6&5.7). From the same figures, we can observe that the difference between models is more important for the season onset than for its end. As the models have a similar behavior at the majority of stations for the two driving data and in order to facilitate the discussion, we will consider in the rest of this discussion the average over all stations when comparing the characteristics of the simulated rainy season with observations. Figure 5.8 which represents the season duration shows that three models, HadRM3P, RACMO, and RCA produce long rainy season in contrast to CCLM model which produces a short rainy season. Using the re-analysis to drive these RCMs tends to prolong the rainy season and thus aggravates the deficiency for most models. The correlation of the inter-annual variability of these three parameters (season onset, end of season, season duration) shows a significant negative correlation (coefficient less than -0.7) between the season duration and the season onset at the ten stations. The correlation between the season duration and the end of season, which has a weak inter-annual variance, is not significant. These relations between the three parameters were also found on the simulated data. The season duration is more related to the season onset than on the end of season. Thus the differences of season duration (Figure 5.8) between the models and for the different driving data can essentially be attributed to deficiencies in the simulated season onset.

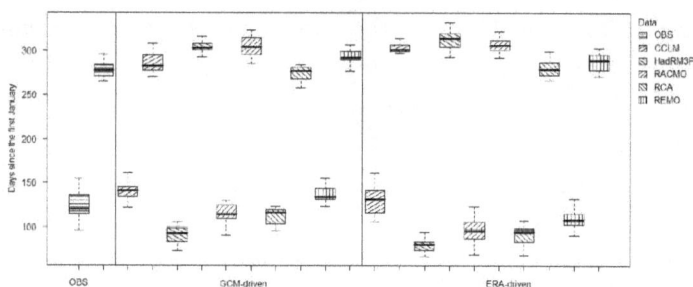

Figure 5.6: Season onset and end of season at Gaoua from 1990 to 2004

The whisker boxes represent the full time series; the bottom whisker represents the minimum between the minimum of the time series and the median - 1.5xΔQ (ΔQ represents the interquartile), the first quartile (25%), the median, the third quartile (75%) and the top whisker represents the minimum between the maximum of the time series and the median + 1.5xΔQ.. The vertical lines separate the different sets of data, the first column for the observations, the second column for the GCM driving data and the third column for the ERA driving data. Gaoua is the southwest station of the synoptic network stations.

126

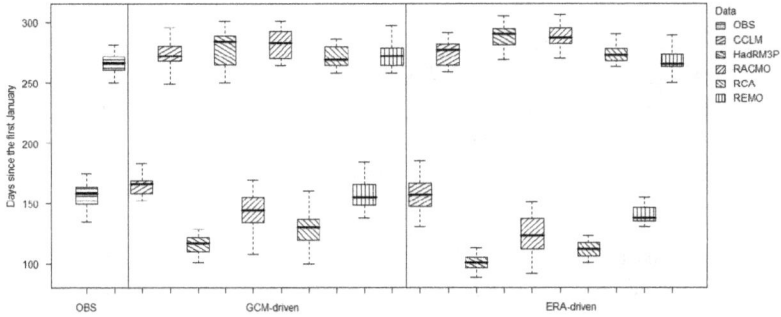

Figure 5.7: Season onset and end of season at Dori from 1990 to 2004

The boxes present the same statistics of the Fig. 2 for Dori. Dori is the northwest synoptic network station.

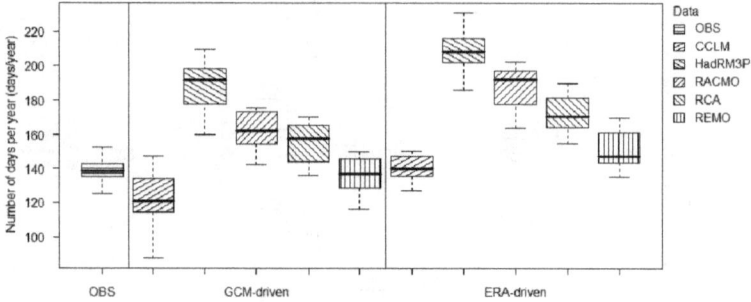

Figure 5.8: Season durations in Burkina Faso from the five models and observations from 1990 to 2004

The boxes represent the season duration average over the ten stations for each model and driven runs.

Despite these differences, the inter-annual variability is assessed to verify whatever the most realistic large scale forcing of ERA-interim (Sylla *et al.*, 2010) can lead the models to reproduce the observed inter-annual variability of season onset and the end of season. In figure 5.9, the Taylor diagram of the season onset presents the correlation and standard deviation between the 15 years time series (1990-2004) of observed and modeled season onset dates at the 10 stations. The diagram shows low correlations (lower than 0.5) between the simulated and the observed onset dates. The models miss the inter-annual variability of season onset with the two lateral boundary conditions. The relative standard deviation is closed to 1 (between 0.5 and 1.25) indicating a good amplitude of the inter-annual variability. This is confirmed by the Fligner test for variance homogeneity which shows no case of significant difference at the 5% level for the two sets of simulations (ERA

128

driving data and GCMs driving data), even if the models tend to underestimate the variance (80% of the points are between the curves 0.5
and 1). For the second parameter (the end of seasons) the two sets of
simulations (Figure 5.10) do not present either any significant correlation with observations (coefficients less than 0.4). The two clouds of
points for the GCM and ERA driven simulations are both distant from
the reference point but the relative standard deviation remains close
to 1. The Fligner test for variance shows no significant differences at
the level of 5%. For the end of season date, the barycenters of the two
sets of simulations are well separated and the ERA driven simulations
show clearly a more positive correlation. Forcing the RCMs by the re-
analysis seems to increase the correlation of the inter-annual variability
of the end of season dates with observations but it is not sufficient to
produce in these runs a realistic year-to-year variation of season length
and intensity. The simulated season duration of the two driving data,
which results from the 2 parameters discussed above do not present
any significant correlation with the observed season duration either.
In this part, we have shown that the regional climate models do not
produce a satisfactory inter-annual variability of the season onset and
end dates. The result is not improved when the models are driven by
the ERA re-analysis, except perhaps for the season's end dates. One
may wonder if this result is not linked to the high spatial variability
of rainfall in the region and the fact that only 10 stations are used in
this assessment. Studies over the square degree area of Niamey (Niger) using the high-density rain gauge network showed that spatial
gradients of annual rainfall of up to 275 mm over 10 km can be found
(Lebel and Le Barbé, 1997). In order to verify the influence of the
network used on the results, we have performed the same analysis on
annual mean rainfall averaged over Burkina Faso using the IRD (Pa-

turel *et al.*, 2010*b*) data sets which include more than 100 stations over the country. In this case as well, the correlation between the observed and modeled inter-annual variability is low (below 0.4 for all models). This means that the results found with ten stations is robust. In the following sections we will investigate other important features related to the rainfall amount.

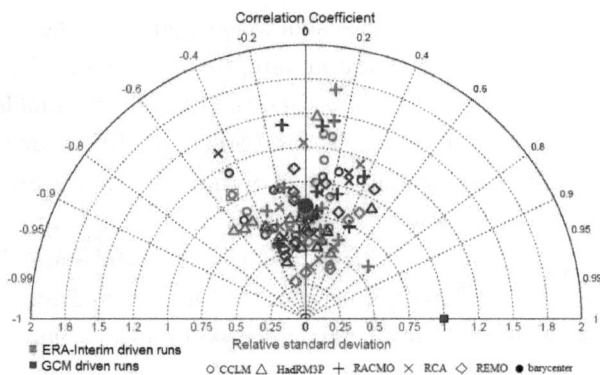

Figure 5.9: Taylor diagram of the rainy season onset at the ten stations for the five models

Each point of the diagram represents a grid box co-located with a station. The coordinates are the correlation coefficient (between the RCM data and the observations) and the relative standard deviation of the RCM data (ratio between the simulated data standard deviation and the observed data standard deviation). The arcs represent the relative standard deviation and the lines the correlation coefficients. The two points represent the barycenters, blue point for ERA driving data and red point for GCM driving data.

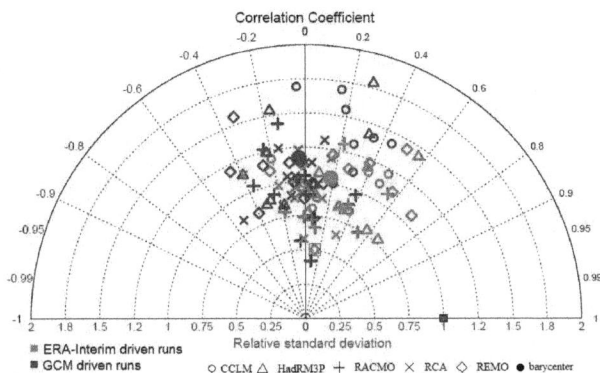

Figure 5.10: Taylor diagram of the end of the rainy season at the ten stations for the five models

Same as Figure 5.9.

c. Rainfall intensity and number of rain days

Several studies (Barron *et al.*, 2003; Graef and Haigis, 2001; Vischel and Lebel, 2007) have demonstrated that the annual agricultural production or the annual quantity of water in streams on a basin depends more on the frequency of rainfall events and their average intensity than on the annual/seasonal mean daily rainfall. Regular (one event per week) moderate rainfall events (10-20 mm/d) will be more beneficial than irregular (spaced by more than three weeks) strong rainfall events (>50 mm/d). Thus the efficiency, in term of agricultural productivity for instance, of the rainy season depends more on the intensity and distribution in time of rainfall event than on the total amount of water provided to the surface. Figure 5.11 displaying the

131

annual rainfall amount average over all stations (the vertical line represents the average of the observations) shows a systematic annual rainfall amount overestimation (right shift) for HadRM3P and REMO for both forcing data sets. The other models are closer to observation and their biases are more dependent on the driving data. RCA driven by a GCM and CCLM driven by ERA tend to underestimate the annual rainfall amounts at most stations. For three models, CCLM, HadRM3P and RCA, the bias is more important in the ERA driven runs than when the large scale forcing is taken from the GCM. In addition, the Wilcoxon test performed at a 5% level shows that only HadRM3P annual rainfall amount, for both driving data sets have a significant difference with the observations at the ten stations. CCLM driven by GCM and RACMO driven by ERA have no significant difference at more than seven stations. The others simulations have in general significant difference with observations at most of the stations. For the annual rainfall amount, the impact of a change in the large scale forcing is not as systematic as it was found for the parameters analyzed previously. An analysis of the annual rainfall amount using Taylor diagram shows that the RCMs miss the inter-annual variability of annual rainfall for the two driving data. For the 15 years time series, the correlation coefficients of the inter-annual variability between the observations and the simulations are lower than 0.6 over all simulations and stations. But the models present good variance homogeneity with the observations at the ten stations.

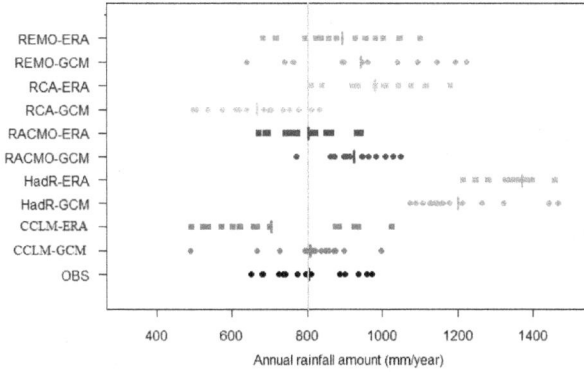

Figure 5.11: Annual rainfall amount averages distribution in Burkina Faso from 1990 to 2004

The points represent the annual rainfall amounts average over the ten stations sorted and plotted for each model. The vertical dash represents the average of the time series data and the vertical line is the average of the observation data.

Comparison of the annual number of rain days (Figure 5.12) shows a systematic and significant (Wilcoxon test at the 5% level) overestimation for the five models at the ten stations. Figure 5.12 shows that HadRM3P and RACMO produce more than twice the observed number of rain days. The ERA-driven runs present for all analyzed RCMs higher rainfall frequencies than the GCM-driven runs. Here also, the RCMs miss the inter-annual variability of annual number of rain days with correlation coefficients less than 0.6 over all stations.

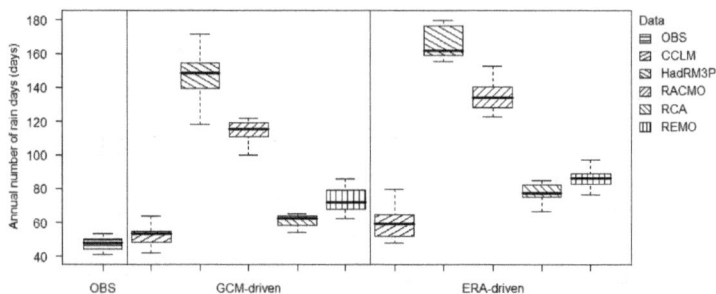

Figure 5.12: Mean annual number of rain days (0.1mm/d)

The whisker boxes represent the statistics of the average number over all stations of the seasonal rainy days from the observations (OBS) and the five RCMs.

After these investigations of the two characteristics (annual rainfall amounts and number of rain days), we will analyze the distribution of rainfall intensity into the six rainfall classes defined in section 3. The observed annual number of rain days and annual rainfall amounts distribution into the six rainfall classes from 1990 to 2004 is presented in figure 5.13 as an average over the ten stations. The inter-station variation of the distribution is lower than 4% points for all classes as indicated by the error bars in figure 5.13. The largest contribution to the annual rainfall amount comes from the strong rainfalls class with more than 48% but it represents only 20% of annual number rain days. In contrast, the very low class which represents around 40% the annual number of rain days contributes less than 7% to the annual totals. We can point out here that the magnitude of the "very low" is not related to the rainfall threshold of 0.1 mm/d. A sensitivity assessment with 0.5 mm/d and 1 mm/d produced very similar results. The third

134

class of the moderate rainfall events, contributes at the same level to the annual number and annual amount. The extreme class represents less than 1% of the two sums. As shown previously (Amani *et al.*, 1996; Stroosnijder, 1996), the total rainfall distribution into different classes is different from the one for the annual number of rain days and demonstrates the importance of individual strong rainfall events.

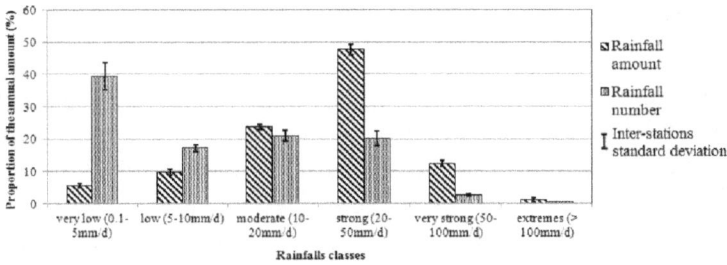

Figure 5.13: Proportion of each rainfall class in total rainfall and total number of rain days

The inter-stations standard deviation is the spatial standard deviation within the ten stations.

To understant these distributions from the models, we first analyze the cumulative fraction of total annual rainfall at each rainfall class. Figure 5.14 shows that for all models, except CCLM driven by the GCM, the cumulative rainfall weight distribution is higher than the one observed for threshold below 20 mm/d. For CCLM, RACMO and REMO, the ERA driven runs produce much more low intensity events than the GCM driven runs. RACMO driven by ERA has 90% of its total rainfall falling in events of less than 20 mm/d when in the observational data only 40% of total rainfall is generated in this class. On the other hand 30% of the total rainfall in the CCLM model driven by GCM comes from events producing 20 mm/d or less. For the strong rainfalls class (>20 mm/d), the cumulated weights for three RCMs (CCLM, RCA and REMO) are lower than the observed cumulative weights. This is due to the fact that these models produce high extreme rainfalls which have a considerable weight on the annual totals. For these three RCMs, the events of intensity lower than 50 mm/d contribute less than 75% to the annual amount. So, the rainfall events higher than 50 mm/d which represents less than 2% of the model's annual rainfall number (2.5% for the observations) contribute more than 25% (13% for the observations) to the annual rainfall. In most cases ERA driven simulations produce systematically more weak events than the GCM driven runs as illustrated by the average shift of 5% in figure 5.14. Except for HadRM3P where the application of the re-analysis at the lateral boundaries does not change the distribution of the intensity of rainfall events and in RCA where events tend to weaken.

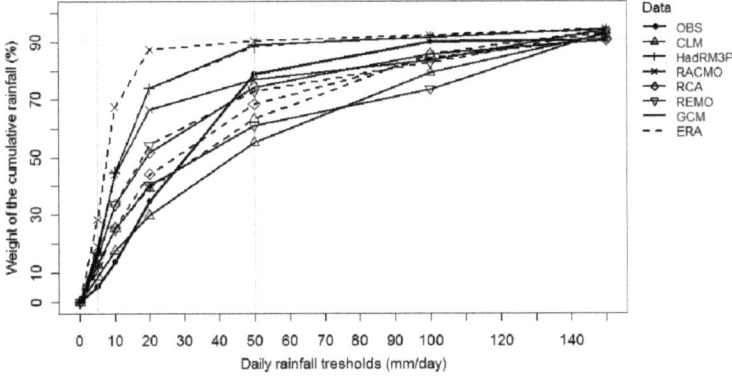

Figure 5.14: Average weight of the total rainfall events at different intensities over the annual rainfall amount in Burkina Faso

The curves represent the cumulative weight of the total rainfall over the rainfall event intensities. These distributions are the averaged over the ten stations (Inter-stations standard deviations is less than 5% points). The dashed lines represent ERA driven runs and the continuous lines represent the GCM driven runs.

For the second distribution, we will examine (Figure 5.15) the cumulated number of rain days in the season at different intensities. For instance in this figure we can read that 40% of days in the season have recorded rainfall events with an intensity less than 50 mm/d. In contrast, the models HadRM3P and RACMO have an occurrence of more than 80% of days of rain with less than 20 mm/d during the season. Indeed, the five models overestimate the annual number of rainfall events (rainfall higher than 0.1 mm/d). HadRM3P and RACMO produced more than twice the observed annual number of rain days, even though their simulated seasons are longer than observed. Rain-

137

fall events lower than 20 mm/d represent more than 90% of the RCMs number of rain days in the season against 75% for the observations. The very low rainfall events (< 5 mm/d) are dominating in RCMs at a weight from 50% for HadRM3P to 70% for CCLM against 7% for the observations. For the five models, the rainfalls lower than 50 mm/d represent more than 95% of the days in the season. Hence, the models produce too many rainfall events of low intensity. In all models the situation is aggravated when they are forced by the re-analysis as more rainfall events are produced. The only exception to this result is HadRM3P.

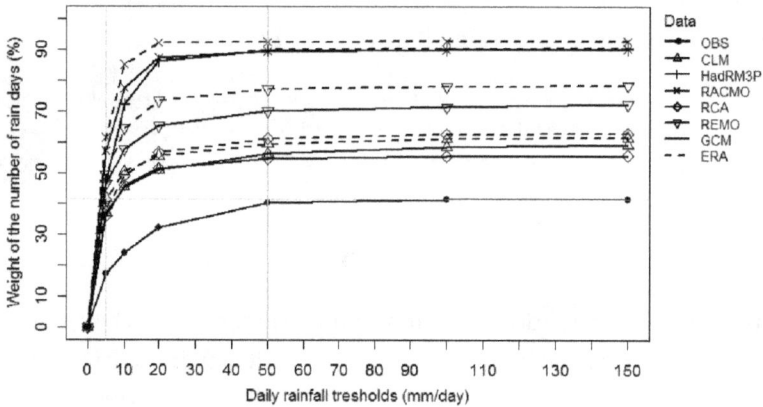

Figure 5.15: Average proportion of rainfall events number over season duration in Burkina Faso

The curves represent the cumulative weight of the daily rainfalls number at different intensities over the season duration. These proportions are the averages over the ten stations (the inter-stations standard deviation is less than 5% points). Continuous line=GCM drivien runs, Dashed line=ERA driven runs.

138

With regard to season duration, rainfalls higher than 50 mm/d have similar frequency in the models and the observations but their weight in the annual totals present significant differences. It can be noted in figure 5.16(c), that the observed average annual maximum rainfall intensities over the ten stations is lower than that for CCLM and REMO for the two driving data sets. RACMO driven by ECHAM5 overestimates also the maximum daily rainfalls over all the stations in contrary to RACMO driven by ERA which underestimates the maximum daily rainfall. Only HadRM3P model produces maximum daily rainfall close to observations. For daily average rainfall intensity (Figure 5.16(a)), the five models (for both driving data sets) are lower than the observations, pointing again to the dominance of the weak events in the models. The 95th rainfall intensities percentiles (Figure 5.16(b)) are also underestimated by the models, indicating that a low number of unrealistically extreme rainfall events explain the result found for the annual maximum rainfall events. Altogether, the three rainfall intensity features (the annual average, the distribution at different intensities and the extreme events) derived from the RCM data show significant differences with the observations. Here also, ERA driven runs present the highest deviation from the observations. We will now assess how the rainy days are distributed within the seasons.

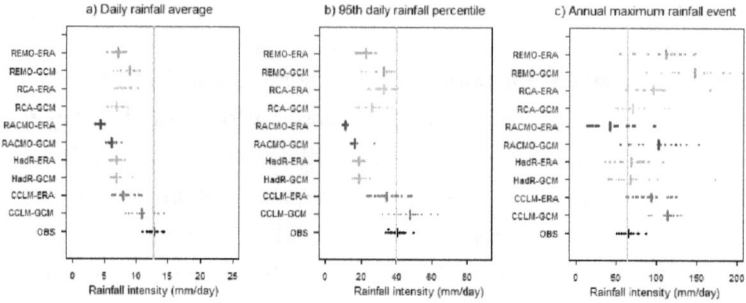

Figure 5.16: Daily rainfall intensities in Burkina Faso from 1990 to 2004

Each point represents the annual average of the daily rainfall over the ten stations.

d. Frequency and duration of dry spells

The rainy season contains small periods of consecutive dry days called dry spells. Their frequencies and duration in the sahelian area depend on the large scale synoptic variability of the monsoon (Janicot *et al.*, 2011). In order to define these dry spells, rainfall thresholds need to be given in order to avoid interrupting the sequence with events that produce too little rainfall to be significant for agriculture or water resources (Barron *et al.*, 2003; Modarres, 2010). (Sivakumar, 1992) showed from a study of dry spells with five rainfall thresholds (1, 5, 10, 20, 25 mm/d) that the dry spell length and frequency at a given station depend on the rainfall threshold, the number of dry spells of less than 5days decrease with rainfall thresholds while the number of dry spells more than 15 days increase. The author concluded that drought risks in West Africa are strongly related to mean annual rainfall amount and dry spell frequency. For increasing annual rainfall, frequencies of dry spells less than 5 days increased and frequencies of dry spells of more than 15 days decreased. The increase of the short dry spells and the decrease of the long dry spells come from an increase of the rainfall frequency, rainfalls are separated by few dry days. Le Barbé and Lebel (1997) noted in the observations from a dense rain gauges network in Niger that while the 1991 and 1992 annual rainfall amounts were similar, the timing of rainfall was very different in both years. During 1992 the rainy season produced more dry spells (> 5 days) leading to reduced millet crop yields in some areas and the development of the grass layer was very low. The average length of dry spells at each station is about 3 days with the rainfall threshold of 0.1 mm/d (minimum rainfall) and 5 days with rainfall threshold of 5mm/d (imbibitions rainfall and mean daily potential evapotranspiration in Burkina Faso). The duration of 5 days is considered as the limit of the first dry spells class. Following the previous study (Sivakumar, 1992), the dry spell lengths are subdivided in three classes, short (<5 days), average (5-10 days) and long (>10 days). Based on the above discussion of the systematic biases in simulated rainfall intensities notably the high frequency of the very low rainfalls, the selection of thresholds for defining dry spells in the RCM simulations requires some attention. In order to find a minimal rainfall intensity which makes the diagnostic less dependent on model biases, a relative rainfall threshold is defined. This value is taken at the rainfall intensity where the cumulative weight of the annual rainfall amount reaches 5% (Figure 5.14). This approach can be justified by the fact that 95% sahelian annual rainfall is provided by Mesoscale Convective Systems (MCS) which produces generally larger rainfall intensities (Laurent *et al.*, 1998). The threshold values can be read in figure 5.14 : it is 4 mm for the observations, 2.5 mm for CCLM-GCM, 1 mm for RACMO-GCM, 0.5 mm for RACMO-ERA and 1.5 mm for the other models. The following analysis of dry spells will focus on three characteristics, the number of consecutive dry days, the number of dry spells in different classes, and the season's longest dry spell. Figure 5.17 shows that the dry days account for 55% of the season duration in the observed time series. The models have too few dry days in the season, each one with its respective threshold, and only CCLM reaches values close to 50%. The ERA driven simulations, despite their longer rainy seasons, have fewer dry days than the runs driven by GCM data, with the exception again of HadRM3P.

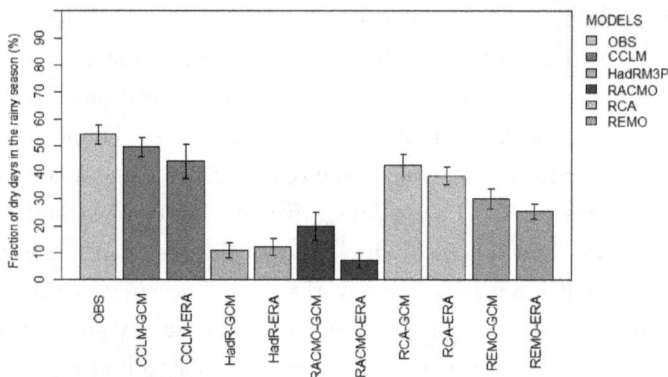

Figure 5.17: Average fraction of dry days in the rainy season in Burkina Faso from 1990 to 2004

Number of dry days (at the corresponding rainfall threshold of the data) as a fraction of the rainy season duration. The fraction represents the frequency of dry days within the rainy season. The whiskers provide the inter-stations standard deviation.

Another consequence of the too frequent rainfalls produced by the RCMs is the shrinking of the average dry spells length. As it has been found for the fraction of dry days, the average duration of the longest seasonal dry spells of CCLM driven by ECHAM5 is close to the observations (Figure 5.18). The other models present significantly shorter maximum dry spells. RACMO driven by ERA data has the shortest maximum dry spell length which is consistent with its low number of dry days in the season. The dry spells are distributed into the three classes according to their duration (Figure 5.19) in order to demonstrate that the short dry spells are the most frequent (more than 70%) in the observations and the simulations. But the models tend to overestimate this feature. The second (5-10 days) and third (more than 10 days) classes of dry spells are less frequent during the rainy season and the models represent this rapid decrease of occurrence. Altogether, the CCLM model driven by GCM data reproduces best the dry spell characteristics probably a consequence of the fact that its cumulative rainfall distribution events is quite realistic for low intensity events ($<$ 30 mm/d, see Figure 5.14).

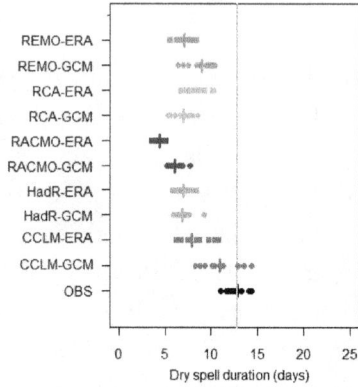

Figure 5.18: Season longest dry spell length in Burkina Faso from 1990 to 2004

Each point represents the average over the ten stations of the seasonal longest dry spell of the dataset. The whiskers provide the inter-stations standard deviation.

144

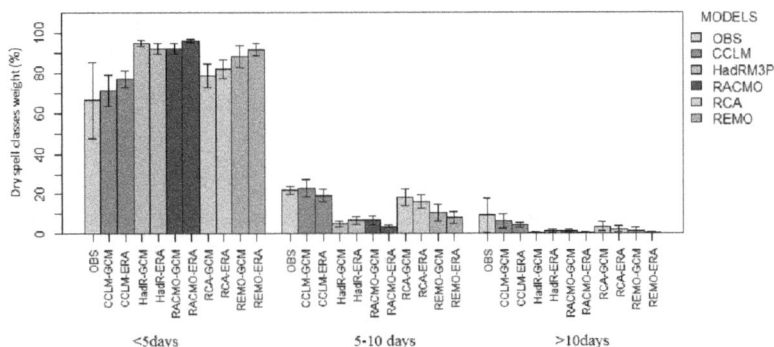

Figure 5.19: Dry spell classes weight in the total dry spells in Burkina Faso from 1990 to 2004

The bars represent the dry spell classes weight (number of dry spells of the class) over the total number of dry spells. The whiskers provide the inter-stations standard deviation.

E. Summary and discussion

This analysis has investigated three main rainy season components : the season duration, the rainfall intensity and frequency, and the dry spells length that are described by several parameters or characteristics. Table 5.2 sums up these parameters from the observations and the five models in the three climate zones (sahelian, sub-Sahelian, and sub-Sahelian) of Burkina Faso. The table shows that the models reproduce the North-South gradients of the different parameters between the three climatic zones but underestimate the speed of the northward propagation of the rainy season and overestimate the contrast in terms of number of rainy days. The North-South difference in the number of

145

rain events is 20 in the observations while it is 34 or 36 days for the RCMs, but on a higher average values. We have found that the main common deficiency in the five models for both driving data sets is the important number of low intensity rain events (lower than 5 mm/d). It is twice as high as the observed number. The high frequency of low rainfall values in the models entails fewer dry days with the relative rainfall thresholds at 5% of the cumulative distribution of rainfall intensity. The models generate fewer dry days and shorter dry spells than observed. In these diagnostics as well as those presented above (disparities between models), it is clear that systematic biases of the regional models dominate (Paeth *et al.*, 2011). In other words, the deficiencies found are characteristic of the models even if they can be aggravated by the data used to force the model at the boundaries of the domain. Nevertheless, it is remarkable that these deficiencies are affected by the driving data and the RCMs behave better when the large scales fields of GCMs are used. One can speculate that the difference in the number of perturbations fed into the domain by the two sets of large scale fields play a role here. It can also be hypothesized that the different balance of thermodynamic conditions in the two data sets may have an impact on the development of the perturbations which generate rainfall during the monsoon season. The humidity fed into the domain by the large scale forcing certainly plays an important role in the deficiencies of the simulated rainfall distributions. But the relation is far from trivial. The ERA-Interim forcing provides a realistic precipitable water contents as could be verified with independent data (Bock *et al.*, 2011). On the other hand ECHAM has a too moist atmosphere (John and Soden, 2007) and feeds about 10% too much water into the domain (predominantly from the south during the rainy seasons), as measured at the borders of the domain. Still the distribution

146

of rainfall intensities is worse when the 3 models (CCLM, RACMO and REMO) forced by ECHAM use ERA. It has to be noted here that RACMO uses in this version (Meijgaard *et al.*, 2008) the same physics package as the ECMWF model with which the ERA-Interim re-analysis was performed (Cycle31r2). Clearly the link in the models between the background moisture and the rain generating processes needs to be better understood. The diagnostic of the simulated inter-annual variability of the rainy season's characteristics was deceiving. Even when the models were forced by the more realistic large scale forcing provided by the re-analysis the year to year fluctuations were not well reproduced. This seems to indicate that the internal dynamics generated by the models within their domains have more weight on the rainfall generating processes than the tele-connections which are well documented for this region (Janicot *et al.*, 2011; Rodríguez-Fonseca *et al.*, 2011). Sylla *et al.* (2010) found in their analysis of the RegCM3 simulations a better representation of the inter-annual variability of rainfall in West Africa. But it has to be pointed out that their analysis covered a larger area of West Africa and only seasonal rainfall averages were used for the inter-annual variability validation. Thus our result could be due to our choice of diagnostic variables and models.

Parameters	Regions	OBS	ERA driven		GCM driven	
		Average	Average	Stdev	Average	Stdev
Season onset *(days since the first January)*	Sahelian	151	127	*21*	140	*21*
	sub-Sahelian	131	119	*21*	132	*21*
	North-soudanian	124	108	*20*	123	*21*
End of season *(days since the first January)*	Sahelian	267	280	*11*	277	*6*
	sub-sahelian	273	289	*12*	283	*10*
	North-soudanian	280	296	*14*	288	*12*
Annual rainfall amount *(mm/year)*	Sahelian	589	749	*243*	680	*244*
	sub-sahelian	806	981	*256*	925	*196*
	North-soudanian	1013	1112	*312*	1116	*210*
Annual number of rain days *(days/year)*	Sahelian	36	87	*39*	71	*36*
	sub-sahelian	51	106	*45*	90	*40*
	North-soudanian	56	121	*50*	107	*45*
Longest dry spell length *(days)*	Sahelian	13	9	*1.5*	10	*1*
	sub-sahelian	11	8	*1.5*	7.5	*1.5*
	North-soudanian	10	8	*1.5*	7	*1*

Sahelian zone (3 stations), Sub-sahelian zone (4 stations), North-soudanian (3 stations), stedv=inter-model standard deviation

Tableau 5.2: Average and inter-model standard deviation of some the rainy season characteristics at the three climatic zones

F. **Conclusion**

This assessment of the regional climate models skill over a sahelian area of West Africa revealed the importance of looking at the details of the rainy season and how it is represented by models. An analysis based only on the annual or monthly rainfall amounts would hide large parts of the model's capability or weaknesses. It is particularly

148

important for this region to look at the frequency of rain events and the distribution of their intensities. The five RCMs presented, which used different large scale forcing data sets, displayed an overestimation of the frequency of very low rainfall events (between 0.1 and 5 mm/d) and an underestimation of the mean daily rainfall amounts. Despite the long duration of the rainy season in the RCMs, the high rain event frequency leads to shorter dry spells than those observed. Dry spell length is an important parameter for applications and quite telling for the quality of the representation of the physical processes which govern rainfall generation (Lafore *et al.*, 2011). The influence of the driving data on the climatology of RCMs is well known (Frei *et al.*, 2003; Jacob *et al.*, 2007) but it was unexpected that using atmospheric re-analysis (ERA-interim in our case) would lead to worse results than driving the models with GCM outputs. This raises the question on the role of the lateral boundary conditions for RCM setup over tropical continental areas where land surface processes play an important role (Taylor *et al.*, 2011). RCMs are an important tool for studying the impacts of climate change or fluctuations because of their high resolution. In West Africa their outputs are particularly relevant for water resources, food production and public health studies. But it is deceiving that for parameters of the rainy season essential to these applications, the RCMs show such large biases. Processes such as infiltration or desiccation of crops cannot be realistically represented if rainfall events have too weak intensities or are not separated by long enough dry spells. It is thus essential to bias-correct the simulated precipitation in order to reduce the impact of these biases on the application models. It also calls for a major effort to improve the representation in RCMs of the atmospheric processes governing the rainfall generation in the tropics.

Acknowledgments :

This work addresses one component of AMMA (African Monsoon Multidisciplinary Analysis) program on West African climate modeling. The simulations were done through the collaboration between AMMA and ENSEMBLE. We thank the National Weather Service (Direction Nationale de la Météorologie) of Burkina Faso for the observed rainfall data.

5.3 Correction des biais des données pluviométriques journalières

L'analyse précédente a montré que les simulations pluviométriques des MCRs présentent des écarts significatifs par rapport aux observations. Il est donc nécessaire de procéder à une correction des différents biais afin de transformer la statistique des données simulées similaire à la statistique des données issues des observations (Hashino *et al.*, 2006; Déqué, 2007). Ce traitement de biais des données simulées est incontournable pour une perspective de simulation hydrologique des bassins versants car les fortes intensités de pluies et les courtes séquences sèches peuvent avoir un impact significatif sur l'hydrologie du bassin (Hashino *et al.*, 2006; Graham *et al.*, 2007). En effet, dans une étude d'impact du changement climatique sur les systèmes hydrologiques en Suède, Andréasson *et al.* (2004) proposent la mise en place d'une interface de correction des données climatiques produites par les modèles avant de procéder au forçage des modèles hydrologiques. Cette interface de correction permettra de créer les conditions optimales d'une mise en œuvre des modèles hydrologiques pour la modélisation du fonctionnement hydrologique des bassins.

Avant de présenter la méthode de correction des biais des données pluviométriques simulées, nous tenons à préciser que cette correction vise trois principaux objectifs :

1- la reproduction de l'ordre de grandeur des pluies (intensité et fréquence) observées de l'échelle journalière à l'échelle annuelle ;

2- la reproduction de la variation saisonnière de la pluie ;

3- la reproduction de la répartition spatiale de la pluie, un gradient annuel Nord-Sud.

Par conséquent, la correction des biais ne vise pas à retrouver les valeurs exactes des observations pour chaque jour, chaque mois ou chaque année à chacune des stations car la modélisation climatique vise à reproduire les situations moyennes sur une zone de 50x50 km^2.

Ainsi, les données climatiques simulées sont corrigées au pas de temps journalier sur l'ensemble du territoire Burkinabé à partir des données observées au niveau des dix stations synoptiques (Figure 2.12). Il faut rappeler que les données des MCRs sont des valeurs moyennes journalières sur les mailles de 50x50 km^2, elles ne représentent donc pas les valeurs ponctuelles des centres de mailles (Frei *et al.*, 2003). Une approximation est faite ici avec l'hypothèse que cette pluie est la pluie moyenne en chacun des points de la maille. Par conséquent, les pluies de la maille peuvent être corrigées en comparaison avec les données ponctuelles de la station qui est sur la maille. En effet, la méthode qui consiste à faire une interpolation des données des stations sur l'ensemble du pays sous forme de mailles des MCRs introduirait de nouveaux biais avec le lissage des données ponctuelles (Osborn and Hulme, 1997; Ali *et al.*, 2004). Ainsi, les procédures de correction sont établies à partir des écarts entre les données d'une maille et les données de la station synoptique qu'elle contient (Figure 2.12). C'est à partir de ces écarts que les données des autres mailles qui ne contiennent aucune station sont aussi corrigées à travers une application de la correction par zone d'influence (Déqué, 2007). Ainsi, pour chaque station, nous déterminons sa zone d'influence, c'est-à-dire l'ensemble des mailles qui lui sont proches à partir de la délimitation du polygone de Thiessen (Thiessen, 1911) (Figure 2.12).

5.3.1 Méthode de correction des biais des données pluviométriques journalières dite "quantile-quantile"

La méthode de correction est dite quantile-quantile (Hashino *et al.*, 2006; Déqué, 2007) car elle consiste à établir une égalité entre les quantiles observés et les quantiles simulés sur la période référence. Cette méthode est beaucoup plus appropriée à la correction des données pluviométriques journalières qui se caractérisent par une forte variabilité temporelle (possibilité d'une différence de plus de 100 mm entre deux jours consécutifs) et spatiale (Lebel, Amani and Taupin, 1996; Ali *et al.*, 2003). La correction est mise en œuvre à l'échelle de chaque mois pour respecter le régime saisonnier de la pluie de la région (la fréquence des pluies n'est pas la même sur toute la saison). La correction par mois consiste à établir pour chaque mois une égalité entre le cumul moyen observé ($\overline{P}^j_{obs}$) et le cumul moyen simulé par le MCR ($\overline{P}^j_{mcr}$) sur la période de référence. Par conséquent, $\overline{P}^j_{mcr} = \overline{P}^j_{obs}$ pour chaque mois j sur la période de référence 1961-1990. Or, nous avons :

$$\overline{P}^j = \frac{1}{N}\sum_{k=1}^{N^j} p_k^j \qquad (5.6)$$

152

avec $\overline{P}^j$ pluie moyenne mensuelle du mois j $(1 \leq j \leq 12)$, $N = 30$ nombre de saisons de pluies de la période de référence, N^j nombre total de jours de pluie du mois j sur la période de référence, p_k hauteur de la $k^{ième}$ pluie (nous ne prenons en compte que les pluies supérieures ou égales à 0.1 mm/jour).

Ainsi, l'équation 5.6 ne présente que deux inconnues, le nombre de pluies N^j (fréquence) et la hauteur de pluie p_k (intensité). De cette équation 5.6 générale, nous avons pour les MCRs, $\overline{P}_{mcr}^j = \dfrac{1}{N} \sum\limits_{k=1}^{N_{mcr}^j} p_{k.mcr}^j$ et pour les observations $\overline{P}_{obs}^j = \dfrac{1}{N} \sum\limits_{k=1}^{N_{obs}^j} p_{k.obs}^j$. avec N_{mcr}^j et N_{obs}^j nombre de jours de pluies des 30 saisons pour le mois j pour les données MCRs et les observations, $p_{k.mcr}$ et $p_{k.obs}$ hauteur de la $k^{ième}$ pluie pour les différentes données.

Les formules précédentes montrent que corriger les moyennes simulées revient à corriger les fréquences des pluies (N_{mcr}^j) et leurs intensités $(p_{k.mcr})$ (Ines and Hansen, 2006). La correction consiste alors à définir une procédure qui permettra d'établir une égalité entre les différents termes ; entre N_{mcr}^j et N_{obs}^j, et entre $p_{k.mcr}^j$ et $p^j{}_{k.obs}$ sur la période de référence. Par conséquent, nous devons obtenir $N_{mcr}^j = N_{obs}^j$ et $p_{k.mcr}^j = p^j_{k.obs}$ pour tout k sur la période de référence. Or, la comparaison des données pluviométriques journalières des MCRs et des observations (cf section 5.2) a montré que les MCRs ont un nombre important de pluies faibles et génèrent de pluies extrêmes très élevées (Frei *et al.*, 2006; Ines and Hansen, 2006). D'où : $N_{mcr}^j > N_{obs}^j$, ce qui revient à diminuer le nombre total de pluies du MCR de $N_{min} = N_{mcr}^j - N_{obs}^j$ et de procéder à la correction des hauteurs de pluies du MCR pour chaque rang $k \geq N_{min}$. Ainsi, pour un quantile donné (rang dans un classement par ordre croissant des pluies journalières), la hauteur de pluie du MCR doit être égale à la hauteur de pluie observée au niveau de la station.

Pour diminuer le nombre de pluies du MCR (fréquence), toutes les pluies inférieures à la pluie de rang N_{min} sont considérées comme nulles, soit p_{min}^j cette hauteur de pluie. Pour chaque hauteur de pluie supérieure à p_{min}^j un facteur de correction est déterminé selon la procédure ci-dessous :

$$p_{k.mcr}^j(corrigée) = \begin{cases} 0 & si \; p_{k.mcr}^j \leq p_{min}^j \\ p_{k.mcr}^j + \triangle_k^j(p_{k.mcr}^j) & si \; p_{k.mcr}^j > p_{min}^j \end{cases} \qquad (5.7)$$

L'écart de correction $\triangle_k^j(p_{k.mcr}^j)$ est calculé en fonction de la hauteur de pluie du MCR, pour toute hauteur de pluie de rang k ($k \geq N_{min}$), $\triangle_k^j(p_{k.mcr}^j) = p_{k.obs}^j - p_{k.mcr}^j$ (avec $k.obs = k.mcr - N_{min} + 1$) sur la période de référence. Pour la période future, le seuil minimum p_{min}^j est retenu, et l'équation 5.7 est appliquée à toute pluie dont l'intensité est inférieure ou égale l'intensité de la pluie maximale du MCR sur la période de référence ($p_{max.mcr}^j$). Pour une pluie ($p_{k.mcr}^j$) dont l'intensité est supérieure à cette pluie maximale, nous appliquons une formule d'ajustement proportionnelle à l'intensité de la pluie,

$$p_{k.mcr}^j > p_{max.mcr}^j \Rightarrow p_{mcr}^j(corrigée) = \frac{p_{k.mcr}^j}{p_{max.mcr}^j} * p_{max.mcr}^j(corrigée)$$

$$(5.8)$$

L'équation 5.8 permet de respecter la variation de l'intensité des pluies extrêmes prédite par le MCR sur la période future. Par conséquent, les changements dans les intensités de pluies seront reproduits par la correction.

154

5.3.2 Validation de la correction des données pluviométriques

Avant de procéder à la correction des données sur l'ensemble du Burkina Faso, nous avons fait une analyse de la performance de la méthode de correction autour de quelques stations entourées par au moins quatre stations (une station par point cardinal). Pour cela, nous avons mené une correction des données des dix mailles qui couvrent nos dix stations à partir des facteurs de corrections déterminés à la station de Ouagadougou (station située presque au centre du pays). La figure 5.20 présente la représentation des pluies moyennes mensuelles observées et corrigées du modèle CCLM au niveau de ces dix stations sur la période 1961-1990. Les graphiques montrent que les données mensuelles corrigées sont très proches des observations, le test de Wilcoxon n'a montré aucune différence significative au niveau des huit stations. Seuls, Bobo Dioulasso et Bogandé montrent un écart significatif en juillet et en août. Une analyse de la distribution statistique des pluies journalières observées et corrigées n'a montré aucune différence significative. En plus, la même forme de correction effectuée avec la station de Ouagadougou, fut menée avec la station de Boromo au Sud et la station de Ouahigouya au Nord. Bien que les zones climatiques soient différentes, les corrections ont été pertinentes pour les stations voisines des stations de correction (figures non montrées car similaires à la figure 5.20). Ainsi, les trois corrections faites à partir d'une seule station de référence ont permis d'effectuer des corrections pertinentes sur leur voisinage (100 à 300 km). Par conséquent, les corrections déterminées à partir d'une station donnée peuvent servir à la correction des données des mailles qui lui sont poches. Il n'est donc pas nécessaire d'avoir des données observées au niveau de chacune des mailles pour corriger les données pluviométriques produites par les RCMs. Ainsi, l'ensemble des données climatiques des cinq RCMs sur le Burkina Faso peut être corrigé à partir des facteurs de correction déterminés sur chacune des dix stations avec une application par zone d'influence définie par le polygone de Thiessen.

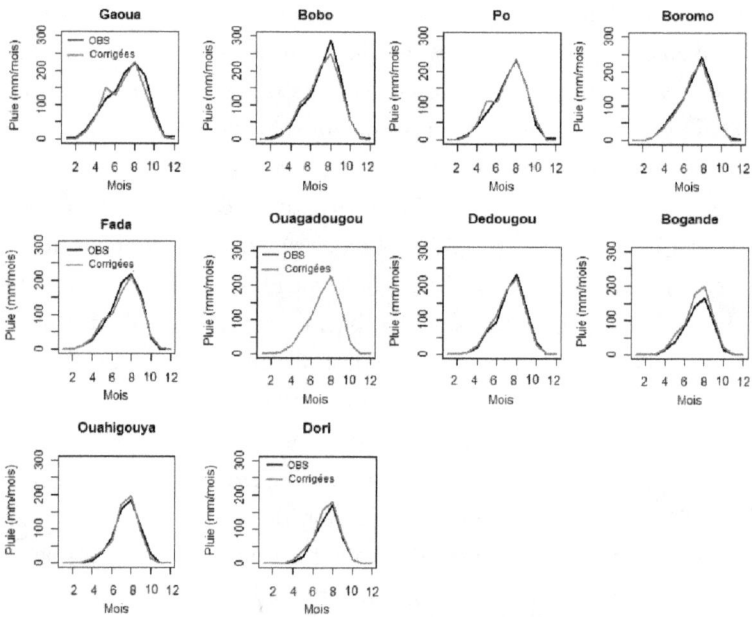

Figure 5.20: Comparaison entre les pluies moyennes mensuelles obser-vées et corrigées à partir des données de la station de Ouagadougou (moyennes mensuelles sur la période 1961-1990 et modèle CCLM)

L'application de la correction quantile-quantile a entraîné une modification importante des caractéristiques des saisons de pluies issues des données brutes (tableau 5.3). L'évaluation de la différence relative (par rapport à la moyenne observée) des différentes caractéristiques (tableau 5.3) montre une diminution de la pluie annuelle pour tous les modèles ayant une tendance à la surestimation (CCLM, HadRM3P, RACMO et REMO) et un rehaussement de la pluie annuelle pour le modèle ayant une tendance à la sousestimation (RCA). Aussi, pour les autres caractéristiques, la correction a réduit significativement le nombre de jours de pluies, les pluies maximales journalières et a rehaussé significativement la hauteur moyenne des pluies et la durée des séquences sèches. Somme toute, l'ampleur des modifications des caractéristiques dépend de l'ampleur des biais sur le caractéristique et pour le modèle dans les données brutes. Par conséquent, la correction s'est adaptée aux différents cas de figure en respectant l'ordre de grandeur de l'amplitude des écarts entre les données brutes et les observations.

	CCLM	HadRM3P	RACMO	RCA	REMO
Cumul de pluies	-7.8	-41	-17	20	-6.5
Début de la saison	-6.3	28	12	14	-1.6
Fin de la saison	-5.6	-18	-20	0	-8
Durée de la saison	0.7	-46	-32	-14	-6.6
Nombre de jours de pluies	-15.5	-203	-149	-28	-57
Hauteur moyenne des pluies	23	58	61	54	45
Pluie maximale journalière	-79	0	-44	-4	-97
Durée moyenne de la séquence sèche	29	24	52	23	40

Tableau 5.3: Différence relative (en %) entre les caractéristiques issues des données pluviométriques brutes des MCRs et celles issues des données corrigées sur la période 1961-1990.

5.3. Correction des biais des données pluviométriques journalières

Les corrections des données (faites à partir des facteurs de correction de la période 1961-1990) sont validées sur la période 1991-2009 sur la fréquence des pluies, l'intensité des pluies et la variation saisonnière. La figure 5.21 montre que la gamme des amplitudes de quatre caractéristiques de la saison des pluies (début, nombre de jours de pluie, pluie moyenne journalière et la pluie annuelle), significativement écartées des observations dans les données brutes, se trouve ici dans la gamme des observations. Une évaluation avec le test de Wilcoxon ne révèle aucune différence significative entre les caractéristiques issues des données corrigées et les caractéristiques issues des observations. La comparaison de la figure 5.21 avec les figures sur les données brutes : figure 5.6 sur les débuts des saisons, figure 5.11 du nombre de jours de pluie, figure 5.12 de la pluie annuelle et la figure 5.16a de la pluie moyenne journalière, montre une réduction significative des écarts par rapport aux observations. Par conséquent, la correction quantile-quantile permet de corriger l'amplitude des caractéristiques de la saison des pluies en les ramenant dans la gamme des observations.

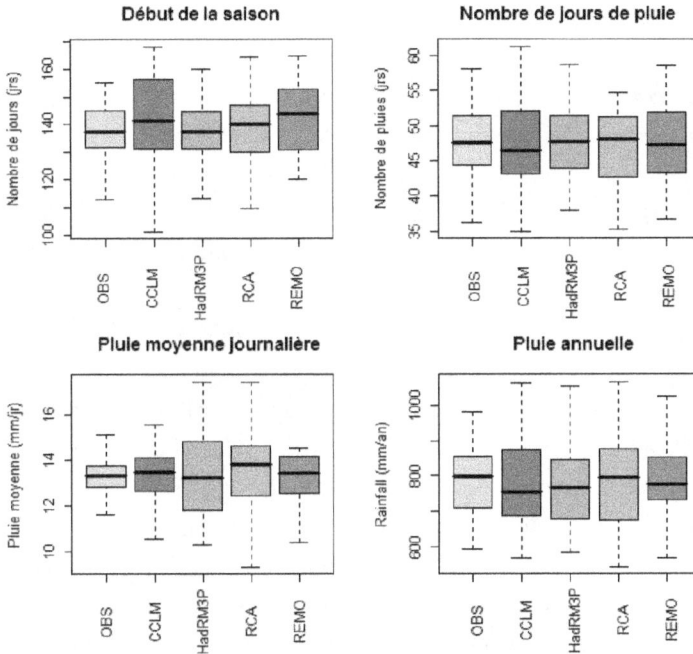

Figure 5.21: Comparaison des valeurs moyennes annuelles de quatre caractéristiques pluviométriques entre les observations et les simulations corrigées (moyennes sur la période 1991-2009)

5.4 Conclusion du chapitre

La détermination de la période de la saison des pluies au Sahel est un préalable à la caractérisation du régime pluviométrique au Sahel. Les deux méthodes empiriques (hydrologique et agronomique) d'identification du début et de la fin de saison présentent des écarts significatifs qui montrent leur forte dépendance aux différents seuils de pluie issues des mesures de terrain. Cependant, l'élaboration de la nouvelle méthode, dite méthode statistique a permis de franchir ces contraintes empiriques pour fonder la détermination du début et de la fin de saison uniquement sur la statistique des données pluviométriques de la station cible.

Par ailleurs, la discrétisation de la saison des pluies en différentes caractéristiques a aidé à la description des saisons de pluies aussi bien dans les observations que dans les simulations. Cette discrétisation a permis d'évaluer la performance des cinq modèles climatiques régionaux sur la reproduction des données pluviométriques représentatives du régime pluviométrique au Burkina Faso. Ainsi, malgré leur grande résolution spatiale, les modèles climatiques régionaux présentent des biais significatifs par rapport aux observations. La comparaison des données climatiques des cinq RCMs avec les observations a révélé que les caractéristiques issues des simulations pluviométriques présentent un écart significatif par rapport aux caractéristiques issues des observations. Cependant, des études d'impact du changement climatique sur les processus hydrologiques ont montré la nécessité de corriger les données climatiques produites par les modèles climatiques avant de procéder au forçage des modèles hydrologiques (Frei *et al.*, 2003; Déqué *et al.*, 2007; Buser *et al.*, 2010). Ainsi, l'application de la méthode de correction dite "quantile-quantile" aux simulations pluviométriques a permis de générer des données pluviométriques qui reproduisent la statistique moyenne des caractéristiques des saisons de pluies issues des observations sur la période 1961-2009.

160

Chapitre 6

Variabilité pluviométrique récente et prédictions des cinq MCRs au Burkina Faso

Les conditions climatiques sahéliennes se distinguent au cours du 20ème siècle par une succession de sécheresses depuis la fin des années 1960s (Nicholson and Palao, 1993; Ali and Lebel, 2009). Cette variabilité climatique est largement étudiée sur les six dernières décennies sur la base des observations pluviométriques (Nicholson, 2001, 2005; Mahé and Paturel, 2009; Lebel and Ali, 2009; Ali and Lebel, 2009). Plusieurs études ont identifié une situation de déficit pluviométrique depuis la fin de la décennie 1960 sur l'ensemble du Sahel avec une petite reprise au cours de la décennie 1990 (Nicholson, 2005; Lebel and Ali, 2009; Mahé and Paturel, 2009). Ces études de la variabilité pluviométrique sur la longue période concernent généralement des moyennes sur le Sahel ou sur la région ouest africaine. Dans la présente étude, nous faisons une évaluation de cette variabilité pluviométrique à l'échelle du Burkina Faso pour mieux caractériser le contexte du pays, vérifier les variabilités de la grande échelle et déterminer les variations du

161

régime pluviométrique dans une situation de changement climatique.

6.1 Aperçu général de la situation climatique récente de la zone sahélienne

La variabilité climatique de l'échelle locale à l'échelle globale est évaluée à travers l'évolution de la température moyenne. La figure 6.1 de l'évolution de l'anomalie de la température moyenne annuelle montre une tendance générale à la hausse de la température moyenne du continent. Les deux dernières décennies du 20ème siècle sont les plus chaudes de ce siècle, qui a connu une autre phase chaude de 1935 à 1942. La hausse de la température moyenne est de l'ordre de 0.7°C au cours de la décennie 1990 par rapport à la décennie 1900.

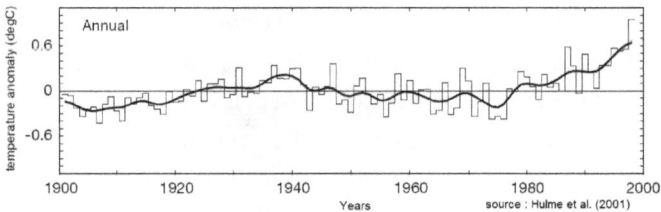

Figure 6.1: Variabilité de l'anomalie de la température moyenne annuelle sur le continent africain (Hulme *et al.*, 2001)

Anomalie annuelle de la température par rapport à la moyenne 1961-1990.

162

D'autre part, la variabilité climatique récente (au cours du $20^{\text{ème}}$ siècle) au Sahel est surtout perçue à travers la variabilité de la pluie annuelle qui constitue le principal paramètre climatique de la région. Cette variabilité est généralement caractérisée à travers la variation interannuelle de l'indice pluviométrique (Ali and Lebel, 2009) qui est défini par l'équation 6.1.

$$I_i = \frac{\left(P_i - \overline{P}_{ref}\right)}{\sigma(P_{ref})} \tag{6.1}$$

avec P_i la pluie annuelle de l'année i, $\overline{P}_{ref}$ pluie moyenne sur la période de référence, $\sigma(P_{ref})$ écart type de la pluie annuelle sur la période de référence.

La figure 6.2 qui représente l'évolution de l'indice annuel de pluie sur la zone sahélienne (période de référence de 1961-1990) montre trois grandes phases de sécheresse, autour de 1913, 1973-1974 et 1984-1985. Nous remarquons une forte augmentation des années déficitaires sur les trois dernières décennies par rapport à la période antérieure. La décennie 1980 est la décennie la plus sèche avec sept années à indice pluviométrique inférieur à -1 et Mahé and Paturel (2009) indiquent que la baisse de la pluie annuelle au cours de cette décennie est de l'ordre de 15-20% par rapport à la décennie humide de 1950. Cependant depuis la moitié de la décennie 1990, la tendance est à une reprise de la pluie avec des déficits moins forts que ceux de la décennie 1980 (Nicholson, 2005; Mahé and Paturel, 2009).

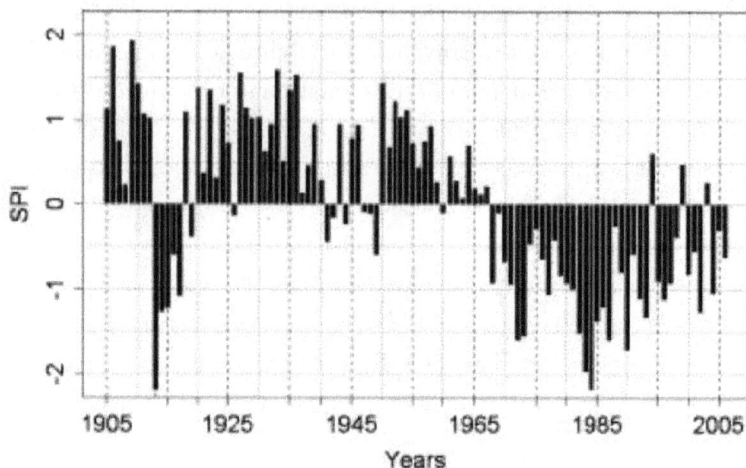

Figure 6.2: Indice pluviométrique annuelle au Sahel (pays du CILSS) sur la période 1905-2005 par rapport à la période de référence de 1961-1990 (Ali and Lebel, 2009)

Le CILSS regroupe le Burkina Faso, le Cap Vert, la Gambie, la Guinée-Bissau, la Mauritanie, le Mali, le Niger, le Tchad, et le Sénégal.

6.2   Evolution du régime pluviométrique au Burkina Faso

Nous avons analysé dans cette partie les données pluviométriques observées et simulées sur le Burkina Faso pour caractériser les changements du régime pluviométrique au cours de la seconde moitié du 20ème siècle et ceux prédits par les MCRs dans un contexte de changement

164

climatique. L'analyse consiste à déterminer les différents changements
et de les caractériser à travers les caractéristiques de la saison des
pluies. Cette analyse est rédigée sous forme d'un article scientifique
soumis au journal *water resouces research* : Changes in rainfall regime
over Burkina Faso under a climate change scenario simulated by 5
regional models (Ibrahim, Karambiri, Polcher, Yacouba and Ribstein,
2012).

6.2.1 Résume de l'étude sur le changement du régime pluviométrique au Burkina Faso à partir des données brutes des MCRs

L'évolution du régime pluviométrique au Burkina Faso sur la période
1961-2009 se caractérise par une subdivision de cette période en trois
petites périodes de pluies annuelles moyennes significativement différentes : 1961-1969, 1970-1990 et 1991-2009. Ces changements de
moyenne entre les trois périodes mettent en évidence une baisse significative de la pluie annuelle de l'ordre de 20% au cours de la période
1971-1990 par rapport à 1961-1969, et une hausse de l'ordre de 15%
de la pluie annuelle au cours de la période 1991-2009 par rapport à la
période 1971-1990. Ces changements de la pluie annuelle au Burkina
Faso sont liés à la variabilité de la fréquence des pluies tout comme
ce qui fut démontré par Le Barbé *et al.* (2002) à l'échelle de la zone
Sahélienne.

Cependant, les changements significatifs du régime pluviométrique,
entre la période de référence (1971-2000) et la période de prédiction (2021-2050), varie selon le modèle climatique. Le modèle CCLM
prédit une baisse de la pluie annuelle liée à la diminution de la fré-

165

quence des pluies tout comme dans les observations. Aussi, le modèle RCA prédit une baisse de la pluie annuelle liée à la baisse de la fréquence et de l'intensité moyenne des pluies. Alors que les modèles, HadRM3P et RACMO, prédisent une augmentation de la pluie annuelle liée à l'augmentation de l'intensité moyenne des pluies. Le dernier modèle, REMO, ne prédit aucun changement significatif de la pluie annuelle. Cependant, trois consensus se dégagent parmi les cinq modèles sur l'évolution des caractéristiques de la saison des pluies sont : une baisse de la fréquence de pluies très faibles (compris entre 0.1 et 5 mm/jr), un allongement de la durée moyenne des séquences sèches et une fin tardive des saisons de pluies. Aussi, quatre modèles (CCLM, HadRM3P, RACMO et REMO) montrent une augmentation de l'intensité moyenne des fortes pluies (>50 mm/jr).

6.2.2 Changes in rainfall regime over Burkina Faso under a climate change scenario simulated by 5 regional models

A. Abstract

Sahelian rainfall has recorded a high variability during the last five decades with a significant decrease in the annual rainfall amount since 1970. Using a linear regression model, the fluctuations of annual rainfall of the period 1961-2009 over Burkina Faso are decomposed in order to highlight the role played by changes in the number of rain days and reproduce results obtained by other studies over the West African Sahel. The methodology is then applied to the climate of an A1B scenario as simulated by 5 regional climate models. As found with other global and regional climate models, the predicted changes

166

in annual mean rainfall for West Africa is very uncertain. The present study shows, with the help of the linear regression model, that some features of the impact of climate change on rainfall in the region are robust. The end of the rainy season is predicted by all models to be delayed and a consensus exists on the increase of dry spell length. This study also identifies the reduction of the number of low intensity rainfall events (0.1 to 5 mm/d) as a robust result in this sample of regional climate models. On the other hand, the simulated relationship between changed annual rainfall amounts and the number of rain events or their intensity, varies strongly from one model to the other and does not correspond to what is observed for the rainfall variability of the last 50 years. Understanding these characteristics of the West African rainy season and their sensitivity to climate change are essential to predicting future water resources.

Keywords: Climate change, regional climate model, rainy season, multiple linear regression, Sahel, Burkina Faso

B. Introduction

The first IPCC report on the climate change (Houghton, G.J. and J.J., 1990) has triggered a great interest in climate modeling in order to understand climate mechanisms and to evaluate climate evolution at short and long terms under different climate change scenarios (Nakicenovic and Swart, 2000; Solomon et al., 2007; Vanvyve et al., 2008). These simulations are implemented at different spatial scales, from the global to the regional, depending on the models and the aims of the studies. However, from regional to global simulations, all climate models predict a warmer climate during the 21st century (Prabhakara et al., 2000; Wu et al., 2007; Solomon et al., 2007). Other climate pa-

167

rameters such as rainfall are also predicted to change from regional to global scale under a warming condition (Solomon *et al.*, 2009; Wang *et al.*, 2009).

With a focus on West Africa, climate models predict different rainfall trends over the 21st century (Hulme *et al.*, 2001; De Wit and Stankiewicz, 2006; Paeth *et al.*, 2009). Hulme *et al.* (2001) found a significant increase in annual rainfall amounts over the central Sahel around 2050 from a set of seven coupled ocean-atmosphere global climate models (CCSR-NIES, CGCM1, CSIRO-Mk2, ECHAM4, GFDL-R15, HadCM2a, NCAR1) run under four different climate change scenarios (B1-low, B2-mid, A1-mid and A2-high). More recently, Cook and Vizy (2006) highlighted three types of rainfall anomalies over Sahel by the end of the 21st century from some projections of three coupled GCMs (CM2.1, MIROC3.2, CGCM2.3.2) under A2 scenario. Indeed, while CM2.1 predicts a decrease in annual rainfall amounts from the middle of the current century, MIROC3.2 predicts a significant increase in the annual rainfall amounts and CGCM2.3.2 predicts a slight decrease in the annual rainfall amounts with an increase in the dry year frequency. In the same way, Paeth and Hense (2004) found from a set of multi-ensemble GCM runs with ECHAM3 (coupled), ECHAM3/LSG and HADAM2, forced by different sea surface temperature (SST) variations and greenhouse gas (GHG) concentrations, that annual rainfall amount will increase over southern West Africa and steadily decrease over the Sahelian area. In another study performed with a regional climate model (REMO) under two scenarios A1B (intermediate scenario) and B1 (low scenario), Paeth *et al.* (2009) found a weak change in precipitation over the middle of the current century and a lengthening of dry spell within the rainy season. This change of dry spells length within the rainy season despite the unchanged annual rainfall amount shows that an annual analysis of rainfall evolution can hide some changes in the internal of the rainy season that can have significant impacts on water availability. Furthermore, Biasutti and Sobel (2009) found another change in the evolution of the characteristics of the rainy season from the CMIP3 rainfall. They found from an analysis of monthly data, a shortening of the rainy season over Sahel with a delayed season onset of the African monsoon during the 21st century. Altogether, the climate models simulations even from regional climate models don't show any consensus in the trend of the annual rainfall amount over West African Sahel during the 21st century even when they are run under the same climate change scenario. However, despite these disparities and the uncertainties of the climate models (d'Orgeval *et al.*, 2006; Déqué *et al.*, 2007; Buser *et al.*, 2010) in the evolution of the annual rainfall amount for the future period, a significant insight can be found on the characteristics of the rainy season. Hence, an investigation of the characteristics of the rainy season over the Sahelian region from a fine time step rainfall data is needed for a better understanding of the main changes in the rainy seasons over the future period.

Moreover, from the observations, an analysis of the variability of rainfall regime over the region showed that changes in two characteristics of the rainy season (number of rainfall events and the mean rainfall amount per event) over 1950-1990 provide an interesting results on this variability (Le Barbé *et al.*, 2002; Laux *et al.*, 2009). The decrease in annual rainfall amounts over the region during the last four decades (Nicholson, 2005; Lebel and Ali, 2009; Mahé and Paturel, 2009) is characterized by a decrease in both rainfall frequency and intensity

(Le Barbé *et al.*, 2002; Balme *et al.*, 2005) during the rainy season. However, the rainfall frequency presents the most important contribution to the annual rainfall amount variability over Sahel. The impact of the rainfall frequency (number of rain days) on the annual rainfall amount variability was first highlighted by an analysis of daily rainfalls over Niger (Le Barbé and Lebel, 1997). Also, crops growth and hydrological cycle depend more on rainy events organization in the rainy season than on annual rainfall amount (Sivakumar, 1992; Lebel and Le Barbé, 1997; Vischel and Lebel, 2007; Modarres, 2010). Thus, an analysis of the evolution of rainfall regime over the Sahelian area from the characteristics of the rainy season better highlights the different changes in rainfall pattern. But, such analysis require at least daily rainfall data at small spatial scale in order to take into account the high spatial disparity of rainfall over Sahel (Lebel, Amani, Cazenave, Lecocq, Taupin, Elguero, Gréard, Le Barbé, Laurent, d'Amato and Robin, 1996).

In this study, we analyze the evolution of rainfall regime over Burkina Faso, in West the African Sahel, with regard to the changes in eight characteristics of the rainy season (date of the season onset, date of the end of season, season duration, number of rain days, mean daily rainfall, maximum daily rainfall, annual rainfall amount, and mean dry spell length). These characteristics are determined throughout a discretization procedure of the rainy season (Ibrahim, Polcher, Karambiri and Rockel, 2012). The eight characteristics relate to the four main components of the rainy season: the season period, the rainfall frequency and intensity and the dry spell lengths. They describe overall the potentialities of the rainy season for crops growth and runoff processes (Barron *et al.*, 2003; Balme *et al.*, 2006). Thus an assessment of their changes under the warmer conditions predicted by the climate models will give a detailed insights into the overall impacts of climate changes on the rainy season. The changes in the eight characteristics of the rainy season under the climate change conditions for the IPCC A1B scenario over Burkina Faso are determined from rainfall data produced by five regional climate models (CCLM, HadRM3P, RACMO, RCA, and REMO) run over 1950-2050 period. However, changes in the rainy season are evaluated from a comparison between the characteristics of the rainy season over the reference period 1971-2000 and those over the prediction period 2021-2050. For each period, a multiple linear regression model (Montgomery et al., 2001; Chen and Martin, 2009) is used to describe the relationship between the seven characteristics of the rainy season and the annual rainfall amount. The assessment of the different relationships through the annual rainfall amount will highlight the most important characteristics which significantly impact on the evolution of the rainfall regime.

This method is applied first on the observed data in order to verify whether the results presented by Le Barbé et al. (2002) for the Sahel are valid for the limited area of Burkina Faso or what has changed since 1990 (last year of Le Barbé et al. (2002) analysis). So, these results will help to assess the ability of the linear regression model to describe changes in the characteristics of the rainy season.

C. Methodology

The rainy season over Burkina Faso is described throughout eight main characteristics which highlight the mean features and structure of the monsoon over the Sahelian area (Le Barbé and Lebel, 1997; Sivakumar, 1988, 1992; Barron *et al.*, 2003; Sultan and Janicot, 2003): date of the season onset (Onset), date of the end of season (End), season timing, number of rain days (NbRD), mean daily rainfall (MDR), maximum daily rainfall (MaxR), annual rainfall amount, and mean dry spell length (DryS). The first characteristic is critical for the sowing period for food production while the second characteristic gives the rainy season length and determines when crops can reach their stage of maturity (Sivakumar, 1992; Ati *et al.*, 2002). Also, the rainy season period is delimited by the date of the season onset and the date of the end of season from which the season timing is computed. Then, the following four characteristics describe the rainfall frequency and intensity which govern soil moisture and flow intensity along the rivers. Finally, the last characteristic, the mean dry spell length, quantifies the duration of the dry period between consecutive rainfalls. Indeed, long dry spells in a rainy season can lead to crop drying out and poor harvests. Hence, characterizing the changes in these characteristics between two different periods may highlight the changes in the benefits of the rainy seasons in terms of available water resources and agronomic productions. Therefore, the significance of a change in each characteristic between the two periods is assessed with the Wilcoxon test of time series difference assessment (Ansari and Bradley, 1960); for a given characteristic, the shift or difference between two periods is significant if the p-value is lower than 0.05. In addition, the comparison periods for the observations are determined through a statistical procedure for the identification of periods with homogeneous data called segmentation (Hubert *et al.*, 1989). The segmentation procedure separates the observed annual rainfall amount time series into wet and dry periods with a significant difference in the magnitude of the annual rainfall amounts over consecutive periods. But, for the

172

RCMs data, we consider two periods of comparison, the reference period 1971-2000 and the prediction period 2021-2050. The first period is taken as the reference because the RCMs are driven by coupled GCMs and its inter-annual variability cannot be directly compared to the observations in terms of drier and wetter sequences. Then, the prediction period is taken with regard to its climate condition which is predicted to be warmer than the reference period by the climate models under the climate change condition (Hulme *et al.*, 2001; De Wit and Stankiewicz, 2006; Paeth *et al.*, 2011). The characteristics of the rainy season are determined at each station from the daily rainfalls. However, the interannual variability of the annual rainfall amount and the other characteristics of the rainy season over the ten stations are not significantly different: correlation coefficients are higher than 0.8 (results not shown). The analysis discusses the annually averaged values over the ten stations and the corresponding grid-boxes.

On the other hand, the annual rainfall amount is traditionally considered as the main characteristic of the rainy season (Ali and Lebel, 2009; Lebel and Ali, 2009; Mahé and Paturel, 2009) from which the variability of the rainfall regime is usually assessed. But, the annual rainfall amount is a complex function of the six rainy season characteristics (date of the season onset, date of the end of season, number of rain days, mean daily rainfall, maximum daily rainfall, and the mean dry spell length). In this study we will use these six characteristics as predictors of the annual rainfall amount in order to have a more comprehensive understanding of the rainy season variability than cannot be achieved with the seasonal totals alone. A multiple linear regression procedure (Andrews, 1974; Brown *et al.*, 1998; Montgomery *et al.*, 2001) will be performed in order to reproduce the annual rainfall amount from the six characteristics. This model aims to present a more complete picture of the rainy seasons over Burkina Faso during the period of the analysis. The multiple regression model is built from a sub-set of the six characteristics called the regression model's pertinent variables. The pertinent variables have a none zero coefficients (equation 6.2) determined from two methods over the target period, the deterministic method (Montgomery *et al.*, 2001) and the Bayesian method (Chen and Martin, 2009). We present here the deterministic procedure based on the multiple linear regression model. The linear regression model of the annual rainfall amount is:

$$\mathcal{P}_t = f(X_t) = C + \sum_{j=1}^{j=6} a_j x_{j,t} \qquad (6.2)$$

with $\mathcal{P}_t$ annual rainfall amount for year t (t the year index), X_t vector of the regression model variables for year t, j ($1 \leqslant j \leqslant 6$) variable index, C constant of the regression model, a_j the coefficient of variable j, and $x_{j,t}$ value of variable j for year t.

So, the observed annual rainfall amount regression model is performed over the entire period of the observations (1961-2009) in order to have a large sample, but for the RCMs, a regression model is calibrated over each period (reference, $i = 1$ with $t1 = 1971 - 2000$, and prediction, $i = 2$ with $t2 = 2021 - 2050$) as it is assumed that the coefficients (a_j) and the coefficient C can vary between the two periods. The pertinent variables of the regression model are determined through Stepwise procedure (Bendel and Afifi, 1977) which eliminates variables that are not statistically significant in the model from the Akaike Information Criterion (this criterion gives the information lost for each candidate model and the pertinent model is the one with low AIC) (Seghouane and Amari, 2007). In addition, the significance

174

of the correlation between the selected pertinent variables is assessed with the Pearson test of correlation (Millot, 2009). For this test, two variables are significantly correlated when the p-value is lower than 0.05.

The representativeness of the regression model over the target period is also assessed from its predictions with the Wilcoxon test of difference and the Pearson test for the interannual correlation. The linear regression model is considered valuable over a given period when there is no significant difference between the predictions and the annual rainfall amount time series over the period. Then, the returned annual rainfall amount variance, R-squared, is computed from the formula of Equation 6.3(Scherrer, 1984; Legendre and Legendre, 1998), which must be higher than 70% for a valuable regression model.

$$R^2 = \sum_{j=1}^{p} \beta_j * \rho_{P,x_j} \tag{6.3}$$

with β_j the standardized regression coefficient of variable j ($\beta_j = a_j * \dfrac{\sigma(x_j)}{\sigma(P)}$) and ρ_{P,x_j} individual correlation coefficient between P (annual rainfall amount time series over the period) and x_j (variable j time series over the period). $\beta_j * \rho_{P,x_j}$ represent the contribution of variable j to the total variance R^2.

On the other hand, as the regression models (f_1 and f_2) are built from time series of the six characteristics for each period and for each RCM, pertinent variables over the reference period and those over the prediction period can be different. Thus, for a given RCM, the regression model of the reference period can be different with the regression model of the prediction period. So, three cases can be encountered in the pertinent variables selection:

- Same subsets of pertinent variables over the two periods :this implies no change in the structure of the rainy season (case 1);

- The subset of the pertinent variables of one period is included in the subset of the pertinent variables of the other period : some changes in the rainy season structure exist (case 2);

- The two subsets of pertinent variables are different from one period to another : indicating a fundamental change of structure for the rainy season (case 3).

These differences in the pertinent variables of the two regression models highlight the change in the weight of the relationship between the characteristics of the rainy season and the annual rainfall amount. However, despite the differences in the pertinent variables, the performance of each regression model (f_1 and f_2) is assessed over the two periods in order to select the most representative model over both reference and prediction periods with regard to the change in the annual rainfall amount. In case the two regression models are not representative, a new regression model (f) is calibrated with the merged data sets. So, if we call X_1^* the set of the pertinent variables over the reference period and X_2^* the set of the pertinent variables over the prediction period, the common pertinent variables are $X^* = X_1^* \cup X_2^*$. Then, the regression model f is elaborated from X^*. So, we assess the significance of the contribution of each variable to the annual rainfall amount change from a statistical analysis performed through the regression model f which determines the variables that better highlight the difference between $\mathcal{P}_1$ and $\mathcal{P}_2$. For each pertinent variable j, we substitute its data over the reference period ($x_{j,t1}$, $t1 = 1971, 2000$) by its randomly permuted data of the second period ($x_{j,t2}$, $t2 = 2021 - 2050$). So, the substitution of the different variables between the two periods require some periods with the same length. Then, a random permutation of the data of the selected variable is performed in order to break the interannual variability of the given variable. So, for each variable j, 1000 random permutations of the 30 values are performed and the predictions $\mathcal{P}_{1.j}$ are generated from f. Then, for each variable j, the predictions $\mathcal{P}_{1.j}$ are compared to $\mathcal{P}_2$ with the Wilcoxon test to assess the significance of the difference. So, variable j contributes significantly to the difference in the annual rainfall amount between the two periods if there is no significant difference between $\mathcal{P}_{1.j}$ and $\mathcal{P}_2$. An assessment from some combinations of two and three variables is also done. The combination of variables consist in a simultaneous change of the data of all variables involved as in the case they are taken seldom.

In addition, the contribution of each variable to the mean deviation of annual rainfall amount between the reference and the prediction periods is assessed throughout the relative difference of the annual rainfall amount $\alpha = \dfrac{\overline{\mathcal{P}_{t2}} - \overline{\mathcal{P}_{t1}}}{\overline{\mathcal{P}_{t1}}}$, with $\overline{\mathcal{P}_{t1}}$ average of the annual rainfall over the reference period and $\overline{\mathcal{P}_{t2}}$ average of the annual rainfall over the prediction period. Let $\alpha = \sum \alpha_j$ with α_j contribution of variable j to the relative difference of the annual rainfall amount from equation 6.2,

$$\alpha = \frac{(\overline{\mathcal{P}_{t2}} - \overline{\mathcal{P}_{t1}})}{\overline{\mathcal{P}_{t1}}} = \sum_{j=1}^{6} \frac{a_j(\overline{x}_{j.t2} - \overline{x}_{j.t1})}{\overline{\mathcal{P}_{t1}}}$$

$$\Rightarrow \alpha_j = a_j \frac{(\overline{x}_{j.t2} - \overline{x}_{j.t1})}{\overline{\mathcal{P}_{t1}}} \tag{6.4}$$

a_j coefficient of the variable j in the regression model f , $\overline{x}_{j.t1}$, $\overline{x}_{j.t2}$

177

average values of the variable j over the reference period and over the prediction period.

Also, the contribution of each of the five daily rainfall classes to the relative annual rainfall changes δ computes from the master data. The five rainfall classes (Ibrahim, Polcher, Karambiri and Rockel, 2012) considered in this study are: very low (0.1-5 mm/d), low (5-10 mm/d), moderate (10-20 mm/d), strong (20-50 mm/d) and very strong (>50 mm/d). Indeed, the annual rainfall amount is also computed from $P_t = \sum_{k=1}^{5} PC_{k.t}$ with $PC_{k.t}$ annual amount of rainfall class k for year t. δ is computed from the mean annual rainfall amount over each period. Let $\overline{P_{ti}}$ be the average annual rainfall amount over the period $i = 1, 2$, and $\delta = \sum_{k=1}^{5} \delta c_k$:

$$\delta = \frac{(\overline{P_{t2}} - \overline{P_{t1}})}{\overline{P_{t1}}} = \sum_{k=1}^{5} \frac{(\overline{PC}_{k.t2} - \overline{PC}_{k.t1})}{\overline{P_1}}$$

$$\Rightarrow \delta c_k = \frac{(\overline{PC}_{k.t2} - \overline{PC}_{k.t1})}{\overline{P_{t1}}} \tag{6.5}$$

with δc_k the contribution of the rainfall class k.

NB: All analyzes done in this study are performed with the R software (http://www.r-project.org/).

D. Historical background of rainfall variability over Burkina Faso

In this section we focus our analysis on the characteristics of the rainy season interannual variability in Burkina Faso over 1961-2009 period.

The evolution of the rainfall regime is characterized throughout annual rainfall amount in order to identify significant changes that have occurred in the observed records and then their relation with the six characteristics of the rainy season. As mentioned in the methodology, the analysis discusses the annually averaged values over the ten stations.

a. Annual rainfall variabilities over the period 1961-2009

An application of the segmentation procedure to the annual rainfall amount time series shows three different homogeneous periods: 1961-1969, 1970-1990 and 1991-2009. The annual rainfall amount mean decreases are 19% and 9% respectively over the two last periods in comparison to the first period. The three homogeneous periods given by the segmentation procedure are in accordance with the results of Ali and Lebel (2009) who showed a rainfall decrease over the Sahelian area from the end of 1960s and the results of Nicholson (2005) and Mahé and Paturel (2009) who found that annual rainfall has increased over the Sahel since the end of 1990s. The three studies highlight that the 1970-1990 period was the driest period over Sahel during the last century . In addition, we compute the normalized index for annual rainfall, number of rain days and mean daily rainfall, with regard to the average over 1961-1969 period, in order to get the annual anomalies.

An analysis of the normalized indexes of three main characteristics of the rainy season (annual rainfall amount, number of rain days and mean daily rainfall) shows two main features (Figure 6.3), a downward trend from 1961 to 1984 and an upward trend from 1985 to 2009. We notice from Figure 6.3, three years with an annual rainfall amount

179

deficit of more than 30%: 1977, 1983 and 1984. The year of 1983 is the driest year during the second half of the twentieth century over Burkina Faso. In this figure (Figure 6.3), it can be noted that the annual rainfall amount is much better correlated with the number of rain days index than with the mean daily rainfall index (correlation coefficient of 0.84 for the number of rain days against 0.47 for the mean daily rainfall). The correlation coefficient between the annual rainfall amount and the number of rain days is also higher than that between the annual rainfall amount and the mean daily rainfall over each of the three periods (higher than 0.6 for NbRD and lower than 0.6 for MDR). Hence, the analysis of the relationship between the annual rainfall amount and the characteristics of the rainy season should lead for 1961-2009 period to a selection of the number of rain days as a dominant characteristic.

On the other hand, an assessment of the changes in the characteristics between two consecutive periods shows that only the end of season and the mean dry spell length haven't significantly changed between the first and the second period (Table 6.1). But, for the changes between the second and the third period, there no significant change for four characteristics, the last two characteristics, the season onset and the mean daily rainfall. Altogether, in comparison with the first and the third period, the driest second period is characterized by a delayed season onset (short rainy season), a decrease in the number of rain days and in the intensity of the maximum daily rainfall (Table 6.1).

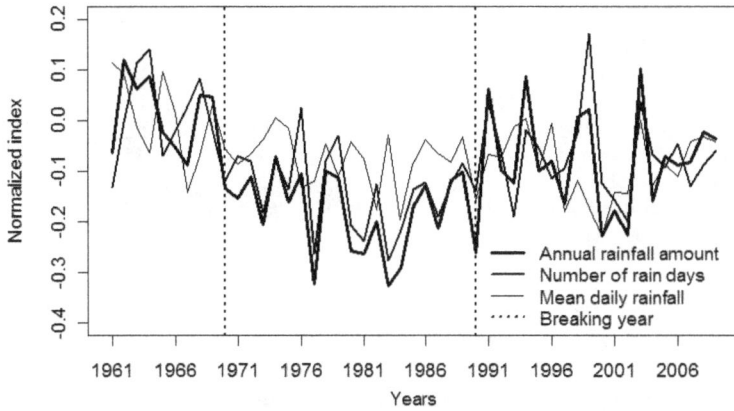

Figure 6.3: Evolution of the normalized indexes of three characteristics of the rainy season over Burkina Faso over the period 1961-2009

The vertical green lines represent the breaking years produced from the segmentation procedure, 1970 and 1990.

	1961-1969	1970-1990	1991-2009
Annual rainfall amount (mm/y)	895	**_722_**	**_817_**
Date of the season onset (days)	132	**_141_**	136
Date of the end of season (days)	273	271	273
Season duration (days)	141	**_130_**	**_137_**
Number of rain days (days)	53	**_44_**	**_48_**
Mean daily rainfall (mm/d)	14	**_13_**	13
Maximum daily rainfall (mm/d)	68	**_62_**	**_68_**
Mean dry spell length (days)	3	3	3

Tableau 6.1: Averages of eight characteristics of the rainy season from the observations over the three homogenous periods

The dates of the season onset and the end of season represent the number of days since the first January. The bold and underline values: significant change from Wilcoxon test between consecutive periods.

From the Stepwise procedure of pertinent variables selection for a regression model, the overall six variables were selected to elaborate the regression model (equation 6.2) over 1961-2009 period. The correlation coefficients between the six variables are lower than 0.6, so the six variables are not closely linked to each other. The regression model reproduces 92% of the observed annual rainfall variance with a partial contribution of the number of rain days of 56%, 16% for the mean daily rainfall, 11% for the maximum daily rainfall and the other variables contribute at less than 10%. The multiple regression model's prediction presents no significant difference with the observed annual rainfall amounts and present a correlation coefficient of about 0.9.

As a verification, the Bayesian regression method (Chen and Martin, 2009) was also used. It selects three pertinent variables for the regression model: the number of rain days, the mean daily rainfall and the maximum daily rainfall with a likelihood of 0.61 from a set of 10,000 iterations of the Markov Chain Monte Carlo (Gilks *et al.*, 1996). These three variables are also found to be dominant from the deterministic method, thus the Bayesian method confirms the relevance of these variables. The multiple linear regression model built with the deterministic method is more suitable for the regression because of its simplicity and its appropriate description of the different changes in the evolution of the annual rainfall amounts.

b. Description of the evolution of the rainfall regime during the period 1961-2009

In order to compare the contribution of the changes in the various characteristics of the rainy season to the annual mean rainfall we will in the following use periods of equal length. First the pre-drought period (1961-1969) will be compared to the driest nine years during the drought (1977-1986). In a second step the recovery of rainfall will be examined with 19 years of the drought period (1972-1990) and the last segment of the time series with equal length (1991-2009).

★ Characterization of the annual rainfall amount decrease between the period 1961-1969 and the period 1977-1986

The analyzes of the change from the linear regression model are performed between 1961-1969 period (P1) and 1977-1986 period (P2). Figure 6.4 presents the annual rainfall amount predictions from the regression model in which some of the pertinent variables for the 1961-1969 period were substituted by randomly permuted values from the 1977-1986 period. The magnitudes of the annual rainfall amount predicted with the substituted pertinent variables (from Onset to DryS)

are significantly higher than the annual rainfall amount of the dry period (P2). Substituting NbRD produces the highest decrease in the
annual rainfall amount, but not enough to reach the magnitude of the
1977-1986 period (Figure 6.4). Thus, one variable can not fully reproduce the decrease in annual rainfall amount between the two periods.
It was found that combining the substitution of NbRD with either
MDR (NbMD) or MDR and MaxR (NbMDMa) was needed in order
to reproduce the full extent of the rainfall reduction in P2. Even if
the decrease in the annual rainfall amount is explained mainly by a
decrease in number of rain days, the magnitude of the decrease in the
annual rainfall amount is obtained by the simultaneous impact of the
decreases in three characteristics (number of rain days, mean daily
rainfall and maximum daily rainfall).

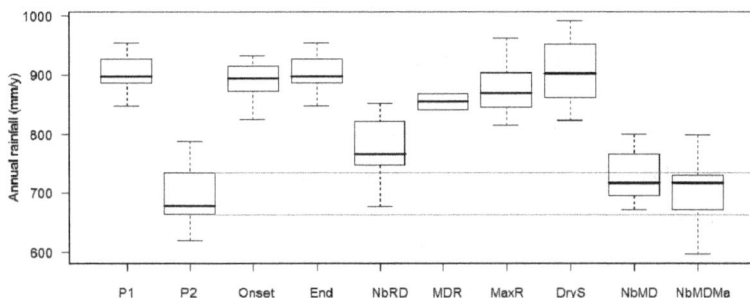

Figure 6.4: Impact of the characteristics of the rainy season on the magnitude of the annual rainfall amounts over the period 1977-1986

The whisker boxes represent the full time series; the bottom whisker represents the minimum between the minimum of the time series and the median - $1.5 \times \Delta Q$ (ΔQ represents the inter-quartile), the first quartile (25%), the median, the third quartile (75%) and the top whisker represents the minimum between the maximum of the time series and the median + $1.5 \times \Delta Q$.

P1 for the period 1961-1969, P2 for the period 1977-1986, Onset=date of season onset, End=date of season end, NbRD=Number of rain days, MDR=Mean daily rainfall, MaxR=maximum daily rainfall, DryS=Mean dry spell length, NbMD=combination of the number of rain days and the mean daily rainfall, NbMDMa=combination of the number of rain days, the mean daily rainfall and maximum daily rainfall.

The three variables contribute significantly to the annual rainfall amount decrease between the two periods. From equation 6.4, we compute a contribution of 58% due to the number of rain days, 24% due to the mean daily rainfall and 8% due to maximum daily rainfall. So, the three variables reproduce about 90% of the mean shift of the annual rainfall amount between the two periods. The significant delay of the season onset (Table 6.1) does not contribute significantly to the decrease in the annual rainfall amount because of the low correlation between the two characteristics (-0.25). Overall, from the regression

185

model, the number of rain days represents the main characteristic that lowered the annual rainfall amount over the second period. This characteristic has decreased by about 15% during the second period in regard to the first period. The mean daily rainfall and the maximum daily rainfall have both decreased by 8% and 9%, respectively.

Further to that, the annual rainfall amount decrease concerns all rainfall classes but at different levels. From equation 6.5, the contributions to the decrease in annual rainfall are determined: the moderate rainfall class contributes 18%, the strong rainfall class 57% and the very strong rainfall class 15%. The pattern is not the same for the decrease in the number of rain days, the contribution comes from four rainfall classes, the very low class at 16%, the low class at 18%, the mean class at 26% and the strong class at 35%. Thus, the strongest changes in the number of rain days occur in the 10 to 50 mm/d part of the rainfall spectrum. In addition, a monthly analysis (not shown) of the number of rain days shows a significant decrease of rainfall frequencies at the core of the rainy season, June, July and August (reduction of about 15% over the period 1977-1986 in comparison to the mean values of the period 1961-1969.

★ Characterization of the annual rainfall amount increase between the period 1972-1990 and the period 1991-2009

Two periods of nineteen years are considered to analyze with the regression model the increase in rainfall from 1972-1990 (P1) to 1991-2009 (P2). Figure 6.5 shows the impact of the different variables on the predicted annual rainfall amount. In contrary to the previous analysis, here the annual rainfall amount predictions with the NbRD reached the level of the median of the second period predictions, but they don't

186

reach the level of the third quartile (Figure 6.5). The contributions of the other variables are significantly lower than for the second period annual rainfall(P2). Altogether, only predictions from the combination of three variables (NbMDMa) reproduces the magnitude of the predictions over the second period at a significant level (Figure 6.5). For the changes in these characteristics between the two periods, the number of rain days has increased by 8% over 1991-2009 period. Also the maximum daily rainfall has increased by 9% in contrary to the mean daily rainfall which still close to that over the 1972-1990 period. This comes from the discrepancies in the changes over the rainfall class mean intensities with a decrease in the low, the mean and the strong rainfalls and an increase for the very strong rainfalls.

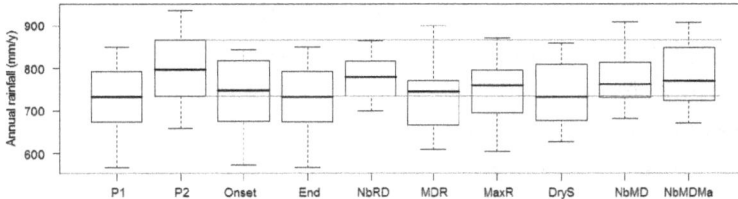

Figure 6.5: Impact of the characteristics of the rainy season on the magnitude of the annual rainfall amounts over the period 1991-2009

P1 represents the period 1972-1990, P2 represents the period 1991-2009. The other indications are the same as in figure 6.4.

However, from the regression model, all the six pertinent variables have contributed (equation 6.4) to the annual rainfall amount increase, with 8% for the date of season onset, 2% for the date of the end of the season, 60% for the number of rain days, 6% for the mean daily rainfall, 13% for the maximum daily rainfall and 11% for the mean dry spell length. So, as for the previous analysis on the description of the rainfall decrease, here also, the number of rain days is the variable that contributes most to the increase in the annual rainfall amount. Thus, even if the maximum daily rainfall has increased over the last period it impact on the annual rainfall remains lower than of the number of rain days. On the other hand, the computation of the contribution of the 5 rainfall classes to the increase in annual rainfall (equation 6.5) shows that overall the classes between 10 mm/d and 100 mm/d contributes about 90% to the change in the annual rainfall amount (9% due to the mean rainfall class, 58% due to the strong rainfall class and 23% due to the very strong rainfall). But, for the annual number of rain days, only the very low class have significantly increased by about 25%. The other rainfall classes frequencies display small increases in their frequencies but remain lower than those over 1961-1969 period.

The results found in this analysis of daily rainfall correspond well to those of Le Barbé *et al.* (2002) obtained with another method (leak distribution model) and over the entire Sahel. This confirms the ability of the multiple linear regression model to describe in more detail the evolution of the mean annual rainfall amount and the different characteristics of the rainy season. This procedure will help us to better describe the different changes in the characteristics of the rainy season predicted by the five regional climate models for a warmer climate.

E. Evolution of the climate from five RCMs

We first analyze the evolution of the mean temperature over Burkina Faso from the observations and the simulations of the climate models in order to evaluate the magnitude of the warming. From the measurements of daily temperature over the synoptic stations, the mean temperature over Burkina Faso has an increasing trend from 1961 to 2009 (Figure 6.6). Two models (CCLM and REMO) reproduce the same magnitude as the observations while three other models (HadRM3P, RACMO and RCA) underestimate the mean temperature with a bias of about 2.5°C when compared to the observations (Figure 6.6). But, here we analyze the main trends of the mean annual temperature. An assessment of the trend significance with the none parametric test of Mann-Kendall (Yue *et al.*, 2002) shows that all models present a significant positive trend for mean annual temperature over the period from 1961 to 2050. These trends are in agreement with other results on the warming trend of the climate due to increased green house gas concentrations in the atmosphere (Solomon *et al.*, 2007; Matthews and Caldeira, 2008; Kjellström *et al.*, 2011). Hence, a general consensus emerges among the five models on the increase in the mean temperature by 0.033°C/y over Burkina Faso. The global warming could have a significant impact on the rainy season structure and its inter-annual variability (Trenberth and Shea, 2005).

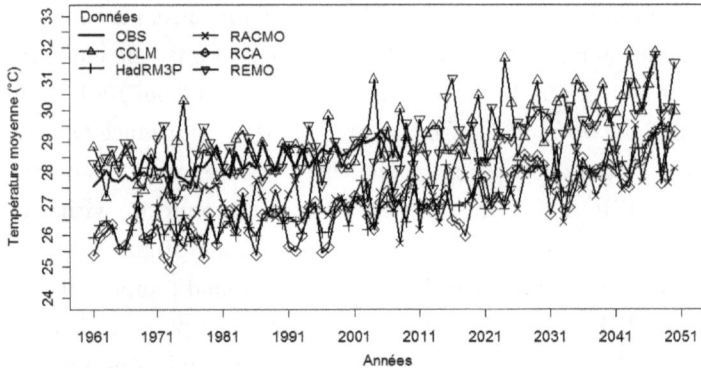

Figure 6.6: Evolution of the mean annual temperature over Burkina Faso from 1961 to 2050

Figure 6.7 presents the changes in mean annual rainfall produced by the five RCMs and also provides, as a reference, the observed values for the period 1971-2000. It can be noted that CCLM, HadRM3P, RACMO and REMO show a significant overestimation while RCA shows a significant underestimation of the annual rainfall amount for the reference period. Table 6.2 summarizes the different deviations of the eight characteristics of the rainy season between the simulations and the observations over the reference period. The divergences between the five RCMs to reproduce the observations highlight the uncertainties in the climate models simulations to reproduce the West African Sahel rainfalls(Paeth *et al.*, 2011; Karambiri *et al.*, 2011).

The whisker boxes of annual rainfall in Figure 6.7 show that changes in annual rainfall between the reference and the prediction period are RCM dependent. An assessment of the different changes highlight

190

three possible cases: an increase for HadRM3P and RACMO, a decrease for CCLM and RCA, and no significant change for REMO. From this small sample it becomes evident that the influence of the driving GCM on the predicted rainfall changes is small as in each class different lateral boundaries are used (Jones et al., 1995). The increase concerns the two models which present the two highest mean annual rainfall over the reference period and the decrease concerns the models which present the two lowest mean annual rainfall over the reference period. However, the variance of the annual rainfall amounts is significantly homogeneous over the two periods for each RCM with variance ratios between 0.8 and 1.3, and a pvalue of Fligner-Killeen test (Fligner and Killeen, 1976) higher than 10%. So, despite the significant changes in the magnitude of the annual rainfall amounts, the variance of the annual rainfall amounts hasn't significantly changed between the two periods. The slight increases in the variances over the prediction period for CCLM, HadRM3P and RACMO (Figure 6.7) are not significant. Hence, in contrast to the evolution of the mean annual temperature where a general consensus over the five RCMs was found, here, all the three possible scenarios of change are found for rainfall in the 2021-2050 period. These divergences between the RCMs in the evolution of the annual rainfall amount correspond to the results of previous studies for the West African region conducted with GCMs and RCMs (Hoerling et al., 2006; Paeth et al., 2009; Biasutti and Sobel, 2009). Despite the disagreement within the CMIP3 models in the evolution of the summer time total rainfall over the 21st century, Biasutti and Sobel (2009) found a robust delay of the rainy season onset in a warmer climate. An analysis of the evolution of rainfall over Burkina Faso throughout the six main characteristics of the rainy season will better highlight the different changes in the rainfall regime even though the impacts on annual rainfall may be small or contradictory.The changes in the different characteristics of the rainy season will be evaluated with regard to the averages over the reference period presented in Table 6.2.

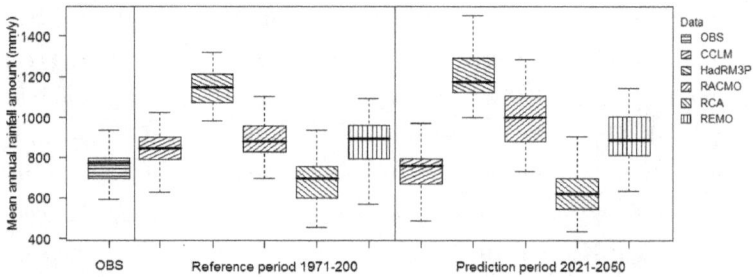

Figure 6.7: Magnitudes of the annual rainfall amounts from the five RCMs over the reference and the prediction periods

Same as Figure 6.4.

	OBS	CCLM	HadRM3P	RACMO	RCA	REMO
Annual rainfall amount (mm/y)	760	840	1160	900	670	890
Date of the season onset (days)	138	152	105	129	121	143
Date of the end of season (days)	272	279	292	295	271	280
Season duration (days)	134	127	187	166	150	137
Number of rain days (days)	46	56	144	116	61	74
Mean daily rainfall (mm/d)	13	10.5	6.5	6	7	8
Maximum daily rainfall (mm/d)	64	113	68	92	70	138
Mean dry spell length (days)	3	2.5	2.5	2	2.5	2

Tableau 6.2: Averages of eight characteristics of the rainy season from the observations and the five RCMs over the reference period

a. Description of the evolution of the predictors of the annual rainfall amount

★ Rainy season period components

Changes in the dates of the season onset are model dependent. One model, CCLM shows a significant delay of about one week for the prediction period while the other RCMs reveal no significant change (Table 6.3). HadRM3P, RACMO and REMO show a slight delay of few days (less than 4 days) on average while RCA shows no change in the mean date of the season onset. But for the end of the rainy season, the five RCMs show a general consensus of a delay which is significant for the HadRM3P and RACMO models. The delay of the end of the rainy season in these two models is about one week. Changes in the dates of the end of the rainy season are not significant for CCLM, RCA and REMO; they present a slight delay of a few days on average (Table 6.3). As a consequence of the impact on the rainy season duration, only CCLM shows a significant shortening of the rainy season by one week, mainly due to the delayed onset. This is in agreement with the change in the observed season timing between the wet period 1961-1969 and the dry period 1970-1990. In contrast, the other RCMs present a slight extension of the rainy season by a few days (less than 4 days) on average. Indeed, from the Fligner-Killeen test, the variances of the rainy season duration haven't significantly changed between the two periods for the five models and the ratios of the variances are between 0.8 and 1.3. The significant delay of the end of the season observed for HadRM3P and RACMO is not enough to produce a significant lengthening of the rainy season because of the

193

noise brought by the onset date. For these models, the rainy season period seems to be delayed without any change in the season timing. Thus the rainy season period is not predicted to change significantly in these two models despite their significant increase in the annual rainfall amount.

For the dry spell length evolution, a general consensus comes out of the five RCMs on a lengthening of the dry spells (Table 6.3). Two models, CCLM and RACMO CCLM and RACMO show a significant increase in the mean dry spell length of more than 5%. The increase in the dry spell length has been found by Karambiri *et al.* (2011) from a different method of rainy season description. These changes in the mean dry spell length have different origins; decrease in number of rain days for CCLM while for RACMO the lengthening of the season duration is the likely cause. However, the mean dry spell length have remained stable over the observational record despite a significant changes in both season duration and number of rain days.

★ Rainfall frequency and intensity

The number of rain days, the mean daily rainfall and the maximum daily rainfall allow us to better examine how the rain events change with climate. For the changes in the number of rain days (Table 6.3), only CCLM shows a significant decrease of around 14% which is in the range of the observed annual rainfall amount decrease over the two last periods (1970-1990 and 1991-2009) in comparison to the period 1961-1969. The other models only display small changes ranging from an increase of less than 1% in HadRM3P and RACMO, and a decrease of about 3% for RCA and REMO. In addition, we analyze the changes in the ratio of the number of rain days over rainy season length to describe how changes in the season duration impacts rainfall frequency. Altogether, there is no change in this ratio for HadRM3P and RACMO in contrast to a decrease in the ratio by 2% for RCA and REMO and by 4% for CCLM. Indeed, CCLM, the only model which has a significant shortening of the rainy season presents also the most important decrease in the proportion of rain days. For the mean daily rainfall (Table 6.3), only RACMO presents a significant change with an increase of 11%. HadRM3P, CCLM and REMO present a slight increase of less than 6% in contrast to RCA with a slight decrease of about 1%. HadRM3P and RACMO display the same response with an increase in both number of rain days and mean daily rainfall while RCA shows a slight decrease in these two characteristics (Table 6.3). However, for CCLM and REMO a decrease in the number of rain days can be observed while the mean daily rainfall increases leading to some compensation for the annual mean rainfall (Table 6.3). The five RCMs present also different changes in the evolution of the maximum daily rainfall. Only RACMO present a significant increase of about 30%. Two models, HadRM3P and REMO present a slight increase (7% and 3% respectively) while CCLM and RCA present a slight decrease by about 2%. Thus, the changes in the three characteristics (number of rain days, mean daily rainfall and maximum daily rainfall) taken together are different from those observed because all models show an increase in the mean daily rainfall.Only CCLM presents a decrease in both number of rain days and maximum daily rain, consistent with the change found between 1961-1969 and 1970-1990 in the observational record (Table 6.2).

On the other hand, the two models, CCLM and RCA, which present a decrease in the annual rain fall amount, present opposite signs in the evolution of the mean daily rainfall. In contrast, HadRM3P and RACMO with an increase in the annual rainfall amount present the same type of change over all the seven characteristics (Table 6.3). Altogether, some consensuses are found for a delayed end of the seasons and a lengthening of the mean dry spells. The first aspect was already identified in GCMs (d'Orgeval *et al.*, 2006; Biasutti and Sobel, 2009).

	CCLM	HadRM3P	RACMO	RCA	REMO
Date of the season onset	**6.2**	0.3	0.5	-0.2	2
Date of the end of season	1.3	**3**	**2.1**	2	2.5
Season duration	**-5.9**	2.8	1.6	2.2	0.5
Mean dry spell length	**5.9**	4.6	**8.8**	4	2.2
Number of rain days	**-13.7**	0.8	0.9	-2.7	-3.5
Mean daily rainfall	0.5	5.5	**10.6**	-1.2	3.8
Maximum daily rainfall	-1	6.9	**28**	-2	3

Tableau 6.3: Changes in the characteristics of the rainy season between 1971-2000 and 2021-2050 from the RCMs simulations (%)

The variations of the two first characteristics are computed with regard to the mean season duration over the reference period (Table 6.2). We compute the relative difference for the other characteristics with regard to the reference period and all values are in percentage. bold and underline: significant change from Wilcoxon test.

b. Characterization of rainfall regime evolution

The objective of this section is to estimate the contribution of each of the six characteristics of the rainy season to the change in annual mean rainfall observed in the five RCMs. The pertinent variables for the multiple linear regression model selected by the Stepwise procedure depend on the RCM and the target period (reference and prediction).

Table 6.4 presents the contribution of each pertinent variable to the total variance of annual rainfall (equation 6.3). The variances obtained from the regression models (f_1 and f_2) are overall higher than 90% which fulfills the requirement set for the methodology. The variance distribution of each regression model (Table 6.4) shows that mean daily rainfall is the most important variable for HadRM3P, RACMO, RCA and REMO models and account for more than 70% of the total variance. But for CCLM, the mean daily rainfall dominates only during the reference period, the number of rain days becomes dominant during the prediction period. Thus, the dominant variables in the regression model for annual rainfall of the five RCMs are not the same as for the observations (number of rain days is the dominant variable in that case). Table 6.4 shows also the modification of the pertinent variables between the regression models for each RCM over the two periods. Only REMO presents the same pertinent variables over the two periods. Even if there is a modification of the pertinent variables from one period to another for a given RCM, two variables, the number of rain days and the mean daily rainfall are always selected and account for more than 75% of the total variance (Table 6.4). Thus, the number of rain days and the mean daily rainfall are the main variables in the prediction of the annual rainfall amount from the RCMs daily rainfall just as was found for the observations.

	CCLM		HadRM3P		RACMO		RCA		REMO	
	P1	P2	P1	P2	P1	P2	P1	P2	P1	P2
Date of the season onset	18	x	-0.2	-0.8	-7	8	x	-1	-4	-9
Date of the end of season	-0.8	x	-0.2	-1.2	-0.1	1	x	x	3	5
Number of rain days	35	52	21	10	4	8	9	8	18	7
Mean daily rainfall	42	35	76	89	93	75	89	86	73	75
Maximum daily rainfall	x	5	x	x	8	7	x	5	5	17
Mean dry spell length	x	x	x	0.8	x	-1	x	x	x	x
Return variance (%)	94	92	97	98	98	98	98	98	95	95

Tableau 6.4: Pertinent variables of the regression models and the contribution to the total variance of the annual rainfall amount

P1= Reference period 1971-200, P2= Prediction period 2021-2050, x= variable not selected for the regression model.

Furthermore, the performance of the two regression models (f_1 and f_2) of each RCM is assessed over the two periods joined together (PP) in order to select the most valuable regression model. The selection criterion is based on the pvalues of the test for the difference significance and the test for the correlation significance. So, the most valuable model is the one with a pvalue close to 1 for the Wilcoxon test and a pvalue close to 0 for the Pearson test. But, in case none of the two regression models is valuable (significant difference and no significant correlation), a new regression model f is generated from the union of the two periods (PP). Table 6.5 presents the pvalues of the two tests for the three regression models (f_1, f_2 and f). For CCLM, HadRM3P, RACMO, and RCA, the regressions models f_1 and f_2 present significant differences with the model for the merged period (PP). Hence, for these RCMs, the regression models are not valuable for the period they have not been calibrated on. Thus, the modification of the pertinent variables in the regression models of these RCMs found in Table 6.4 reveals a change in the structure of the rainy season.

	CCLM			HadRM3P			RACMO			RCA			REMO		
	f_1	f_2	f	f_1	f_2	f	f_1	f_2	f	f_1	f_2	f	f_1	f_2	f
Wpvalue	<0.01	<0.01	**0.92**	<0.01	<0.01	**0.74**	<0.01	<0.01	**0.95**	<0.01	<0.01	**0.73**	0.3	0.3	**0.94**
Ppvalue	<0.01	<0.01	<0.01	<0.01	<0.01	<0.01	<0.01	<0.01	<0.01	<0.01	<0.01	<0.01	<0.01	<0.01	<0.01

Tableau 6.5: Performance of the regression models from the pvalues of Wilcoxon test and Pearson test

Wpvalue=pvalue of Wilcoxon test, Ppvalue=pvalue of Pearson test, f_1=regression model over the reference period, f_2=regression model over the prediction period, f=regression model over the two period,

In the same way as the analysis of the contribution of each variable to the overall variance done before (Table 6.4), here also the new regression models f reproduce over 94% of the variance of the annual rainfall of the RCMs. Table 6.6 presents the contribution of each of the 6 characteristics (equation 6.4) to the relative difference of annual rainfall. This shows that the decrease in annual rainfall simulated by CCLM comes mainly from a decrease in the number of rain days and the delay of the season onset (Table 6.6). But, the decrease in the annual rainfall for RCA is explained by the decrease in both number of rain days and the mean daily rainfall amounts. In contrast, the increase of seasonal rainfall in HadRM3P and RACMO originate mainly in an increase of mean daily rainfall. The REMO model, which has

199

no significant change in annual rainfall, is characterized by a positive contribution from the mean daily rainfall and a negative contribution from the number of rain days.

	CCLM	HadRM3P	RACMO	RCA	REMO
Date of season onset	-2	-0.1	-0.3	0.04	-0.9
Date of the end of season	0.2	0.9	1.1	0	0.6
Number of rain days	**-11**	0.5	0.4	**-3.6**	-2.3
Mean daily rainfall	0.3	**5.2**	**8.8**	-2.3	**3**
Maximum daily rainfall	0	0	1.3	0	0.3
Mean dry spell length	0	-0.1	-0.3	0	-0.2

Tableau 6.6: Distribution of the changes in the annual rainfall amount of the five RCMs (%)

The bold values represent the highest contribution at each RCM. Values are in percentage (%).

In the following analysis, performed with the regression model f, the contribution of each of the six characteristics to the change in annual mean rainfall is quantified by a random permutation of each characteristic for the prediction period. Figure 6.8 presents the annual rainfall amount predicted with different combinations of variables. For CCLM, the annual rainfall decrease is mostly explained by the impact of the change in number of rain days which is the only variable that lowers significantly the annual rainfall from the level of P1 to the one of P2. For HadRM3P and RACMO, the increase in the annual rainfall amount over the second period can be attributed to changes in the mean daily rainfall. For RCA, the amplitude of the decrease in the annual rainfall can only be reproduced by combining the number of the rain days and mean daily rainfall. Indeed, each of these variables has lowered the annual rainfall predicted for the second period (Figure 6.8). However, for REMO, the two variables (the number of the rain days and the mean daily rainfall) act on the annual rainfall amounts in opposite directions: while the number of rain days lowers the mean annual rainfall, the mean daily rainfall increases it. Only the combination of the two variables produces the near zero change of total rainfall observed for this model. For all RCMs, the variance of the annual rainfall amount does not change significantly between the two periods as demonstrated by the Fligner-Killeen test.

Altogether, significant changes in annual rainfall amount produced by the five RCMs are dominated by changes in the number of rain days and/or the mean daily rainfall. This corresponds to what has been found for the observation records as well and demonstrates that the models are able to pick-up this sensitivity of the rainy season of the Sahel.

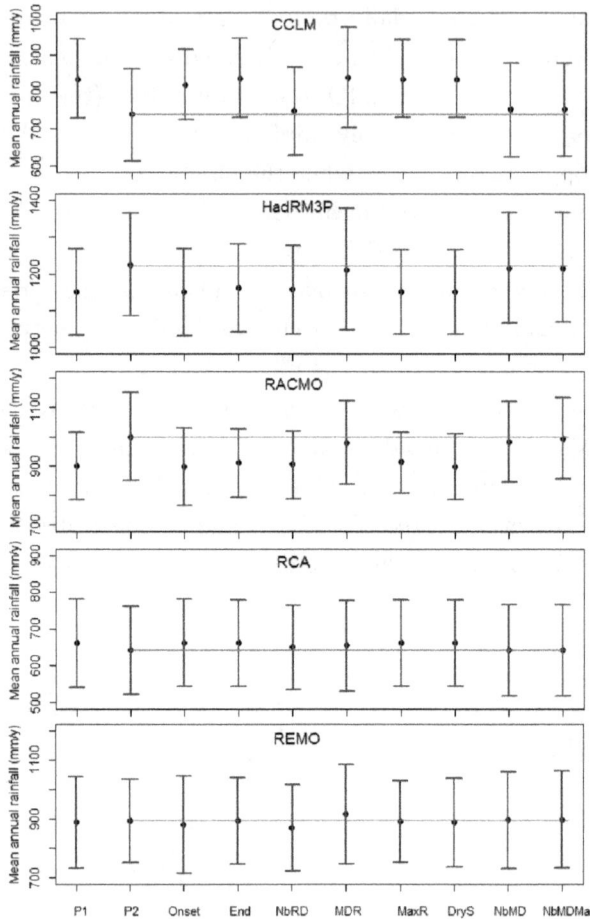

Figure 6.8: Impact of each variable on the change in annual rainfall amount of each RCM between the reference and the prediction periods

The point represent the average of the time series, the red line represents the level of the average of the predictions of P2 from master data, the whiskers represent the standard deviation of the time series.

c. Daily rainfall changes at different intensities

The changes in the total number of rain days and in the mean daily rainfall is not homogeneously distributed over the spectrum of rainfall intensities. These changes may concern only part of the five rainfall classes defined in the methodology. Thus, for each RCM, the variation for each rainfall class is computed relative to the average over the five rainfall classes for the reference period. The relative variation for the rainfall class k is: $\lambda_k = \dfrac{\Delta Nc_k}{N_1} x100$ with ΔNc_k difference of the number of rain days between the two periods for rainfall class k and N_1 average number of rain days over the five rainfall classes for the reference period and a given RCM. The same formula is used for the mean daily rainfall, with ΔPc_j the difference of the mean daily rainfall and P_1 the average of the mean daily rainfall over the rainfall classes for the reference period.

Table 6.7 presents the relative variations in each rainfall class and RCM. CCLM presents the most important decrease in the number of rain days and the decrease concerns all rainfall classes even if the very low rainfalls record the highest variation. But for the mean daily rainfall of this RCM, only the very strong rainfall class display an increase. Thus, the slight increase in the mean daily rainfall presented by CCLM in Table 6.3 and in Table 6.6 is due to an increase in the intensity of rainfalls higher than 50 mm/d. The significant increase in the mean daily rainfall for HadRM3P and RACMO (Table 6.7) is mainly attributed to an increase in the very strong rainfall intensity. On the other hand, Table 6.7 shows that HadRM3P and RACMO, two models without any significant changes in the total number of rain days (Table 6.3), present two rainfall classes with significant change in the partial number of rain days. Finally, for REMO, despite the decrease of the total number of rain days, the very strong rainfall class has increased in number in contrast to the other rainfall classes.

Altogether, two cases of one type of change are found with a decrease in the number of rain days over all rainfall classes for CCLM and RCA (Table 6.7). Thus, change in the mean values of the number of rain days and in the mean daily rainfall does not mean a single type of change over all rainfall thresholds. Also, two RCMs with the same type of change in the annual rainfall amount can present different combinations of type of change over the rainfall classes. However, the only consensus that comes out from the change in the five RCMs rainfall classes, is a decrease in the number of the low rainfalls (0.1 to 5 mm/d). The second largest change concerns four RCMs (CCLM, HadRM3P, RACMO, REMO) with an increase in the very strong rainfalls (>50 mm/d).

	Number of rain days					Mean daily rainfall				
	CCLM	HadRM3P	RACMO	RCA	REMO	CCLM	HadRM3P	RACMO	RCA	REMO
Very low (0.1 mm/d to 5 mm/d)	**-146**	**-61**	**-92**	-49	-25	-0.02	0.02	0	0.2	0
Low (5 mm/d to 10 mm/d)	**-39**	1.5	28	-13	-20	-0.03	0.05	0	-0.2	0
Moderate (10 mm/d to 20 mm/d)	**-28**	**49**	59	-15	-14	-0.04	0.05	0.05	-1.2	0.13
Strong (20 mm/d to 50 mm/d)	**-26**	15	**19**	-12	-13	-0.03	-0.4	0.6	-8	0.6
Very strong (>50 mm/d)	-8.7	0.2	-1.4	-1.1	5.4	2.8	8.4	10	-3	1.3

Tableau 6.7: Distribution of the changes in number of rain days and in mean daily rainfall among the different rainfall classes for each RCM (%)

The variations are calculated in regard to the mean over the classes for each characteristic. The values are in percentage (%) and significant changes are underlined and in bold.

204

F. Summary

The structure of the rainy seasons is described in this study through a set of eight characteristics: date of the season onset (Onset), date of the end of season (End), season duration (SDR), number of rain days (NbRD), mean daily rainfall (MDR), maximum daily rainfall (MaxR), annual rainfall amount, and mean dry spell length (DryS). The seven characteristics address the main components of the rainy season over Sahel and allow to address properties of the rainy season more relevant for application as agricultural yields and water resources in the region. The characterization of the interannual variability of the observed and simulated rainfall over Burkina Faso is done with the multiple linear regression based on six characteristics of the rainy season (Onset, End, NbRD, MDR, MaxR, and DryS).

The linear multiple regression revealed that NbRD is the main characteristics of the rainy season that highlights the different changes in annual rainfall amount over Burkina Faso during 1961-2009 period as was found in previous studies for the Sahelian area(Le Barbé et al., 2002). However, even if MDR has decreased during the drought period, it contributes less than NbRD to the variability of the annual rainfall amounts. Also, despite the significant increase in MaxR from the period 1970-1990 to the period 1991-2009 , it's contribution to the increase in the annual rainfall amount over the last two decades is less important than that from NbRD. So, the increase in the very strong rainfall between the two periods is not enough to dominate the impact of the NbRD on the change in the annual rainfall amount as suggested by Lebel and Ali (2009) for the Central Sahel (11°N–17°N, 0°E–5°E).

205

However, in contrary to Diop (1996) who did not detect a significant change in the evolution of SDR over Senegal during 1950 to 1991, we found that SDR has significantly decreased over Burkina Faso during the dry period 1970-1990 due to a delayed season onset. Indeed, the rainfall frequencies decrease occurs mainly at the core of the rainy season (June, July and August). On the other hand, the multiple linear regression model developed from the observations, produced a reliable representation of the rainy season over Burkina Faso which highlights the dynamics of the characteristics of the rainy season over the period 1961-2009.

Furthermore, for the variability of the rainfall regime under the climate change condition of the A1B scenario, comparisons performed between the reference period 1971-2000 and the prediction period 2021-2050, provide a broad range of changes in the characteristics of the rainy season across the five RCMs. The impact of climate change on annual rainfall amount over the prediction period is very contrasted as in many previous studies (Dai, 2006; Hulme, 1994; Johns *et al.*, 2003; Schlosser *et al.*, 2000). Two models, CCLM and RCA predict a significant decrease in annual rainfall while HadRM3P and RACMO predict a significant increase in annual rainfall for the 2021-2050 period. On the other hand, no significant change was found in the evolution of the annual rainfall amount for REMO between the two periods. Thus all 3 possible impact of climate change on the annual rainfall were found over Burkina Faso in these five simulations of regional climate models. This corresponds to the results of Paeth *et al.* (2011). They found different trends in the evolution of the annual rainfall amount over West Africa for the 21st century from a set of nine RCMs: an increase in three RCMs, a decrease in three other RCMs, and no significant trend for three other RCMs. However, only CCLM presents the same dominant variables in the annual rainfall amount decrease as found from the observations during the last five decades. This model also produces the smallest deviation in the annual rainfall when compared to observations. The two models, HadRM3P and RACMO, which present an increase in the annual rainfall amount over the prediction period, are characterized by a significant overestimation of the annual rainfall over the reference period. This bias in the simulations of the two models, which probably originate in the model's parametrization (Ibrahim, Polcher, Karambiri and Rockel, 2012), can have significant impact on the models sensitivity to climate change.

However, despite the disparities in the evolution of annual rainfall for the five RCMs used in this study, a consensus was found for a delay in the end of the rainy season and an increase in the dry spell length. But these characteristics have negligible weights in the determination of the total annual rainfall. The number of rain days (NbRD) and the mean daily rainfall (MDR) are the dominant variables which explain the change in seasonal rainfall as was diagnosed by regression models for the two periods. Indeed, the decrease in annual rainfall amounts is related to a decrease in NbRD for CCLM and to a decrease in both NbRD and MDR for RCA. On the other hand, the increase in the annual rainfall amounts is related to an increase in the MDR for HadRM3P and RACMO. But changes in NbRD and in MDR are not homogeneously distributed over all five rainfall classes for most of the RCMs. Indeed, the increase in MDR for HadRM3P does not concern the strong rainfall (20 mm/d to 50 mm/d) and the decrease in NbRD for REMO concerns rainfalls lower than 50 mm/d. Also, four models, CCLM, HadRM3P, RACMO and REMO show an increase in the strong rainfall intensities.

G. Conclusion

The multiple linear regression models developed in this study produced a representative description of the relationships between the annual rainfall amounts and characteristics of the rainy season which matter to applications such as agronomic yields and water resources . The methodology allowed to confirm that the continuous drought condition (since 1970) over West African Sahel are characterized by a decrease in rainfall frequencies at the core of the rainy seasons.

Using climate change predictions from 5 regional climate models, the methodology could prove that even though there is no consensus on the evolution of the annual rainfall amount some changes in the characteristics of the rainy season are robust through all predictions. The increase in the dry spell length found in all models will be a challenge for agricultural systems (Sivakumar, 1992; Laux et al., 2009) and need to be considered by countries as as Burkina Faso in the adaptation plans. On the other hand, the delay in the end of the season produced by all models cannot be exploited as it is not significantly related to the total amount of rain brought by the monsoon. The changes in the main characteristics of the rainy season determining annual mean rainfall are very model dependent and thus remain difficult to exploit. It is well known that the uncertainty in rainfall changes predicted over West Africa by regional climate model is just as large as the one of globe coupled atmosphere/land/ocean coupled models Paeth et al. (2011). IIn our small sample of 5 RCMs we could not find any dependence of this uncertainty on the driving global climate model. This points towards the atmospheric component, or the land surface

208

model, as the main cause of our inability to predict with confidence the changes in this monsoonal system. The parametrization of convection have been highlighted as a source of uncertainty in previous studies (Del Genio *et al.*, 2007; Romps, 2011). The results obtained here, in particular the fact that there is little agreement between models on the changes in the characteristics of rainfall events and their synoptic variability, is a further indication that the way convection is represented in our models needs to be examined in more detail. It is thus unlikely that the uncertainty in rainfall changes predicted for West Africa will decrease unless the parametrization of convection are substantially improved (Grandpeix and Lafore, 2010) or the resolution of the RCM is sufficiently high to simulate some aspects of convection explicitly.

6.2.3 Evolution du régime pluviométrique au Burkina Faso selon les données corrigées des MCRs

La correction des données a produit des données pluviométriques des MCRs dans les mêmes gammes d'intensité et de fréquence que les observations sur la période 1971-2000. Cependant, l'un des objectifs de la méthode de correction est de conserver le signal du changement climatique dans les données pluviométriques tout en réduisant les biais. Il est donc pertinent de vérifier la conservation des signaux climatiques des données brutes avant de procéder au forçage des modèles hydrologiques.

A. Principaux changements entre la période de référence 1971-2000 et la période de prédiction 2021-2050

Le tableau 6.8 présente les variations relatives des différentes caractéristiques de la saison des pluies entre la période de référence et la période de prédiction. En comparaison avec les résultats de l'analyse des caractéristiques issues des données brutes (cf section 6.2.2), la pluie annuelle présente les mêmes types de changements avec notamment une amplification de la hausse de la pluie annuelle pour HadRM3P (7% de plus), et une amplification de la baisse pour REMO (-1.5%). De même, compte tenu de l'amplitude des modifications induites par la correction sur les autres caractéristiques de la saison de pluies (tableau 5.3), les changements significatifs de ces caractéristiques sont aussi du même signe que ceux déterminés dans les données brutes. La modification la plus importante entre les deux données est celle de l'augmentation significative de plus de 9% du nombre de jours de pluies sur la période de prédiction pour le modèle HadRM3P (tableau 6.8) alors qu'elle était inférieure à 1% dans les données brutes. Le nombre de jours de pluies devient ainsi la caractéristique associée à l'augmentation de la pluie annuelle du HadRM3P et non la hauteur moyenne des pluies (identifiée pour le cas des données brutes).

Somme toute, la correction quantile-quantile a conservé les principaux signaux pluviométriques pour l'horizon futur avec un retard de la fin des saisons, un allongement des séquences sèches et une augmentation de l'intensité des pluies extrêmes.

	CCLM	HadRM3P	RACMO	RCA	REMO
Cumul de pluies	**-14**	**12.7**	**9.5**	**-5.2**	-2
Début de saison	**8**	2.3	-2.2	0	0.3
Fin de saison	0.5	**4.5**	**5.2**	1.7	**4.6**
Durée de la saison	**-7.4**	2.3	**7.5**	1.7	4.3
Nombre de jours de pluies	**-15**	**9.4**	4.7	**-4**	-3.3
Hauteur moyenne des pluies	0.5	5.3	**5.4**	-0.5	0.4
Pluie maximale journalière	0.7	4	**17.4**	2.1	**6.7**
Durée moyenne de la séquence sèche	**7.3**	-2	6.4	**6.4**	**8.1**

Tableau 6.8: Variation relative (en %) des caractéristiques de la saison des pluies au Burkina Faso entre la période de référence et la période de prédiction

La différence relative du début et de la fin de saison est calculée par rapport à la durée moyenne de la saison sur la période de référence. Les changements significatifs sont en gras et soulignés.

B. Variabilité inter-décennale du régime pluviométrique sur la période 2001-2050

L'analyse des changements du régime pluviométrique à l'horizon futur, sur la base des comparaisons entre la période de référence et la période de prédiction, ne rend pas compte des changements sur la période intermédiaire de 2001-2020. Des changements importants peuvent aussi avoir lieu sur des périodes de moins de 30 ans. Bien que les corrections soient basées sur une période de 30 ans, les moyennes sur des périodes de durée inférieure peuvent subir une forte variation pluviométrique comme en témoigne la décennie humide des années 1960s et la décennie sèche des années 1980s au Sahel. Eu égard à cette situation, nous avons analysé les variations décennales (par rapport à la période de référence de 1971-2000) des trois principales caractéristiques de la

211

saison des pluies, à savoir la pluviométrie annuelle, le nombre de jours de pluie et la hauteur moyenne des pluies. La figure 6.9 montre que, même à l'échelle décennale, les cinq modèles non plus sur une tendance unique pour chacune des trois caractéristiques. Ainsi, parmi les cinq décennies de l'analyse (2001-2010, 2011-2020, 2021-2030, 2031-2040 et 2041-2050), c'est seulement sur la décennie 2021-2030 qu'une majorité de quatre modèles s'accordent sur une baisse de la pluviométrie annuelle et une baisse du nombre de jours de pluie, et trois modèles s'accordent sur une baisse de la hauteur moyenne de pluies.

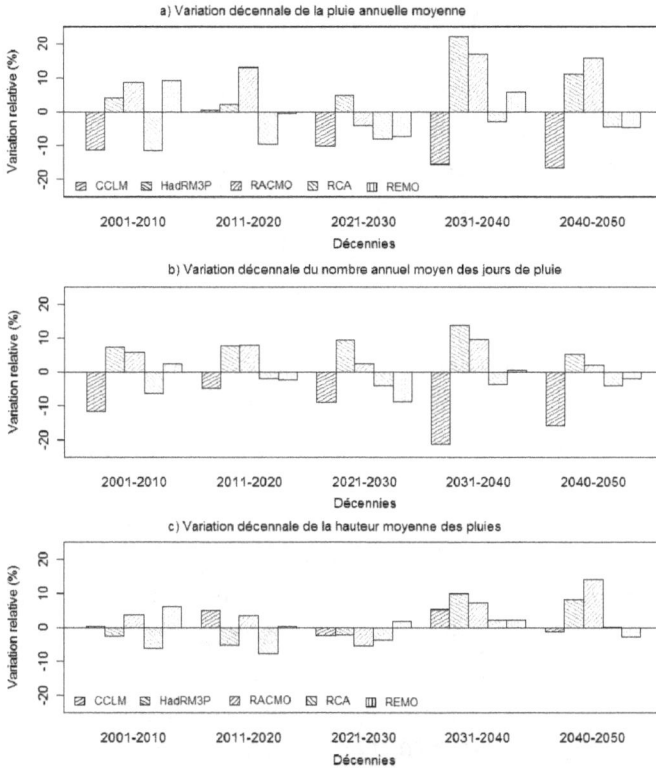

Figure 6.9: Variations relatives décennales des trois caractéristiques principales de la saison des pluies sur la période 2001-2050 par rapport à la période 1971-2000

Les variations relatives sont calculées par rapport aux moyennes de la période de référence 1971-2000.

6.3 Conclusion partielle

L'évolution du régime pluviométrique au Burkina Faso sur la période 1961-2009 se place dans le contexte de la variabilité pluviométrique globale au Sahel caractérisée par la succession de saisons de pluies moins pluvieuses que les saisons de la décennie 1960. Cette variabilité de la pluie annuelle est marquée par une baisse significative de la fréquence des pluies au coeur de la saison sans modification de la durée des saisons.

D'autre part, l'évolution du régime pluviométrique dans un contexte de changement climatique au Burkina Faso en particulier, et pour la zone sahélienne en général, se caractérise sous le scénario A1B (selon les cinq MCRs) par une augmentation de la température moyenne. Par contre, les cinq MCRs n'ont révélé aucun consensus sur l'évolution des principales caractéristiques de la saison des pluies. La gamme des variations relatives de la pluie annuelle est comprise entre -15% et +15%. D'autre part, malgré la divergence des modèles sur la tendance générale de la pluie annuelle, quatre modèles (CCLM, RACMO, RCA et REMO) indiquent une baisse significative de la pluie annuelle au cours de la décennie 2021-2030. Les différents types de changement de la pluie annuelle sont associés à des changements différents dans les caractéristiques de la saison de pluies. Les baisses significatives de la pluie annuelle (deux MCRs) proviennent à plus de 90% de la diminution de la fréquence des pluies alors que les hausses significatives (deux MCRs) proviennent à plus de 90% de l'augmentation de l'intensité moyenne des pluies.

Chapitre 7

Estimation de l'évapotranspiration potentielle et de sa variabilité

L'évapotranspiration représente le flux d'eau de la surface de la terre vers l'atmosphère sous la forme de vapeur d'eau. Elle est la somme de l'évaporation directe du sol (sols nus et plans d'eau) et de la transpiration des plantes (Allen *et al.*, 1996). Elle représente donc le phénomène atmosphérique inverse de la pluie dans le bilan hydrique (Lambert, 1996). Ce phénomène est plutôt évalué à travers l'évapotranspiration potentielle (ETP) qui représente la demande évaporative maximale sur un couvert végétal de référence sous une situation climatique où la disponibilité en eau n'est pas un facteur limitant (Allen *et al.*, 1996). Cependant, l'évapotranspiration sur une surface donnée, est un phénomène extrêmement complexe qui dépend des paramètres aérodynamiques, énergétiques et biologiques (Oudin, 2004). Ainsi, l'ETP est estimée à partir de plusieurs formules basées sur des paramètres climatiques mesurés (Xu and Singh, 2002; Allen *et al.*, 1996). Même si ces formules sont le plus souvent empiriques, force est de constater qu'elles n'utilisent pas les mêmes paramètres climatiques. Une analyse de la représentativité de quelques formules d'estimation de l'ETP journalière déjà utilisées dans la région sahélienne est donc nécessaire avant de les utiliser sur les données climatiques simulées. Ainsi, les formules les plus représentatives de l'ETP à l'échelle du Burkina Faso seront utilisées pour l'estimation de l'ETP à partir des données climatiques simulées. L'ETP est aussi un paramètre climatique utilisé dans la mise en œuvre du modèle GR2M (Makhlouf, 1994; Oudin, 2004). Le modèle GR2M permettra d'évaluer les impacts hydrologiques de la variabilité de l'ETP sur les ressources en eau.

7.1 Formules d'estimation de l'évapotranspiration potentielle

Xu and Singh (2002) ont classé les formules d'estimation de l'ETP en trois principales catégories en fonction des paramètres climatiques qu'elles prennent en compte : les formules basées sur le transfert en masse, les formules basées sur le rayonnement et les formules basées sur la température. La formule de Penman–Monteith (Allen *et al.*, 1996) qui prend en compte tous les paramètres climatiques de ces trois catégories est considérée comme la formule de référence pour l'estimation de l'ETP (Xu and Singh, 2002; Trajkovic, 2005; Gong *et al.*, 2006; Nandagiri and Kovoor, 2006; Jabloun and Sahli, 2008). L'inconvénient de cette formule de base est qu'elle nécessite des données de plusieurs paramètres climatiques (Xu and Singh, 2002; Trajkovic, 2005). Cependant, des approches palliatives ont permis d'élaborer d'autres formules plus simples basées sur un nombre limité de paramètres.

Sur la base des résultats de quelques études sur l'estimation de l'ETP dans des zones arides et semi-arides (Riou, 1980; Jabloun and Sahli, 2008; Nandagiri and Kovoor, 2006), nous avons retenu, en plus de la

216

formule de référence de FAO Penman–Monteith, deux formules pour l'estimation de l'ETP : la formule de Makkink basée sur le rayonnement (Xu and Singh, 2002) et la formule de Hargreaves basée sur la température (Trajkovic, 2005).

7.1.1 Formule de Penman–Monteith (Allen et al., 1996)

La formule de Penman-Monteith est la formule de base proposée par l'Organisation des Nations Unies pour l'alimentation et l'agriculture (FAO) pour l'estimation des besoins en eau des plantes sur des aménagements hydro-agricoles (Jabloun and Sahli, 2008). La formule que nous avons retenue est l'équation FAO Penman–Monteith présentée par Allen et al. (1996) dans le rapport n°56 de la FAO sur l'irrigation et le drainage. L'équation 7.1 utilise les données climatologiques journalières sept paramètres dont : les rayonnements (ondes courtes et ondes longues), des températures de l'air (maxi, mini), des humidités de l'air (maxi, mini), et de la vitesse du vent.

$$ETP_{pm} = \frac{0.408\Delta(R_n - G) + \gamma\dfrac{900}{T + 273}u_2(e_s - e_a)}{\Delta + \gamma(1 + 0.34u_2)} \qquad (7.1)$$

ETP_{pm} évapotranspiration de référence $[mm.jour^{-1}]$, R_n rayonnement net à la surface $[MJ.m^{-2}.jour^{-1}]$, G densité du flux de chaleur du sol $[MJ.m^{-2}.jour^{-1}]$, T température moyenne à 2 m du sol $[°C]$, u_2 vitesse du vent à 2 m du sol $[m.s^{-1}]$, e_s pression de vapeur saturante $[kPa]$, e_a pression partielle de vapeur d'eau $[kPa]$, $e_s - e_a$ déficit de saturation de l'air $[kPa]$, Δ pente de la courbe de la tension de vapeur saturante en fonction de la température de l'air $[kPa.°C^{-1}]$, γ constante psychrométrique (0.066 au Burkina Faso) $[kPa°.C^{-1}]$.

$$\Delta = \frac{4098 \left[0.6108exp \left(\dfrac{17.27T}{T + 237.3}\right)\right]}{(T + 237.3)^2} \qquad (7.2)$$

T température moyenne avec $T = \dfrac{T_{max} + T_{min}}{2}$ $[°C]$.

$$e_a = e^0(T_r) = 0.6108exp \left(\frac{17.27T_r}{T_r + 237.3}\right) \Rightarrow$$

$$e_a = \frac{e^0(T_{min})\dfrac{HR_{max}}{100} + e^0(T_{max})\dfrac{HR_{min}}{100}}{2} \qquad (7.3)$$

$$e_s = \frac{e^0(T_{min}) + e^0(T_{max})}{2} \qquad (7.4)$$

T_r température au point de rosée $[°C]$, HR_{max} et HR_{min} humidité relative max et mini [%].

$R_n = R_{ns} - R_{nl}$ avec $R_{ns} = (1 - \alpha)R_s$ et $R_{nl} = R_{LWe} - R_{LWr}$ où $R_s=$ rayonnement ondes courtes reçu par la terre, $\alpha=$ proportion réfléchie (albédo), $R_{LWe}=$ rayonnement ondes longues émis par la terre, $R_{LWr}=$ rayonnement ondes longues reçu par la terre.

7.1.2 Formule de Makkink (Makkink, 1957)

Nous présentons la formule de Makkink adoptée à la région Ouest Africaine présentée par Riou (1980). C'est une formule dont certaines variables sont les mêmes que celles de la formule précédente de FAO Penman–Monteith.

$$ETP_{mk} = 0.61\frac{\Delta R_s}{\Delta + \gamma} - 0.12 \qquad (7.5)$$

R_s en $[mm.jour^{-1}]$ (conversion de w/m^2 selon (Allen et $al.$, 1996)), les autres variables et les unités sont les mêmes que celles de l'équation 7.1.

7.1.3 Formule de Hargreaves (Hargreaves and Samani, 1985)

La formule de Hargreaves est établie pour toutes les zones climatiques :

$$ETP_{hg} = 0.0023R_a(T + 17.8)\sqrt{T_{max} - T_{min}} \qquad (7.6)$$

R_a rayonnement au sommet de l'atmosphère ou rayonnement extra-terrestre $[mm.jour^{-1}]$, T_{max}, T_{min}, et T maximum, minimum, et température moyenne $[°C]$.

7.1.4 Comparaison des estimations de l'ETP au Burkina Faso sur la période 1961-2009

Ces trois formules ont permis de produire des données d'ETP journalières au niveau de chacune des dix stations en fonction de la disponibilité des données de paramètres climatiques sur la période 1961-2009. Les trois estimations de l'ETP sont comparées entre elles afin de déterminer les estimations les plus proches en terme de l'amplitude de l'ETP journalière et de la variabilité saisonnière.

A. Comparaison des amplitudes des ETPs

Pour la comparaison des ETPs, la figure 7.1 des ETPs journalières moyennes sur les dix stations montre que la formule de Makkink sousestime fortement l'ETP par rapport aux deux autres formules (une sousestimation moyenne de 35%). Ces deux formules produisent des ETPs journalières très proches au niveau de l'ensemble des stations (écart moyen inférieur à 5%). Les estimations d'ETP des deux formules (Penman–Monteith et Hargreaves) sont donc retenues pour l'estimation de l'ETP à partir des données climatiques des MCRs.

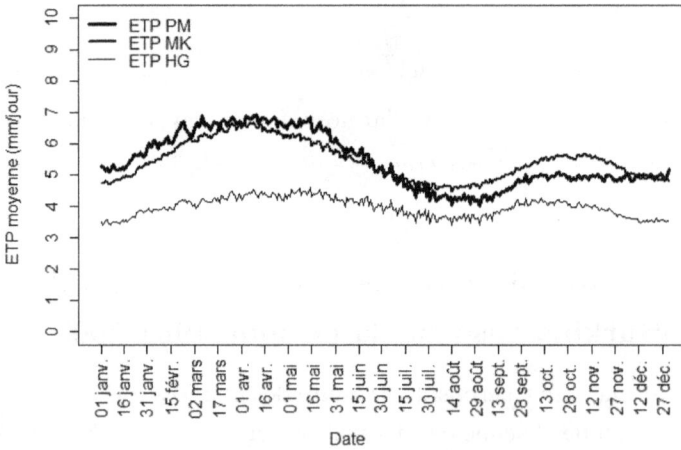

Figure 7.1: Comparaison de l'ETP moyenne journalière au Burkina Faso avec les trois formules (moyenne sur la période 1961-1990)

220

B. Détermination des paramètres climatiques les plus dominants dans l'estimation de l'ETP

La figure 7.2, des coefficients de corrélation entre l'ETP et les autres paramètres climatiques, montre que la température moyenne est le paramètre le mieux corrélé avec l'ETP. Les coefficients de corrélation entre les deux paramètres sont supérieurs à 0.7 sur l'ensemble des stations. La température moyenne restitue plus de 80% de la variance saisonnière de chacune des trois ETPs. Parmi les autres paramètres, seul la vitesse moyenne présente des corrélations saisonnières significatives avec l'ETP Penman–Monteith sur les stations de la zone sahélienne et sahélo-soudanienne du Burkina Faso. D'autre part, l'analyse des corrélations entre les trois données d'ETP montre des coefficients de corrélation supérieurs à 0.8. D'où, toutes les estimations reproduisent la variabilité saisonnière de la température moyenne. Par conséquent, le changement climatique caractérisé par une augmentation de la température dans les cinq simulations devra se traduire aussi par un consensus sur l'augmentation de l'ETP.

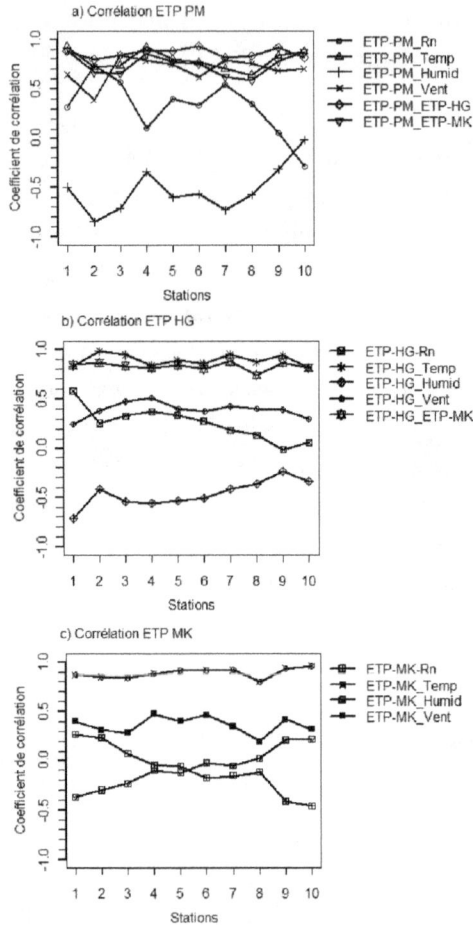

Figure 7.2: Corrélation moyenne entre les trois ETPs avec les paramètres climatiques de base au Burkina Faso

Les numéros de 1 à 10 représente les station du Sud au Nord. 1. Gaoua, 2. Bobo, 3. Po, 4. Boromo, 5. Fada, 6. Ouagadougou, 7. Dédougou, 8. Bogandé, 9. Ouahigouya, 10. Dori.

222

7.2 Validation des données de l'évapotranspiration potentielle issues des données climatiques simulées

7.2.1 Comparaison des données d'ETP brutes estimées à partir des observations

Tout comme les données pluviométriques simulées, une évaluation de la qualité des estimations de l'ETP à partir des données climatiques des MCRs est faite sur la période 1961-1990. La figure 7.3 présente la gamme annuelle des différentes ETPs. Le graphique (a) de l'ETP de Penman-Monteith montre une surestimation systématique par tous les MCRs, l'écart maximum de l'ordre de 13% avec le modèle REMO (Tableau 7.1) alors que le graphique (b) de l'ETP de Hargreaves montres une tendance à la sousestimation pour les quatre premiers MCRS (un écart de l'ordre de 14% avec le modèle HadRM3P). Cependant, ces estimations de l'ETP à partir des données simulées reproduisent la variabilité saisonnière de l'ETP avec des coefficients de corrélation supérieurs à 0.8 pour chacune des deux formules.

223

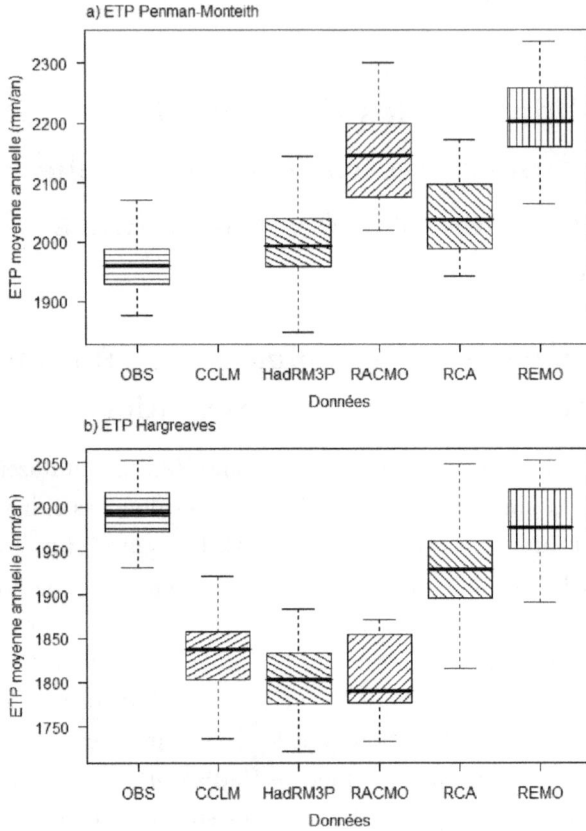

Figure 7.3: Comparaison entre les ETPs annuelles brutes issues des données climatiques simulées et celles issues des observations au Burkina Faso sur la période 1961-1990

Les différents écarts des ETPs annuelles par rapport aux données observées provient des biais dans les données des différents paramètres climatiques utilisés par chacune des deux formules. Ainsi, pour identifier les paramètres climatiques qui expliquent les décalages des ETPs, nous avons effectué une substitution des données observées avec les données simulées de chacun des sept paramètres. Pour tous les modèles, un écart significatif de l'ETP annuelle est produit par chacun des paramètres climatiques pris individuellement.

La surestimation de l'ETP avec la formule de Penmann Monteith (Figure 7.3a) dans les MCRs provient de l'impact du vent et du rayonnement onde courte avec des biais positifs supérieurs à 9% (tableau 7.1a). Cependant, le tableau 7.1a montre que le rayonnement onde longue a plutôt un impact négatif (inférieur à -11%) sur l'ETP par rapport aux estimations issues des données observées. Les autres paramètres ont un impact à un degré moindre, amplitude inférieure à 5%. D'autre part, le tableau 7.2 montre que les RCMs se caractérisent par des biais positifs sur la vitesse moyenne du vent et le rayonnement onde longue. Par conséquent, les biais positifs des ETP de Penmann Monteith sont dues aux biais des différents paramètres climatiques. Aussi, la sousestimation de l'ETP avec la formule de Hargreaves (Figure 7.3b) provient principalement des température maximales journalières (tableau 7.1b) avec un impact négatif de plus 5% pour les quatre modèles (CCLM, HadRM3P, RACMO et RCA). Le tableau 7.1b montre que les deux principaux paramètres de la formule produisent des biais significatifs dans l'estimation de l'ETP. Ces biais proviennent des écarts de plus de 1°C que les températures simulées présentent par rapport aux observations (tableau 7.2). Par contre, les rayonnements au sommet de l'atmosphère ne présentent aucune différence significative avec les données déduites des observations.

Par conséquent, pour chacune de ces formules, les biais dans les estimations de l'ETP proviennent de la combinaison des biais induits par chacun des paramètres pris individuellement. D'où, nous avons choisi de corriger directement les données de l'ETP que de corriger les données de chacun des sept paramètres climatiques ; d'autant plus que c'est l'ETP qui est prise en compte par le modèle hydrologique GR2M.

a) Biais de l'ETP Penman Monteith avec chaque paramètre climatique

	H-min	H-max	RLW	RSW	T-min	T-max	Vent	Global
HadRM3P	-4	-3	-14	9	-2	-2	20	4
RACMO	-3	-1	-18	10	-1	-2	23	9
RCA	1	1	-11	0	-2	-2	17	7
REMO	-1	3	-12	9	1	-1	14	13

b) Biais de l'ETP Hargreaves avec les températures

	T-min	T-max	Global
CCLM	-6	-7	-12
HadRM3P	3	-19	-14
RACMO	1	-16	-14
RCA	4	-12	-8
REMO	-3	-3	-5

Tableau 7.1: Biais (en pourcentage) induit par les différents paramètres climatiques d'estimation de l'ETP pour les simulations des RCMs

H-min=Humidité minimale journalière, H-max=Humidité maximale journalière, RLW=Rayonnement onde longue, RSW=Rayonnement onde courte, T-min=Température minimale journalière, T-max=Température maximale journalière, Global= tous les paramètres de la formule

226

	H-min (%)	H-max (%)	RLW (mm/jour)	RSW (mm/jour)	T-min (°C)	T-max (°C)	Vent (m/s)
CCLM			1.5	-1.5	1	1	1.2
HadRM3P	8	7	1	-1	-1	-2	1
RACMO	3	1	1	1	0	-2	1
RCA	-3	-4	1	-1	-2	-1	1
REMO	-2	-11	1	1	2	1	1

Tableau 7.2: Différence moyenne entre les paramètres climatiques simulées et les observations sur les moyennes au Burkina Faso sur la
période 1961-1990

7.2.2 Méthode de correction des biais des données d'ETP

La variabilité temporelle et spatiale de l'ETP journalière est moins
forte (ETP non nulle) que celle de la pluie journalière. Cette faible
disparité fait que nous avons le même nombre de données non nulles
dans les deux jeux de données (simulations et observations) et un
régime saisonnier moyen journalier bien marqué (Figure 7.1). Une seconde méthode de correction (Hashino *et al.*, 2006) consiste à corriger
les données brutes à partir des écarts moyens mensuels sur la période
de référence 1961-1990.

Cette méthode consiste à déterminer le facteur de correction pour
chaque mois sur la période de référence 1961-1990. Soient M_{obs}^j et M_{mcr}^j
les moyennes mensuelles issues des observations et des simulations
pour le mois j, l'équation de correction est :

$$M_{mcr}^j(corrigée) = M_{mcr}^j(brute) + \triangle_{mcr}^j \qquad (7.7)$$

227

avec $\triangle_{mcr}^{j} = M_{obs}^{j} - M_{mcr}^{j}$ le facteur moyen de correction pour le mois j.

Etant donné que l'ETP mensuelle est une somme des ETPs journalières, les facteurs mensuels de correction ($\triangle_{mcr}^{j}$) peuvent être ramenés au pas de temps journalier avec un facteur moyen journalier $\overline{\triangle_{mcr}^{j}} = \dfrac{\triangle_{mcr}^{j}}{30}$.

D'où pour une correction de l'ETP au pas de temps journalier,

$$p_{mcr}^{j.q}(corrigée) = p_{mcr}^{j.q} + \overline{\triangle_{mcr}^{j}} \tag{7.8}$$

avec $p_{mcr}^{j.q}$ ETP du jour q au mois j estimée à partir des simulations climatiques.

Les facteurs de corrections déterminés sur la période de référence (1961-1990) pour chacune des méthodes (Penman Monteith et Hargreaves) sont appliqués aux données brutes jusqu'à l'horizon 2050.

7.2.3 Validation des corrections de l'ETP sur la période 1991-2009

La figure 7.4 présente les moyennes journalières et annuelles corrigées de l'ETP de Penman-Monteith pour quatre modèles, HadRM3P, RACMO, RCA et REMO (ETP non calculée pour le modèle CCLM par manque de données d'humidité minimale et maximale). Cette figure montre que la variation saisonnière et l'amplitude annuelle de l'ETP de Penman-Monteith sont bien reconstituées par la correction (écart moyen inférieur à 1% de la moyenne annuelle). Mieux, le test de Wilcoxon n'a révélé aucune différence significative entre les données corrigées et les estimations issues des observations. Nous avons obtenu un résultat similaire avec les données d'ETP de Hargreaves (graphique non montré). La méthode de correction utilisée est donc pertinente pour corriger les biais journaliers, mensuels et annuels des données d'ETP issues des simulations des RCMs.

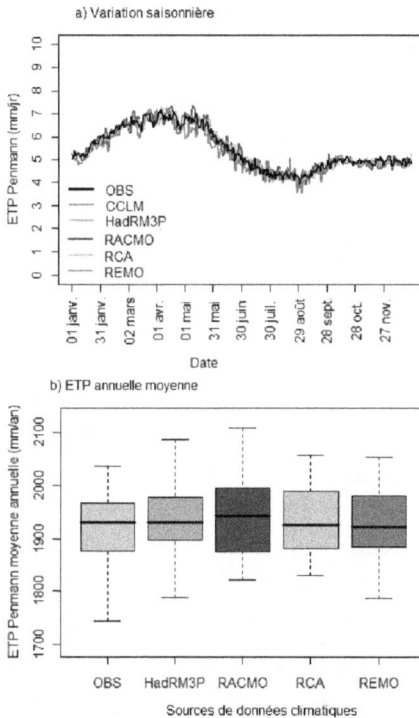

Figure 7.4: Comparaison des ETPs (Penman-Monteith) moyennes journalières et annuelle entre les observations et les corrections des estimations des MCRs sur la période 1991-2009

7.3 Variabilité interannuelle et évolution de l'évapotranspiration sur la période 1961- 2050

L'évolution de l'ETP de Penman–Monteith (Figure 7.5) se caractérise par une tendance significative à la hausse pour tous les modèles (test de significativité de tendance de Mann Kendall (Yue *et al.*, 2002)). En plus, la variation relative, entre la la période 1971-2000 et la période de prédiction 2021-2050, est comprise entre 2% (RACMO) et 5% (Ha-dRM3P). De même pour l'évolution de l'ETP de Hargreaves (Figure 7.5), quatre modèles (CCLM, HadRM3P, RCA et REMO) montrent une tendance significative à la hausse. Les variations relatives entre la période de référence et la période de prédiction sont comprises entre 1% (RACMO) et 5% (CCLM). Ainsi, les cinq modèles montrent un consensus général sur la hausse de l'ETP. Aussi, une analyse de l'évolution de l'ETP pour la saison sèche (Octobre-Mai) et pour la saison des pluies (Juin-Septembre) a montré une tendance générale à la hausse. Cette tendance à la hausse de l'ETP sous les conditions du changement climatique est aussi présentée par Jung (2006) sur le bassin de la Volta dans une étude d'impact du changement climat avec un modèle SVAT (Soil Vegetation Atmosphere Transfer) et des modèles climatiques régionaux. Ardoin-Bardin (2004) et Ruelland *et al.* (2012) ont montré aussi une augmentation de l'ETP annuelle sur la zone sahélienne de plus de 2% à l'horizon 2050 par rapport à la période 1966-1995 avec les simulations climatiques de deux GCMs.

D'autre part, toutes les données corrigées ont reproduit la tendance à la hausse de l'ETP annuelle et dans la même gamme de variation que les données brutes.

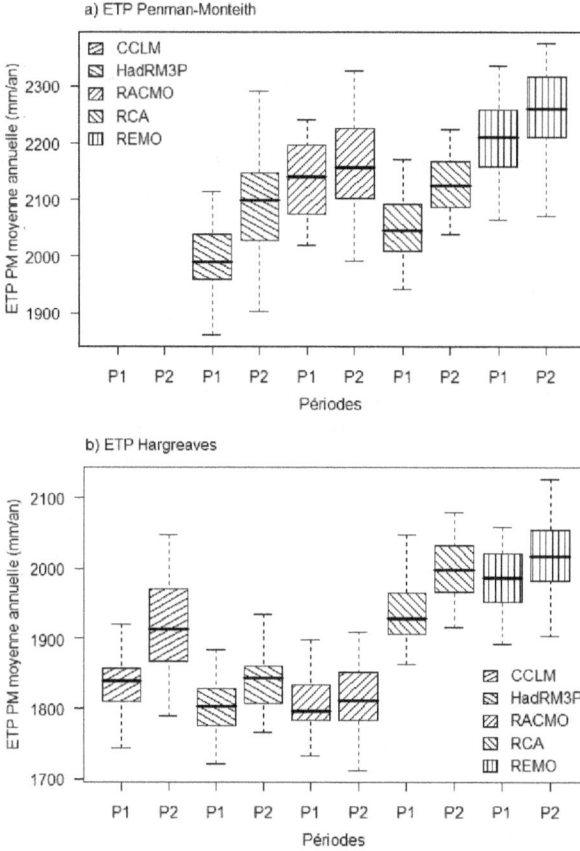

Figure 7.5: Evolution des ETPs moyennes annuelles au Burkina Faso entre la période de référence de 1971-2000 et la période de prédiction de 2021-2050

P1=période de référence de 1971-2000 et P2=période de prédiction de 2021-2050.

7.4 Conclusion partielle

L'estimation de l'évapotranspiration potentielle à partir des trois formules (Penman-Monteith, Hargreaves, et Makkink) a montré que les estimations de la formule de Hargreaves sont significativement proches des estimations de la formules de Penman-Monteith au Burkina Faso. L'évolution de l'ETP estimée à partir des deux formules avec les données climatiques simulées sur la période 1961-2050 montre une tendance générale à la hausse pour tous les modèles climatiques et pour toutes les deux saisons (saison sèche et saison des pluies). Ce consensus sur la tendance de l'ETP provient du consensus des modèles sur la hausse de la température qui produit plus de 80% de la variance (saisonnière et inter-annuelle) de l'ETP.

Aussi, la méthode de correction des biais utilisée pour la correction des données journalières d'ETP conserve les tendances des données brutes. Par conséquent, l'utilisation des données d'ETP corrigées pour le forçage du modèle hydrologique GR2M produira la gamme d'impacts hydrologiques définie par le changement climatique simulé par les cinq MCRs.

Troisième partie

Modélisation du fonctionnement hydrologique du Bassin du Nakanbé à Wayen

Chapitre 8

Caractérisation du fonctionnement hydrologique du bassin du Nakanbé à Wayen

La caractérisation de la dynamique sur le bassin versant est un préalable pour une étude des différents processus qui interviennent dans son fonctionnement hydrologique. Des études antérieures sur le bassin du Nakanbé ont établi (Mahé *et al.*, 2005; Diello, 2007) que le fonctionnement hydrologique de la partie sahélienne du bassin est fortement lié à l'interaction climat-homme-environnement. En effet, au moment où le Sahel subit une forte baisse de la pluie annuelle (à partir de 1970), l'hydrologie de cette partie (partie septentrionale) du bassin de Nakanbé se distingue de la partie australe du bassin par une augmentation des ruissellements à certains endroits (Mahé *et al.*, 2003). Ce comportement appelé "paradoxe hydrologique" par certains hydrologues (Descroix *et al.*, 2009) traduit un anéantissement de l'effet de la diminution de la pluie annuelle sur les écoulements causé par une augmentation des volumes ruisselés. Mahé *et al.* (2005) explique ce paradoxe hydrologique par les impacts du changement d'usage des

234

sols sur la capacité de rétention en eau des sols. L'encroûtement des sols sous l'effet de la dégradation du couvert végétal entraîne une diminution des infiltrations et une augmentation des ruissellements en surface.

Nous allons évaluer dans ce chapitre, les différentes composantes du bilan hydrologique annuel du bassin à partir des mesures de terrain. Les différentes composantes du bilan hydrologique déterminées sur la période historique servirons au calage et à la validation des modèles hydrologiques qui doivent fidèlement reproduire les écoulements à l'exutoire.

8.1 Impact de l'évolution des états de surface sur l'hydrologie du bassin du Nakanbé

Les deux modèles hydrologiques de notre étude ne prennent pas en compte l'évolution des états de surface sur un bassin mais présentent des paramétrisations qui tiennent compte des processus hydrologiques du bassin. En effet, l'étude (Mahé *et al.*, 2005) sur l'impact du changement d'usage des sols sur le bassin du Nakanbé montre un changement du régime des écoulements sur la partie sahélienne du bassin sur la période post 1970 malgré la baisse de la pluie annuelle. La cause de ce changement de régime est lié au changement dans la proportion des différents état de surface du bassin, avec une augmentation de la proportion des zone de sols nus et des zones de culture au détriment des zones de végétation naturelle. Les zones de sols nus présentent une capacité de ruissellement avec un coefficient de ruissellement supérieur

à 50% contre 10% à 25% pour les zones de végétation naturelle et les
zones de culture (Yacouba *et al.*, 2002; Karambiri *et al.*, 2009). Par
conséquent, une augmentation de la surface des zones de sols nus sera
suivi d'une augmentation des ruissellements sur le bassin avec une diminution de la capacité de rétention en eau du sol (WHC) du bassin,
réduction de l'ordre de 62% sur la période 1965-1995 (Mahé *et al.*,
2005; Mahé *et al.*, 2010). Cependant, les résultats de deux études de
modélisation hydrologique du bassin (modèle GR2M spatialisé) sur la
période 1965 à 1998 sur l'évaluation de l'impact de la prise en compte
de la modification des états de surface sur le bassin (Mahé *et al.*, 2005;
Diello, 2007), montrent que la performance du modèle s'améliore de
l'ordre de 5% avec une WHC évolutive (par rapport à la WHC fixe)
dans les cas d'une performance des modèles hydrologiques ayant produit un critère de qualité de plus de 60% (Nash and Sutcliffe, 1970).
Or, un critère de qualité supérieur à 60% indique une performance
satisfaisante du modèle hydrologique dans la reproduction des écoulements du bassin (Diello, 2007; Paturel *et al.*, 2009). D'où, malgré la
forte modification subie par le bassin sur la période 1965-1992 (Diello,
2007), un modèle hydrologique peut simuler l'hydrologie du bassin à
un niveau de performance pertinent. Par ailleurs, Diello (2007) indique que les proportions des états de surface se sont stabilisées sur la
période 1992-2002 du fait de l'état saturé du bassin.

Par conséquent, les deux modèles hydrologiques de cette étude bien
qu'ils ne prennent pas en compte le changement des états de surface
sur le bassin peuvent avoir des performances satisfaisantes dans la
reproduction des écoulements du bassin à l'exutoire de Wayen.

8.2 Analyse des données hydrologiques sur le bassin de Wayen

L'établissement d'un bilan hydrologique complet du bassin nécessite en plus des données climatiques, les données de trois principales composantes à savoir : les écoulements, la recharge de la nappe ou pertes par infiltration et l'évapotranspiration réelle (équation 4.1). Les données des écoulements sont obtenues à travers des mesures de débits à l'exutoire du bassin. Cependant, la recharge de la nappe, paramètre difficile à mesurer (Milville, 1991), est le plus souvent estimée à partir des données piézométriques et des paramètres hydrodynamiques de la nappe (Compaore *et al.*, 1997). Les données de l'ETR proviennent quant à elles des estimations à partir des mesures directes de l'évaporation.

8.2.1 Régime hydrographique à l'exutoire de Wayen

Le régime hydrographique de la station de Wayen, par exemple au cours de l'année 1990 sur la figure 8.1 (régime similaire à toutes les années), se caractérise par des écoulements non permanents avec un arrêt des écoulements sur la période qui va du début du mois de janvier à la fin du mois de mai. Les forts débits sont enregistrés entre mi-août et mi-septembre de la saison et ils peuvent dépasser les 300 m³/s. La figure 8.1 montre aussi un décalage entre le démarrage moyen de la saison des pluies sur le bassin et le début des écoulements à la station. Ce comportement peut être dû aux stockages dans la multitude de réservoirs qu'héberge le bassin et aux temps de propagation des crues.

Pour les lames d'eau mensuelles écoulées à l'exutoire, le maximum est aussi enregistré au mois d'août avec une hauteur moyenne de 9 mm/mois et un maximum de 30 mm/mois toujours pour le mois d'août sur la période 1978-1999 (période de moindres lacunes). D'autre part, la lame d'eau annuelle moyenne écoulée est de l'ordre de 19 mm/an soit 3% de la pluie annuelle moyenne sur le bassin (610 mm/an sur la période 1961-1990).

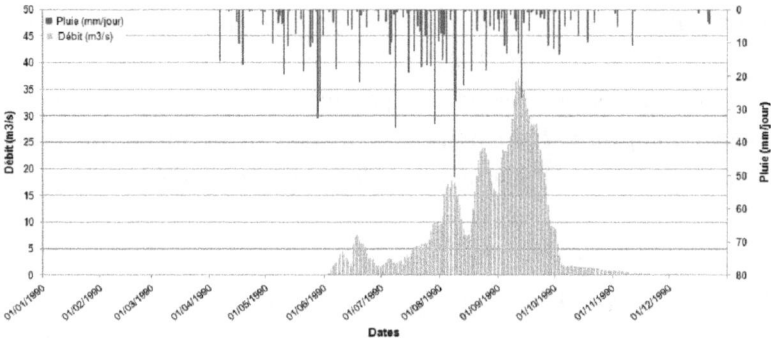

Figure 8.1: Régime hydrographique du bassin de Nakanbé à la station de Wayen en 1990

8.2.2 Estimation de la recharge de la nappe sur le bassin de Nakanbé

Très peu de données existent (Filippi *et al.*, 1990; Milville, 1991; Martin, 2006) sur les caractéristiques hydrodynamiques des nappes du bassin. Les observations de la Direction Générale des Ressources en

Eau du Burkina Faso se limitent à un suivi piézométrique qui ne concerne que quelques sites sur le bassin (Mahé, 2009). La figure 8.2 présente l'évolution du niveau piézométrique mesuré le puits d'observation (puits CIEH) de Ouagadougou. C'est l'une des plus longues séries ayant des données sur la période avant l'année 1988, la plupart des données que nous avons pu acquérir commencent après cette date. Cette figure montre deux tendances dans la variabilité interannuelle du niveau piézométrique : une tendance à la baisse de 1979 à 1985 avec une chute de l'ordre de 3 m, et une tendance à la hausse à partir de 1988. Le niveau le plus bas de la nappe fut atteint en mars 1985 au cours de la sécheresse de 1984-1985. Ainsi, la baisse continue du niveau piézométrique démontre une vidange continue de la nappe avec une recharge qui ne permet plus de reconstituer le stock d'eau. Compaore *et al.* (1997) ont déterminé à partir des mesures (24 piézomètres dont 12 en zone de socle et 12 en zone d'altérite) conduites sur 24 mois (06/1993-06/1995) sur le bassin de Sanon (un sous bassin de 7 km^2) une fluctuation piézométrique saisonnière moyenne de 1.5 m. Ils ont aussi déterminé à l'aide d'un traceur chimique une porosité efficace des aquifères comprise entre 8 et 9%. La recharge moyenne annuelle est alors estimée à 120 mm/an sur le sous bassin. Une autre étude de Milville (1991), a déterminé à partir de mesures et de la modélisation hydrogéologique sur le bassin expérimental de Barogo (un sous bassin de 6.7 km^2) une recharge annuelle moyenne de 47 mm/an sur la période 1985-1988 contre 107 mm/an sur la période 1953-1988. Les résultats de cette étude ont montré que la recharge dépend fortement de la quantité de la pluie annuelle. Ainsi, la recharge annuelle sur les deux sous bassins varient entre 8 et 17% (Kasei, 2009) de la pluie annuelle moyenne sur le bassin sur la période 1961-1990. Ces résultats sont conformes aux résultats établis récemment par Séguis *et al.* (2011) sur un bassin en zone de socle au Bénin avec une recharge annuelle comprise entre 10 et 15% de la pluie annuelle.

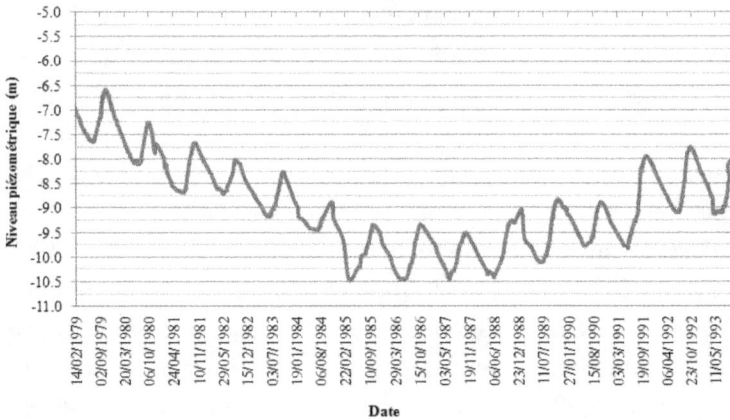

Figure 8.2: Evolution du niveau piézométrique à Ouagadougou dans le puits d'observation du CIEH/ICHS

8.2.3   Estimation de l'évapotranspiration réelle sur le bassin

L'évapotranspiration demeure la principale source de tarissement des ressources en eau dans les zones sahéliennes avec une évapotranspiration potentielle journalière moyenne de Penman-Monteith de l'ordre de 6 mm/jour, et annuelle de plus de 2000 mm/an.

Les mesures de l'évaporation sur le bassin proviennent des stations de Ouagadougou et de Ouahigouya (Figure 2.12). La figure 8.3 présente l'évolution de l'évaporation annuelle sur le bac Colorado à la station de Ouagadougou, station qui présente la série de données la plus longue et la plus complète. D'autre part, l'évaporation annuelle est largement supérieure à la station de Ouahigouya (graphique non montré à cause des lacunes) avec un écart annuel moyen de +500 mm/an sur la période 1991-2000. Ces hauteurs d'évaporation sur bac sont conforment à celles déterminées pour la zone sahélienne dans une étude sur l'évaporation des nappes d'eau libres au Sahel par Brunel and Bouron (1992), ils ont trouvé que sur les étangs libres l'évaporation annuelle moyenne varie entre 3000 et 3500 mm/an.

Cependant, l'évapotranspiration réelle (ETR), somme de la transpiration du couvert végétal et de l'évaporation directe du sol, dépend de l'état de surface (Dérive, 2003). Son estimation passe donc par une caractérisation des différentes unités paysagères du bassin (jachère, champ de culture, et sol nu). Ainsi, à défaut de mesures directes de l'évapotranspiration réelle sur notre bassin, des mesures faites dans une zone sahélienne au Niger (degré carré de Niamey) sur différentes unités paysagères (Sivakumar and Wallace, 1987; Gandah, 1991; Dérive, 2003), similaires à celles de notre bassin, ont montré que l'ETR varie fortement en fonction de la pluie annuelle. Les résultats de quatre études dans la zone sahélienne (Gandah, 1991; Wallace and Holwill, 1997; Dakouré, 2003; Dérive, 2003) montrent aussi que l'ETR annelle représente entre 75 et 95% de la pluie annuelle.

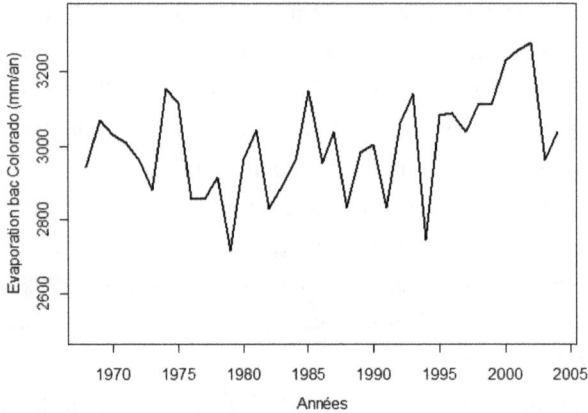

Figure 8.3: Evolution interannuelle de l'évaporation annuelle sur bac Colorado à la station de Ouagadougou

8.2.4 Conclusion partielle

L'analyse des trois principales composantes du bilan hydrologique à partir des mesures sur le bassin et sur d'autres régions du Sahel permet d'établir le bilan hydrologique du bassin. Ainsi, la répartition de la pluie annuelle moyenne en d'autres composantes hydrologiques est : entre 3 et 5% d'écoulements, autour de 10% de la recharge, et autour de 85% d'évapotranspiration réelle. Ces proportions varient fortement en fonction de la pluviosité des saisons, le taux de l'évapotranspiration réelle peut atteindre les 95% pour les saisons avec un cumul des pluies très faible (Dérive, 2003). Cette répartition de la pluie annuelle définie le bilan hydrologique annuel du bassin que les modèles hydrologiques

242

doivent reproduire pour représenter le fonctionnement hydrologique du bassin.

8.3 Calage et validation des modèles hydrologiques

8.3.1 Mise en oeuvre de la modélisation hydrologique

Le bassin versant est couvert par 17 mailles des différentes grilles de données climatiques (Figure 8.4). Les données mensuelles de pluie et d'ETP pour le forçage du modèle GR2M sont calculées à partir des données des 17 mailles proportionnellement à la portion du bassin couverte par chacune des mailles. Le tableau 8.1 présente la proportion couverte par chaque maille. La valeur moyenne sur le bassin est déterminée selon la formule : $P_b = \sum_{i=1}^{17} \alpha_i * P_i$ avec α_i proportion du bassin sur la maille i et P_i pluie de la maille i.

D'autre part, les simulations de ORCHIDEE prennent en compte 10 des 17 mailles qui couvrent le bassin (Figure 8.4). Cette configuration est due au fait que ORCHIDEE prend en compte la topographie (résolution de 0.5°x0.5°) qui définit le transfert d'eau entre les mailles. Les dix mailles, sont les mailles contributives aux écoulements de la maille de l'exutoire du bassin. La surface contributive à cette maille est de 27136 km², supérieure à la surface du bassin de 21800 km². Ainsi, le débit simulé par ORCHIDEE à l'exutoire de Wayen (en m^3/s) est estimé proportionnellement à la surface réelle du bassin.

243

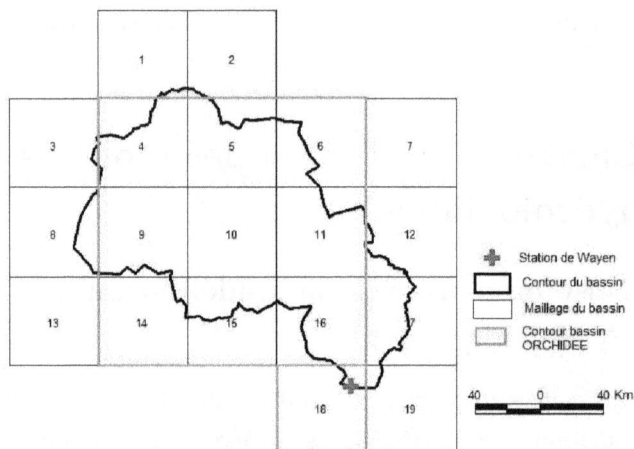

Figure 8.4: Maillage du bassin versant de l'exutoire de Wayen

Numéro	Latitude	Longitude	Portion du bassin (%)
1	14.25	-2.25	0.43
2	14.25	-1.75	0.24
3	13.75	-2.75	0.14
4	13.75	-2.25	11.37
5	13.75	-1.75	12.31
6	13.75	-1.25	3.92
7	13.75	-0.75	x
8	13.25	-2.75	2.35
9	13.25	-2.25	14.18
10	13.25	-1.75	14.86

Numéro	Latitude	Longitude	Portion du bassin (%)
11	13.25	-1.25	12.90
12	13.25	-0.75	1.31
13	12.75	-2.75	x
14	12.75	-2.25	0.77
15	12.75	-1.75	6.17
16	12.75	-1.25	11.37
17	12.75	-0.75	6.11
18	12.25	-1.25	0.99
19	12.25	-0.75	0.58

Tableau 8.1: Distribution spatiale de la surface du bassin sur les mailles de 0.5°x0.5°

La latitude et la longitude sont les coordonnées du centre de la maille.

244

8.3.2 Critère de performance des modèles hydrologiques

La procédure de calage du modèle GR2M consiste à déterminer sur une période optimale de calage les deux paramètres (X_1 et X_2) et de valider les valeurs obtenues des paramètres sur une seconde période. La performance du modèle sur chacune des périodes est évaluée par rapport aux débits avec le critère de Nash (Nash and Sutcliffe, 1970), le critère le plus utilisé dans le calage des modèles hydrologiques (Makhlouf, 1994; Mouelhi, 2003; Oudin, 2004).

$$Nash = 100 \left[1 - \frac{\sum_i (Q_{obs}^i - Q_{cal}^i)^2}{\sum_i (Q_{obs}^i - Q_m)^2} \right] \qquad (8.1)$$

avec Q_{obs}^i débit observé au mois i, Q_{cal}^i débit calculé par le modèle au mois i et Q_m débit moyen observé sur la période considérée.

Contrairement au modèle GR2M, le modèle ORCHIDEE ne possède pas de jeu de paramètres à caler en fonction du débit observé. Nous avons donc développé une procédure de traitement des sorties de OR-CHIDEE pour évaluer la pertinence de ses simulations.

8.3.3 Calage et validation du modèle GR2M sur le bassin de Wayen

L'identification des périodes optimales de calage et de validation est faite sur la période 1978 à 1999 afin d'avoir plus de données. La recherche est menée sous la contrainte que les deux périodes aient une

245

longueur de plus de sept ans (Diello, 2007) avec une période de validation postérieure à la période de calage. Les données climatiques, pluie
(stations synoptiques, IRD, CRU et WATCH) et ETP (stations synoptiques et CRU) ont été utilisées avec une combinaison de différentes
sources (Paturel *et al.*, 2003; Dezetter *et al.*, 2008; Mahé *et al.*, 2008).
La combinaison pluie IRD et ETP stations synoptiques (données spatialisées) donne les meilleurs résultats de calage avec une différence de
Nash de 3 à 5%. Par conséquent, tout comme Paturel *et al.* (2003) et
(Mahé *et al.*, 2008) l'ont souligné, la source des données climatiques
spatialisées a un impact significatif sur les simulations d'un modèle hydrologique. Mahé *et al.* (2008) précisent que cette différence provient
de la différence (même légère) entre les données pluviométriques. Le
Tableau 8.2 présente les 26 combinaisons de périodes ayant produit
des Nash supérieurs à 60% en calage. Cependant, seules trois combinaisons, D1, D15 et D18 ont produit des simulations avec un critère
de Nash supérieur à 60% aussi bien en calage qu'en validation. La division D15 présente les résultats les plus pertinents avec des périodes
de dix ans alors que la division D1 et D18 ont des périodes de calage
de durées inférieures.

Division	Période de calage	Période de validation	Nash Cal (%)	Nash Val (%)	Division	Période de calage	Période de validation	Nash Cal (%)	Nash Val (%)
D1	1977-1982	1983-2000	82	61	D14	1977-1995	1996-2000	68.6	57.7
D2	1977-1983	1984-2000	65.3	58.4	D15	1978-1987	1988-1999	62	73
D3	1977-1984	1985-2000	65.5	57.8	D16	1981-1990	1991-2000	71	43.5
D4	1977-1985	1986-2000	63	54	D17	1985-1994	1995-2000	73.1	53
D5	1977-1986	1987-2000	65.5	55.6	D18	1983-2000	1977-1982	65	77
D6	1977-1987	1988-2000	64.8	57	D19	1996-2000	1977-1995	64	59
D7	1977-1988	1989-2000	73.8	44.2	D20	1995-2000	1977-1994	58	64
D8	1977-1989	1990-2000	70.8	51.8	D21	1994-2000	1977-1993	76.4	43
D9	1977-1990	1991-2000	70.9	51.6	D22	1993-2000	1977-1992	70	52
D10	1977-1991	1992-2000	70.8	53	D23	1992-2000	1977-1991	70	56
D11	1977-1992	1993-2000	69.9	52	D24	1991-2000	1977-1990	70	56
D12	1977-1993	1994-2000	70	52.3	D25	1990-2000	1977-1989	70	56
D13	1977-1994	1995-2000	70.5	51.8	D26	1985-2000	1977-1984	68	59

Tableau 8.2: Qualité des simulations du calage et de la validation sur les combinaisons de périodes avec le modèle GR2M

Calage et validation avec les données pluviométriques de l'IRD et les données de l'ETP spatialisée des stations synoptiques.

La qualité des simulations de D15 s'est améliorée au cours de la validation avec un gain de Nash de 11% par rapport aux résultats du calage. Aussi, le Nash de validation est très proche du Nash de calage de la période 1988-1999 de 77%. Les paramètres du modèle GR2M calé et validé sont : $X_1 = 456.07$ mm et $X_2 = 0.54$.

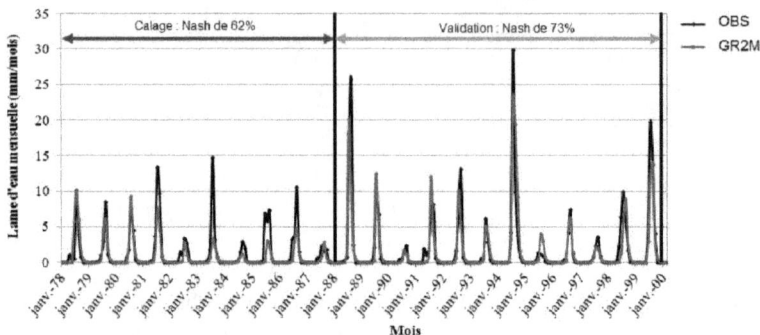

Figure 8.5: Qualité des simulations du calage et validation retenus pour la mise en oeuvre du modèle GR2M

Nash de calage de 62% sur la période 1978-1987, Nash de validation de 73% sur la période 1988-1999.

Le bilan hydrologique annuel moyen des simulations hydrologiques du modèle GR2M sur la période 1971-1999 se décompose par 3% d'écoulements, 9% de recharge et de 87% d'ETR. Par conséquent, en comparaison avec le bilan hydrologique issu des observations, le terme échange avec le système extérieur (F) du modèle GR2M représente la recharge des nappes sur le bassin.

8.3.4 Modélisation hydrologique du bassin de Wayen avec ORCHIDEE

Le modèle ORCHIDEE est mis en œuvre avec les données climatiques désagrégées WATCH (Weedon *et al.*, 2011) sur la période 1958-2001. Cependant, compte tenu des lacunes dans les données de débits ob-

248

servés, l'analyse des simulations de ORCHIDEE est aussi faite sur la période 1978-1999.

A. Validation des simulations brutes de ORCHIDEE

Les simulations du modèle ORCHIDEE surestiment largement les écoulements à l'exutoire de Wayen (Figure 8.6). La surestimation des écoulements annuels est de plus de 200% par rapport aux observations (Figure 8.6). D'où, les simulations du modèles ORCHIDEE se démarquent complètement des simulations du modèle GR2M sur la figure 8.6. Il est à noter que les processus hydrologiques de ORCHIDEE ne prennent pas en compte les échanges avec les systèmes extérieurs, les nappes, qui jouent un rôle significatif dans l'hydrologie des bassins versants sahéliens. En effet, une étude (Filippi et al., 1990) sur l'évaluation de la recharge naturelle des aquifères au Burkina Faso sur trois sites dont un site dans chacune des zones climatiques, a déterminé à partir d'une simulation hydrologique pluie-ETP-ruissellement-recharge que la recharge annuelle en 1985 varie de 47 mm/an au Nord à plus de 150 mm/an au Sud. En plus, Sandwidi (2007) a évalué une recharge annuelle de l'ordre de 44 mm/an en 2005 sur le bassin de Kompienga dans le Sud-Est du Burkina Faso à partir de trois méthodes différentes : les mesures chlorhydriques, le bilan hydrologique du bassin et les mesures piézométriques. Mahé et al. (1998) révèlent qu'un excédent pluviométrique de 11% en 1994 sur le bassin de Bani au Mali et dans une zone de socle a permis de supprimer la baisse piézométrique des nappes consécutive à quinze années de sécheresse. D'autre part, une étude récente (Descroix et al., 2012) sur les infiltrations profondes sur le degré carré de Niamey sur différents états de surface (placage sableux, croûte d'érosion, jachère et zone cultivée) à l'aide de sondes de réflectométrie et des tensiomètres, a identifié que le front d'infiltration va au delà de la profondeur de 10 m (Sivakumar and Wallace, 1991) alors que ORCHIDEE représente les processus sur une couche de 2 m. Il est donc nécessaire de déterminer la partie des écoulements simulés par ORCHIDEE qui alimente les nappes sur le bassin de Wayen. En effet, l'importance de la recharge dans le bilan hydrologique du bassin peut s'expliquer par les fortes infiltrations dans les zones préférentielles telle que les bas fond ou les petites mares et non par les infiltrations directes à partir du sol (Milville, 1991; Compaore *et al.*, 1997; De Vries and Simmers, 2002). Ainsi, Compaore *et al.* (1997) constatent sur un réseau de piézomètres installé sur le bassin de Sanon (30 km au Nord-Ouest de Ouagadougou) une forte remontée piézométrique (6 m en 1994) dans les piézomètres situés sur le bord de la vallée alors qu'elle est moitié moindre dans les piézomètres périphériques.

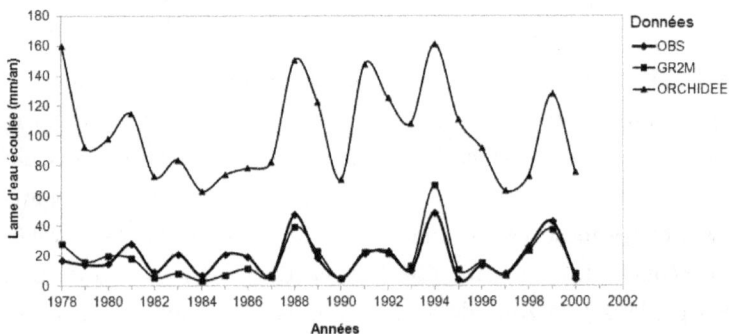

Figure 8.6: Comparaison des simulations des écoulements annuels entre les deux modèles hydrologiques (GR2M et ORCHIDEE) et les Observations

Par contre pour les ETRs, la figure 8.7 des ETRs annuelles montrent que les deux modèles sont similaires sur la période 1978-1999. En plus, le test de Wilcoxon n'a révélé aucune différence significative entre les deux ETRs et le coefficient de détermination entre les deux données est de 0.8. D'autre part, les deux ETRs sont dans la gamme des ETRs annuelles estimées sur le degré carré de Niamey, entre 75 et 90% de la pluie annuelle (Dérive, 2003), et sur le bassin de Taoudéni au Nord-Ouest du Burkina Faso, environ 85% de la pluie annuelle (Dakouré, 2003).

Par conséquent, les simulations des deux modèles se différencient uniquement sur les écoulements à l'exutoire par la non prise en compte de la composante recharge de la nappe dans les simulations de OR-CHIDEE.

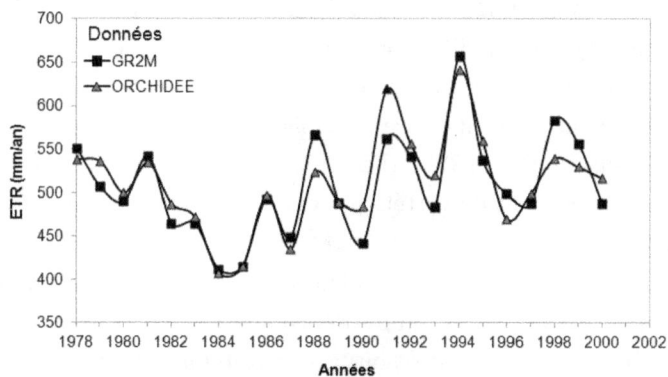

Figure 8.7: Comparaison de l'ETR annuelle entre les simulations du GR2M et les simulations de ORCHIDEE sur la période 1978-1999

251

B. Validation de la procédure de répartition de la lame d'eau simulée au pas de temps mensuel et annuel

Les deux résultats précédents sur la comparaison des écoulements et des ETRs confirment l'hypothèse que "les écoulements produits par ORCHIDEE sont constitués des écoulements à l'exutoire et de la recharge de la nappe telle que simulée par le modèle GR2M". Nous avons donc élaboré selon cette hypothèse et sur la base des résultats du modèle GR2M une procédure de répartition des écoulements produits par ORCHIDEE (Q^{out}) en écoulements à l'exutoire (R) et en recharge de la nappe (IR) avec l'équation : $Q^{out} = R + IR$.

Un coefficient annuel de répartition K_p est défini à partir des résultats des simulations du modèles GR2M par, $K_p = \dfrac{Q}{Q + |F|}$. Ainsi, les écoulements produits par ORCHIDEE à l'exutoire du bassin sont estimés par : $R = K_p * Q^{out}$ et l'infiltration vers la nappe $IR = (1 - K_p) * Q^{out}$. En appliquant cette procédure de répartition des débits produits par ORCHIDEE, nous trouvons un résultat significativement similaire aux simulations du modèle GR2M (l'écart est réduit de 84 mm/an à 7 mm/an et le coefficient de corrélation entre les deux débits est supérieur à 0.9).

Cependant, la détermination du coefficient K_p à partir des simulations de GR2M rend la procédure dépendante de ce modèle. Ainsi, pour rompre cette dépendance, nous avons établi une relation entre le coefficient de répartition K_p et la pluie annuelle sur le bassin. En effet, des études antérieures sur l'estimation de l'ETR au Sahel (Dérive, 2003) ont montré que la répartition de la pluie annuelle en évapotranspiration, en infiltrations et en écoulements dépend de la pluie annuelle, plus elle est faible mieux le taux de l'évaporation est élevé et vice versa.

La représentation du coefficient de répartition en fonction de la pluie annuelle sur la figure 8.8 montre que le coefficient K_p est significativement corrélé avec la pluie annuelle sur le bassin de Wayen. Deux ajustements, linéaire et logarithmique, de K_p en fonction de la pluie annuelle montrent des coefficients de détermination supérieurs à 0.85. L'ajustement logarithmique de K_p qui produit le coefficient de détermination le plus élevé est retenu pour la suite de notre étude. D'où, la formule générale de détermination du coefficient de répartition K_p pour l'estimation a posteriori des écoulements et de la recharge de ORCHIDEE est :

$$K_p(\%) = 37.24 * ln(P) - 213.34 \qquad (8.2)$$

avec P la pluie annuelle moyenne sur le bassin en mm/an.

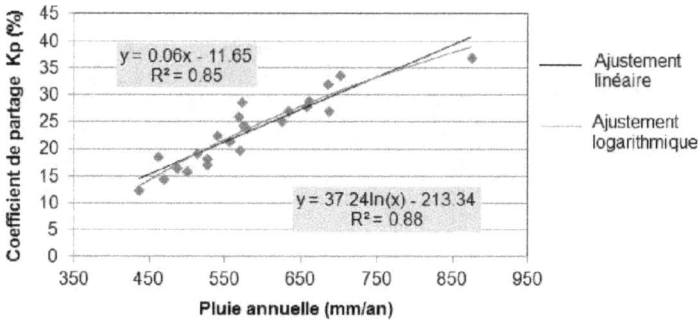

Figure 8.8: Ajustement du coefficient Kp de décomposition des simulations de ORCHIDEE en fonction de la pluie annuelle

253

L'application du coefficient K_p aux données journalières des écoulements de ORCHIDEE a produit des écoulements mensuels similaires aux simulations du modèle GR2M. Nous retenons l'acronyme ORCHIDEE-C pour les résultats des corrections a posteriori des écoulements simulés par ORCHIDEE. La figure 8.9 présente les écoulements annuels observés et produits les modèles hydrologiques à l'exutoire de Wayen. Bien qu'il y ait des écarts entre les deux simulations sur certaines années, la corrélation entre les différentes simulations et les observations est significative (corrélation supérieur à 0.8). L'écart moyen absolu entre les deux simulations est inférieur à 0.5% de la lame d'eau annuelle moyenne observée sur la période 1978-1999.

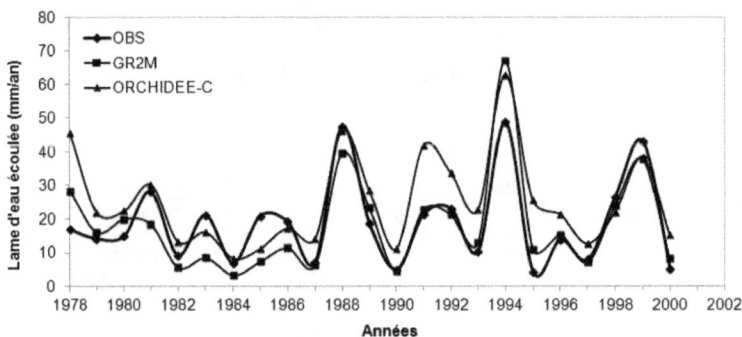

Figure 8.9: Comparaison entre les différentes simulations des écoulements à Wayen entre les trois modèles sur la période 1978-2000

C. Comparaison des débits issus de ORCHIDEE-C au pas de temps journalier

Nous avons analysé le comportement du modèle ORCHIDEE-C sur deux saisons qui présentent des pluies annuelles significativement différentes. La figure 8.10 présente les débits moyens journaliers pour une année sèche, 1982 et pour une année humide, 1994. Malgré le décalage entre les différents pics de débit (simulé et observé), les débits issus des simulations corrigées d'ORCHIDEE-C reproduisent le régime saisonnier des débits sur les deux saisons. Aussi, tout comme les observations, les simulations montrent une baisse significative des débits entre les deux saisons avec des pics très lissés au cours de la saison des pluies de 1982. ORCHIDEE-C peut restituer alors les impacts du changement du régime pluviométrique sur les écoulements à l'exutoire du bassin de Wayen.

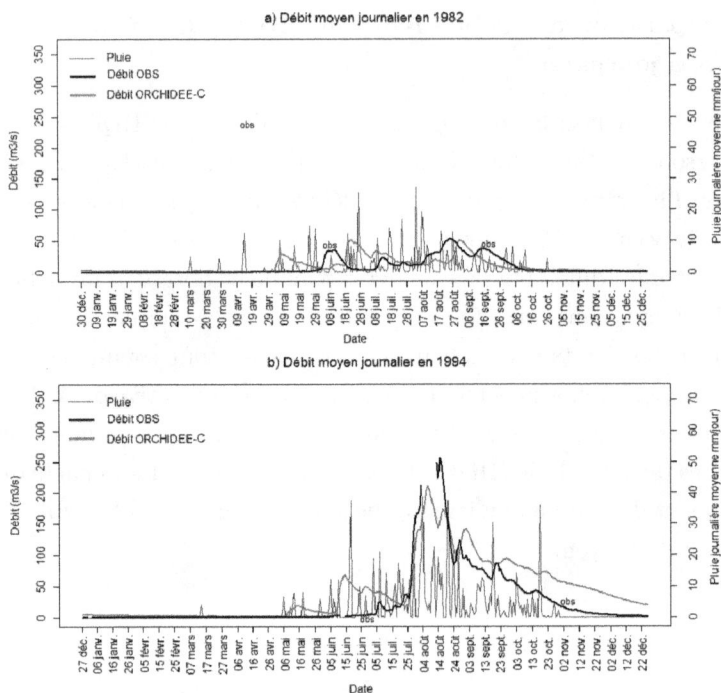

Figure 8.10: Débit moyen journalier déterminé à partir des simulations de ORCHIDEE-C

8.4 Etude de la sensibilité des modèles hydrologiques à la variation des paramètres d'entrée

L'analyse de la sensibilité des modèles consiste à évaluer l'impact de la variation des paramètres d'entrée du modèle sur les différents paramètres de sortie (Iooss, 2011). Elle permet ainsi de caractériser la dynamique entre les différentes sorties sous des conditions climatiques différentes. La sensibilité du modèle GR2M est évaluée par rapport à la variation de la pluie annuelle et de l'ETP annuelle, et celle de ORCHIDEE-C est évaluée par rapport à la variation de la pluie annuelle.

8.4.1 Sensibilité du modèle GR2M à la variation de la pluie et de l'ETP

La variation des débits par rapport à la variation de la pluie annuelle de -50% à +50% et à la variation de l'ETP dans la même gamme que la pluie (Figure 8.11a), est de -97% à +600%. La figure 8.11a montre que la diminution de l'ETP accroît la hausse des débits dans une condition d'augmentation des pluies. La figure 8.11b de la sensibilité de la recharge par rapport à la variation des deux paramètres climatiques montre une variation moins importante que celle du débit, la variation est de -85% à 230%. Par ailleurs, la gamme d'impact sur l'ETR est beaucoup moindre, elle varie de -50% à +40%. Par conséquent, tous les paramètres de sortie du modèle GR2M sont sensibles aux variations des paramètres d'entrée du modèle. Le modèle GR2M peut donc restituer la gamme d'impact des variations futures des deux

257

principaux paramètres climatiques sur les principales variables (écoulements et recharge des nappes) de renouvellement des ressources en eau sur le bassin.

Par ailleurs, la gamme de variation des débits (Figure 8.11a) correspondant aux gammes de variations de la pluie annuelle et de l'ETP préditent par les MCRs pour l'ensemble du pays (variation de la pluie de -15% à +15% et variation de l'ETP de l'ordre de +5%) est de -51% à +68%. Cependant, l'amplitude de variation des débits avec une augmentation de l'ETP de 5% est inférieure à 4%, alors qu'une variation de pluie de 5% entraîne une variation des débits de plus de 15%. Par conséquent, les effets de la variation de la pluie sur le débit dépassent largement les impacts d'une variation de l'ETP. Il en est de même pour les impacts sur la recharge (plus de 15% pour la variation de la pluie contre moins de 4% pour la variation de l'ETP (Figure 8.11b)).

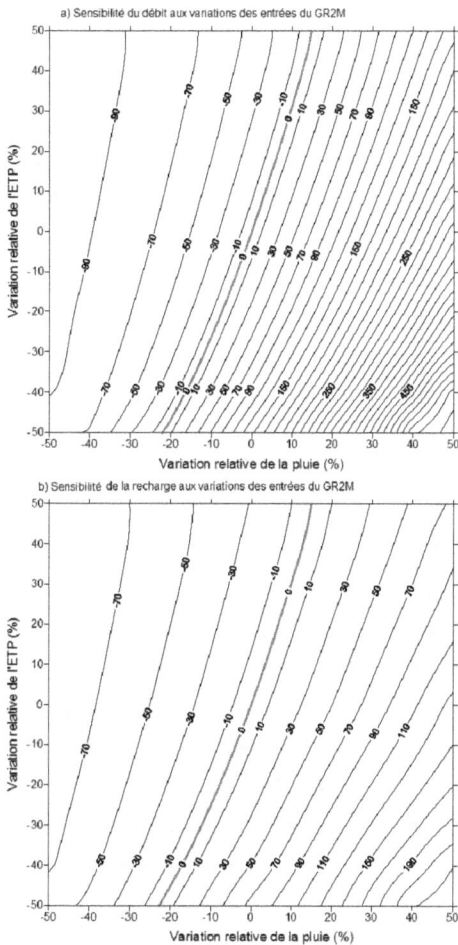

Figure 8.11: Variation relative des sorties du modèle GR2M par rapport aux variations des données d'entrée

259

L'interaction entre les quatre variables (pluie, écoulements, recharge et ETR) est analysée à travers les poids des trois termes de sortie sur la pluie annuelle. La figure 8.12a montre que la proportion de la pluie annuelle qui s'évapore (ETR) augmente avec la baisse de la pluie annuelle, plus la pluie est faible, plus le poids de l'ETR est important. Ce poids augmente de plus de 15% pour une variation de pluie de -50% à +50% alors que les poids des autres termes diminuent drastiquement. Une répartition des proportions entre la recharge et les écoulements (Figure 8.12b), montre que la recharge domine fortement les lames d'eau écoulée. Le poids de la recharge augmente avec la baisse de la pluie annuelle, une augmentation de 30% du poids de la recharge avec la baisse de la pluie annuelle de 50%.

Les résultats de cette analyse sur l'évolution des poids des différentes composantes du bilan hydrique montrent que la baisse de la pluie entraîne beaucoup plus une baisse de la lame écoulée. Ainsi, la proportion des lames d'eau écoulée va de 3% à 0.2% pour une baisse de la pluie annuelle de 50%, soit une réduction des lames d'eau de plus de 95%. De même sur la figure 8.12a, pour une baisse de la pluie annuelle de 20%, nous obtenons une baisse des lames d'eau de 60%, soit le triple de la variation de la pluie annuelle. Pour la recharge, la variation est de l'ordre de -50% pour une baisse de la pluie annuelle de 20%.

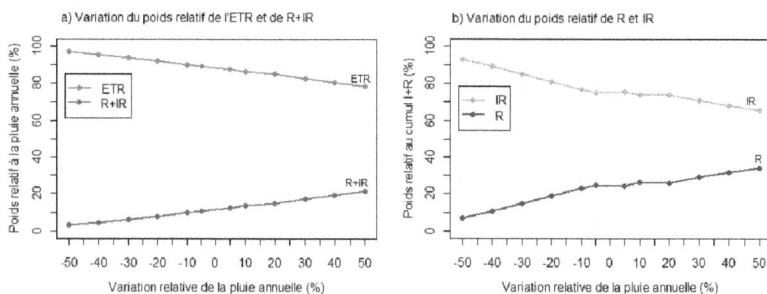

Figure 8.12: Variation du poids des différentes composantes du bilan hydrologique en fonction de la variation de la pluie annuelle pour les simulations avec GR2M

8.4.2 Sensibilité du modèle ORCHIDEE-C à la variation de la pluie

L'analyse de la sensibilité de ORCHIDEE-C par rapport à la variation de la pluie annuelle a montré des résultats similaires à ceux obtenus avec le modèle GR2M (Figure 8.12). Tout comme le modèle GR2M, ORCHIDEE-C montre une augmentation du poids de l'ETR avec la baisse de la pluie annuelle et une baisse du poids des autres composantes du bilan hydrologique (les écoulements et la recharge). Le deuxième aspect, c'est aussi la diminution de la proportion des écoulements à la faveur de la recharge. Ainsi, une baisse de la pluie annuelle de 20% a entraîné une baisse des écoulements de l'ordre de 55% dans les simulations de ORCHIDEE-C. Cette valeur est très proche de la baisse de 60% produite par GR2M. Ces résultats sont conformes aux

261

résultats présentés par Briquet *et al.* (1996) sur la variation des débits sur le fleuve Niger à Koulikoro entre la période 1951-1960 et la période 1980-1989 où une baisse de la pluie annuelle de 20% a entraîné une baisse de 55% des écoulements annuels. De même, Mahé *et al.* (1998) indiquent que les écoulements annuels ont baissé de l'ordre de 84% à Douna sur le bassin de Bani au Mali sur la période 1970-1995 alors que la pluie annuelle n'a baissé que de 30%. Plus au Sud, sur le bassin de la Donga au Bénin dan une zone de socle, Séguis *et al.* (2011) ont estimé une baisse de 50% des écoulements annuels suite à une baisse de 20% de la pluie annuelle sur la période 2003–2006.

Nous obtenons aussi le même ordre de grandeur de variation de la recharge avec une baisse de 50% pour une baisse de la pluie annuelle de 20%. Cette variation de la recharge est dans la gamme des variations de -60% à -30% déterminée par Martin (2006) sur un sous bassin de la Volta dans le Nord Ghana.

8.5 Synthèse et conclusion partielle

Les deux modèles hydrologiques de notre étude GR2M et ORCHIDEE-C reproduisent de façon pertinente le bilan hydrologique du bassin de Wayen. La figure 8.13 présente la répartition de la pluie annuelle moyenne sur le bassin en écoulements, recharge et évapotranspiration réelle sur la période 1978-1999. Les proportions moyennes des trois composantes par rapport à la pluie annuelle sont respectivement de 3%, 9% et 88% pour le modèle GR2M contre 4%, 13% et 85% pour le modèle ORCHIDEE-C. Les deux modèles présentent un bilan hydrologique dont les poids des différentes composantes sont dans la gamme des valeurs présentées par d'autres études du bilan hydrologie dans la zone sahélienne sur un socle cristallin. Le Ministère de l'environne-ment et de l'eau (2001) du Burkina Faso a établi un bilan hydrologique moyen à l'échelle du pays sur la période 1960-1990 avec une réparti-tion de la pluie annuelle moyenne en 4% d'écoulements à l'exutoire, 16% d'infiltrations vers les nappes et de 80% d'ETR. A petite échelle, Dakouré (2003) a établi au cours d'une étude de modélisation hydro-logique du bassin de Taoudéni (Nord-Ouest du Burkina Faso) sur la période 1981-1990 un bilan hydrologique qui réparti la pluie moyenne annuelle sur le bassin en 2% d'écoulements, 10% d'infiltrations et et 88% d'ETR. Dans le même ordre d'idée, Dérive (2003), dans une étude de l'évapotranspiration en région sahélienne (degré carré de Niamey), a estimé que l'évapotranspiration réelle représente entre 75 et 90% de la pluie annuelle et il a constaté que le poids de l'ETR sur la pluie an-nuelle est plus élevée pendant les années sèches. Aussi, Vissin (2007) a déterminé sur des affluents du fleuve Niger au Bénin, une variation du taux d'ETR de 75% de la pluie annuelle sur la période humide de 1955-1972 à 85% de la pluie annuelle sur la période déficitaire de 1973-1992 (baisse de la pluie annuelle de l'ordre de 12%). Martin (2006) a éva-lué à partir d'une modélisation du bilan hydrologique sur le bassin de Atankwidi au Nord du Ghana (sous bassin de la Volta) une variation du taux d'évaporation annuelle de 63% de la pluie annuelle sur l'année humide de 2003 à 82% sur l'année sèche de 2004. En effet, pendant les années sèches, la baisse de la fréquence des pluies entraîne un assèche-ment profond des sols. Ainsi, le sol très sec avant les pluies, absorbe une grande proportion de la pluie (Wallace and Holwill, 1997) dont une grande partie s'évaporera et le reste s'infiltrera vers la nappe. Par conséquent, tout le processus hydrologique se déroule en défaveur des ruissellements de surface qui alimentent les écoulements à l'exutoire.

263

En effet, en plus de leur performance dans la reproduction du bilan hydrologique du bassin, les deux modèles (GR2M et ORCHIDEE-C) ont présenté une sensibilité similaire par rapport à la variation de la pluie annuelle. Aussi, les écart-types interannuels des différentes composantes sont dans le même ordre de grandeurs (observations et simulations) : 70% de la moyenne pour les écoulements, 40% de la moyenne pour la recharge et 10% de la moyenne pour l'ETR. Par conséquent, la variabilité interannuelle des écoulements est plus forte que celle des autres composantes.

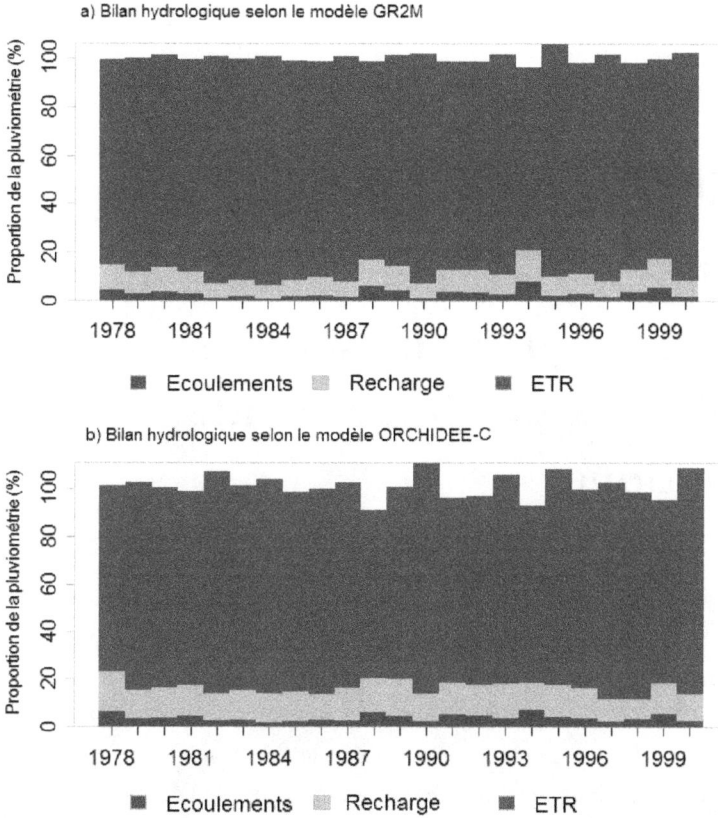

a) Bilan hydrologique selon le modèle GR2M

b) Bilan hydrologique selon le modèle ORCHIDEE-C

Figure 8.13: Evolution du poids des différentes composantes du bilan hydrologique du bassin selon les simulations de GR2M et les simulations de ORCHIDEE-C

265

Chapitre 9

Evolution des composantes du bilan hydrologique sous les conditions de changement climatique

L'analyse des données pluviométriques des cinq modèles climatiques régionaux a montré diverses tendances dans l'évolution de la pluie annuelle moyenne avec différentes combinaisons de changement dans la structure de la saison des pluies. Ces changements diversifiés auront certainement des impacts différents sur le fonctionnement hydrologique du bassin dans le contexte d'augmentation de l'évapotranspiration potentielle.

Ainsi, les deux modèles hydrologiques sont mis en œuvre de façon différente pour simuler le fonctionnement hydrologique du bassin sous les différentes conditions de changement climatique simulées par les MCRs. Le modèle GR2M est mis en œuvre avec les données corrigées de la pluie annuelle et de l'évapotranspiration potentielle des MCRs alors que le modèle ORCHIDEE est mis en œuvre sous la base d'une série de modifications des deux principales caractéristiques de la saison des pluies, le nombre de jours de pluie et la hauteur moyenne des pluies, dans les données pluviométriques observées. Aucune modification n'est appliquée aux paramètres d'estimation d'ETP dans ORCHIDEE car l'impact de la variation de l'ETP (variation de l'ordre de 5% prédit par les MCRs) sur le bilan hydrologique n'est pas significatif par rapport a celle de la pluie (variation de plus de 10%).

9.1 Evolution des composantes du bilan hydrologique simulées par GR2M sous les conditions climatiques des cinq MCRs

Les cinq simulations hydrologiques du GR2M (une simulation pour chaque MCR) ont produit des bilans hydrologiques moyens similaires sur la période de référence de 1971-2000. Ainsi, le bilan hydrologique moyen annuel est défini par 4% d'écoulements, 10% de recharge et 86% d'ETR. La similarité du bilan hydrologique entre les données des cinq modèles climatiques provient de la correction des données qui a rendu toutes les données de pluies et d'ETP similaires aux données observées sur cette période. Cependant, compte tenu de la sensibilité du modèle GR2M à la variation des paramètres d'entrée et des changements de la pluie annuelle prédits par les MCRs, le bilan hydrologie établi sur la période de référence devrait subir des modifications sur la période de projection de 2021-2050. Par conséquent, la similarité entre les bilans des cinq simulations ne sera pas maintenue.

9.1.1 Caractérisation de l'évolution des écoulements à l'exutoire de Wayen avec GR2M

Les tendances générales de l'évolution des écoulements sur la période 1961-2050 se caractérisent par une tendance significative à la baisse pour les données CCLM et une tendance significative à la hausse pour les données, HadRM3P et RACMO. La tendance est aussi à la baisse (pas significative) pour les données, RCA et REMO.

La figure 9.1 présente pour chaque modèle, les taux de variation décennale par rapport à la moyenne sur la période de référence. Les simulations hydrologiques issues des deux données, HadRM3P et RACMO, produisent des taux de variation supérieurs à 10% alors que des taux de variation négatifs dominent dans les autres simulations. Somme toute, la baisse la plus importante des écoulements, plus de 50%, apparaît sur la décennie 2021-2030 pour les données, RCA et REMO. Aussi, même les simulations hydrologiques issues des données RACMO qui se caractérisent par une tendance significative à la hausse des écoulements sur la période 2021-2050 montrent une baisse des écoulements sur cette décennie (2021-2030).

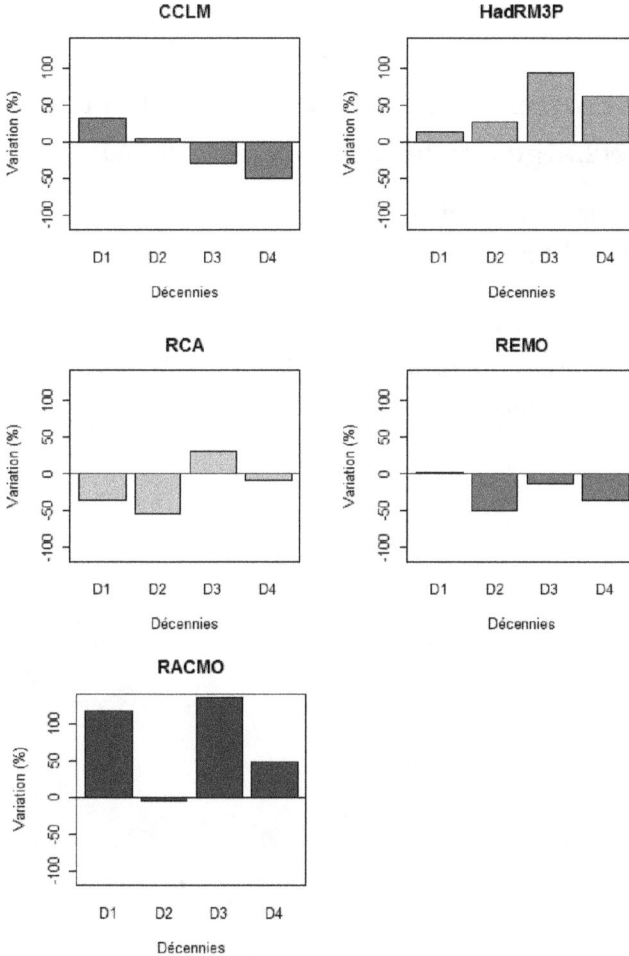

Figure 9.1: Variation relative des lames d'eau moyennes décennales écoulées par rapport à la moyenne 1971-2000

D1=2011-2020, D2=2021-2030, D3=2031-2040, D4=2041-2050

9.1.2 Caractérisation de l'évolution de la recharge sur le bassin avec GR2M

Les taux de variation relative décennales (Figure 9.2) montrent une baisse de la recharge sur au moins trois décennies avec trois MCRs (CCLM, RCA et REMO) et une hausse de la recharge avec deux MCRs (HadRM3P et RACMO). Cependant, les taux de variation sont moins forts que ceux des écoulements : ils sont inférieurs à 40% pour l'ensemble des MCRs.

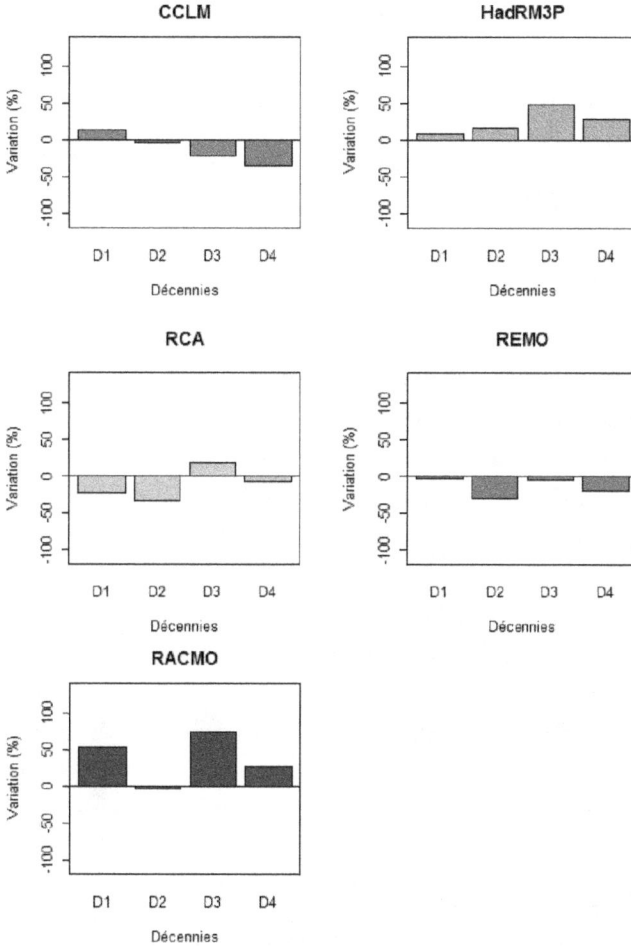

Figure 9.2: Variation relative des lames d'eau moyennes décennales infiltrées par rapport à la moyenne 1971-2000

D1=2011-2020, D2=2021-2030, D3=2031-2040, D4=2041-2050

9.1.3 Caractérisation de l'évolution de l'évapotranspiration réelle sur le bassin avec GR2M

L'évolution de l'évapotranspiration réelle selon les différentes données climatiques se caractérise par une tendance significative à la baisse pour les données CCLM, et à un moindre degré pour les données RCA et REMO. Par contre, les simulations hydrologiques avec les données HadRM3P et les données RACMO, montrent une tendance significative à la hausse de l'ETR. Aussi, les taux des variations décennales de l'ETR sont du même signe que ceux de la recharge avec des amplitudes inférieures à 10%.

D'autre part, une analyse de l'évolution du poids de l'ETR dans le bilan hydrologique montre que cette proportion augmente de façon significative dans les simulations hydrologiques faites avec les données CCLM et à un moindre degré avec les données RCA et REMO. Cette tendance correspond aux résultats que nous avons trouvés dans l'analyse de sensibilité du modèle GR2M où le poids de l'ETR augmente avec une réduction de la pluie annuelle.

9.1.4 Synthèse des résultats du bilan hydrologique du GR2M pour les conditions de changement climatique

Le forçage du modèle hydrologique GR2M avec les données climatiques corrigées des cinq modèles montre une situation hydrologique du bas-

272

sin sous les conditions du changement climatique avec un changement significatif dans le bilan hydrologique. Le tableau 9.1a présente les variations relatives des différentes composantes du bilan hydrologique sur la période de prédiction de 2021-2050 par rapport à la période de référence de 1971-2000. La réponse du bassin reste dominée par la baisse des écoulements et de la recharge pour trois simulations climatiques, et une augmentation des deux composantes pour deux simulations climatiques. Dans les deux cas, le tableau 9.1a montre que les variations des écoulements et de la recharge sont plus importantes que les variations de l'ETR. La gamme de variation des écoulements est de -25% à + 60% et de -20% à 33% pour la recharge contre une variation de -11% à 12% pour l'ETR. Ces différentes gammes de variation des composantes sont conformes aux résultats obtenus par la projection des différents changements des MCRs dans l'analyse de la sensibilité du modèle GR2M aux variations des deux données de forçage.

De même, les poids des deux composantes (tableau 9.1b) ont baissé au cours de la période de prédiction au profit de l'évapotranspiration réelle pour les trois modèles contrairement à la situation des deux modèles où les poids de l'ETR baissent. Par conséquent, la répartition des poids des composantes établis au cours de la période de prédiction n'est pas conservée. Ce changement correspond aux résultats obtenus par Kasei (2009) sur la réponse du bassin de la Volta blanche à Pwalugu au Ghana (constitué à plus de 70% par le bassin du Nakanbé) avec le modèle hydrologique WaSiM (Schulla and Jasper, 2000) mis en œuvre dans un contexte de changement climatique du scénario A1B (2001-2050 par rapport à 1991-2000) simulé par deux modèles climatiques avec des tendances pluviométriques différentes. En effet, dans le cas de la baisse de 6% de la pluie annuelle, les écoulements ont baissé

273

de 6% alors que l'ETR a augmenté de 2%. Par contre, dans le cas de la hausse de pluie annuelle de 19%, les écoulements ont augmenté de 53% contre une hausse de 5% de l'ETR. Ainsi, l'ETR peut augmenter malgré la baisse de la pluie annuelle. Aussi, une étude récente (Ruelland *et al.*, 2012) sur les tendances futures des écoulements à Douna sur le bassin de Bani au Mali a montré une diminution plus importante des écoulements annuels autour de 46% pour la période 2041-2070 (la comparaison est faite par rapport à la période de référence de 1961-1990) pour une baisse de la pluie annuelle de 10% et une augmentation de l'ETP annuelle de 9%.

a) Variation relative des composantes

	CCLM	HadRM3P	RACMO	RCA	REMO
Pluie	-12	15	16	-3	-6
ETP	4	5	3	4	3
Ecoulements	-25	61	60	-11	-15
Recharge	-20	31	33	-8	-11
ETR	-11	11	12	-2	-3

b) Différence de poids des composantes

	CCLM	HadRM3P	RACMO	RCA	REMO
Ecoulements	-0.8	1.6	1.4	-0.5	-1.3
Recharge	-1.2	1.3	1.3	-0.6	-1.2
ETR	2.3	-2.6	-2.4	1.0	2.6

Tableau 9.1: Variation relative et différence de poids (en %) des composantes du bilan hydrologique sur le bassin du Nakanbé à Wayen entre la période de référence de 1971-2000 et la période de projection de 2021-2050 pour les MCRs avec le modèle GR2M

9.2 Simulations hydrologiques du bassin avec ORCHIDEE-C sous des conditions de perturbations pluviométriques

Le modèle ORCHIDEE-C est mis en œuvre sur la base des perturbations des pluies journalières sur leur intensité et sur leur fréquence. Cette étude de sensibilité du modèle par rapport aux changements des deux principales caractéristiques de la saison des pluies vise à évaluer la réponse du bassin aux différentes variations pluviométriques prédites par les MCRs à l'échelle des pluies journalières. En effet, l'intensité des crues journalières et l'état de l'humidité du sol sont des variables hydrologiques dont la variation sous les conditions du changement climatique peut avoir un impact significatif dans la gestion des différentes ressources en eau.

9.2.1 Transformation des données pluviométriques journalières pour les simulations avec ORCHIDEE-C

La méthodologie développée dans cette étude pour évaluer l'impact des changements des deux principales caractéristiques de la saison des pluies (nombre de jours de pluies et hauteur moyenne de pluies) consiste à appliquer les différents changements déterminés entre la période de référence de 1971-2000 et la période de projection de 2021-2050 aux données pluviométriques observées de la période de référence. Cependant, nous avons uniquement considéré deux changements dans cette analyse, à savoir : la baisse du nombre de jours de pluie pour trois MCRs. La situation d'une augmentation de la hauteur moyenne des pluies des trois MCRs est traitée dans la section 8.4.2 où une évaluation de la réponse du bassin est faite avec ORCHIDEE-C pour une variation de la pluie annuelle de -50% à +50% sans changement de la fréquence des pluies. Il faut préciser que la perturbation de la baisse de la hauteur moyenne des pluies est déterminée sur les données générées avec l'anomalie de la baisse du nombre de jours de pluie. Cette approche permet d'évaluer de deux manières différentes l'impact de la baisse de la pluie annuelle moyenne : lorsqu'elle provient de la baisse du nombre de jours de pluies, et lorsqu'elle provient de la baisse de la hauteur moyenne des pluies. Par ailleurs, le changement le plus important du nombre de jours de pluie est une baisse de 13% déterminée dans les données pluviométrique du modèle CCLM (cf 6.2). Cependant, pour une large exploration de la gamme des réponses du bassin à la baisse du nombre de jours de pluie, nous avons considéré deux taux de variation, -10% , et -20%.

La génération des données pluviométriques modifiées est effectuée à travers une suppression d'un nombre de jours de pluie proportionnel au taux pour chaque mois de façon aléatoire. Par la suite, le taux de variation de la pluie annuelle moyenne entre les données de base et les données modifiées est appliqué aux données de base pour la réduction de l'intensité des pluies. Ainsi, les réductions du nombre de jours de pluie de 10% (Nr10%) et 20% (Nr20%) ont entraîné des réductions de la pluie annuelle moyenne de 17% (Hr10%) et de 30% (Hr20%) (Figure 9.3 et Tableau 9.2). Etant donné que la suppression du nombre de jours de pluie est faite de façon aléatoire, nous avons constitué un ensemble de jeux de données avec chacun des deux taux de réduction du nombre de jours de pluie pour évaluer la gamme des réductions induite sur la pluie annuelle moyenne. Les différents taux de réduction de la pluie annuelle moyenne sont du même ordre de grandeur, autour de 17% avec un écart-type de 3% pour les réductions de 10% et autour de 30% avec un écart-type de 4% pour les réductions de 20%.

La figure 9.3 présente la gamme des pluies annuelles obtenues après l'application des quatre anomalies. Aucune différence significative n'apparaît entre la gamme des pluies annuelles Nr10% et la gamme des pluies annuelles Hr10%, de même que entre les pluies annuelles Nr20% et les pluies annuelles Hr20%. Par conséquent, les séries de pluies de Nr10% (Nr20%) et de Hr10% (Hr20%) ne sont significativement différentes que dans la fréquence et sur l'intensité des pluies journalières.

Le modèle ORCHIDEE est mis en œuvre avec cinq différentes données pluviométriques :

- les données de référence (Ref) qui sont les observations sur la période 1971-2000 ;

- les données modifiées avec une réduction de 10% du nombre de jours de pluie (Nr10%) ;

- les données modifiées avec une réduction de 17% de la hauteur des pluies (Hr10%) ;

- les données modifiées avec une réduction de 20% du nombre de jours de pluie (Nr20%) ;

- les données modifiées avec une réduction de 30% de la hauteur des pluies (Hr20%).

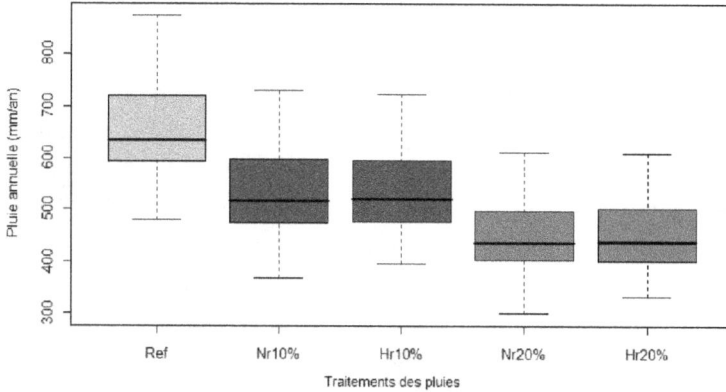

Figure 9.3: Variation de la pluie annuelle avec l'application des perturbations de réduction du nombre de jours de pluie et de la hauteur moyenne des pluies

9.2.2 Caractérisation des différences entre les quatre simulations hydrologiques avec ORCHIDEE-C

Nous avons analysé cinq caractéristiques hydrologiques dans les simulations de ORCHIDEE-C sur le bassin : l'ETP, les écoulements à l'exutoire, l'évaporation, le ruissellement direct, le drainage de fond et l'humidité du sol. La figure 9.4 présente les hauteurs d'eau annuelles des différents paramètres du bilan hydrique dans les cinq simulations. L'ETP annuelle des cinq simulations change très faiblement sous les différentes perturbations de la pluie. En effet, la pluie n'est pas prise en compte dans l'estimation de l'ETP. Par contre, les composantes du bilan hydrologique, à savoir, les écoulements, la recharge et l'ETR, changent fortement selon l'anomalie pluviométrique. Les écoulements et les recharges des perturbations de réduction du nombre de pluies, dépassent largement ceux issus des perturbations de réduction de la hauteur des pluies avec un écart de plus de 10% (Figure 9.4). Ces écarts sont conformes aux résultats de Pruski and Nearing (2002) dans une étude de sensibilité des écoulements à la variation de la pluies pour des changements de l'intensité de la pluie et la fréquence de la pluie sur trois bassins avec des pluies annuelles entre 850 mm et 1100 mm (Indiana aux USA). Ainsi, pour des variations des deux caractéristiques de -10% et -20%, la diminution des écoulements est inférieure à 15% pour la première perturbation alors que la diminution des écoulements est supérieure à 25% pour la deuxième perturbation.

La variation de l'amplitude des différentes composantes du bilan hydrologique sur les cinq simulations s'explique à travers la variation de l'humidité dans les onze couches du sol de ORCHIDEE. La figure 9.5 de la l'humidité annuelle moyenne du sol dans les cinq conditions pluviométriques montre une humidité du sol plus faible pour les perturbations de réduction de la hauteur des pluies. En plus, sur la figure 9.6 (exemple de la saison 1975, le contraste est similaire sur toutes les saisons), nous constatons que l'écart entre les humidités du sol est plus accentué au cœur de la saison des pluies. Par contre, les teneurs en eau du sol sont similaires en saison sèche et la réduction du nombre de jours de pluies de 10% n'a pas un effet significatif sur les mois du début et de la fin de saison car le nombre de jours de pluie est faible. Cependant, dès que la fréquence des pluies devient forte (au cœur de la saison), l'impact de la réduction de l'intensité des pluies sur l'humidité du sol devient plus important que celui de la réduction de la fréquence des pluies. En effet, l'intensité réduite des pluies dans les perturbations de réduction de la hauteur des pluies, entraîne une humidification moyenne plus faible des couches profondes du sol en comparaison aux perturbations de réduction du nombre de pluies avec de fortes intensités de pluies (Figure 9.7). Par conséquent, le drainage de fond est plus faible pour les perturbations de la réduction de la hauteur de pluies (Figure 9.5). Ainsi, la fréquence des pluies plus élevée dans ces perturbations favorise un arrosage plus régulier des couches superficielles du sol qui entraîne une teneur en eau plus élevée que dans les cas des perturbations de réduction du nombre de pluies avec des séquences sèches plus longues (Figure 9.7). D'où, l'humidité de ces couches superficielles est plus élevée (Figure 9.7) avec pour les perturbations de réduction de la hauteur de pluies. Or, c'est la teneur en eau de ces premières couches du sol (<50 cm) qui contrôle l'évaporation directe du sol et la transpiration des plantes (Wallace and Holwill, 1997). D'où, malgré des valeurs d'ETP annuelles similaires (Figure 9.4), l'ETR est plus élevée (5% de plus) dans les simulations sous les perturbations de réduction de la hauteur de pluies (Figure 9.4).

D'autre part, dans la physique de ORCHIDEE, le ruissellement direct (ruissellement superficiel produit par une pluie) qui alimente le réservoir rapide commence dès que la première couche d'1 mm d'épaisseur est saturée, par conséquent le taux de ruissellement direct va dépendre beaucoup plus de l'intensité de la pluie que de l'humidité des 50 premiers centimètres (Figure 9.7). C'est cette dynamique qui explique des ruissellements directs annuels plus élevés dans les simulations sous les perturbations de réduction du nombre de pluies (Figure 9.5).

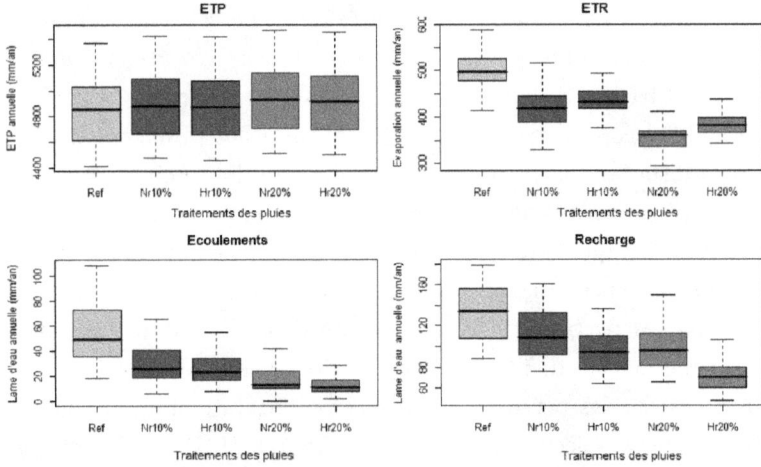

Figure 9.4: Composantes du bilan hydrologique avec ORCHIDEE-C pour les différentes perturbations pluviométriques

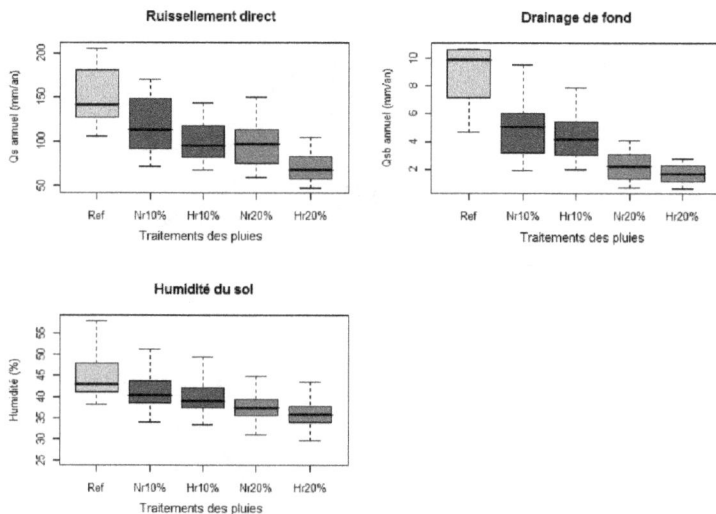

Figure 9.5: Gamme du ruissellement, de drainage et de l'humidité du sol pour les différentes perturbations pluviométriques

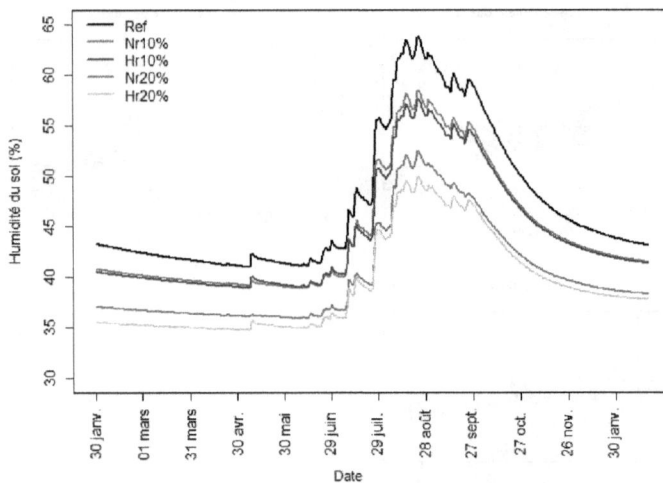

Figure 9.6: Exemple type de l'évolution saisonnière de l'humidité moyenne du sol pour les différentes perturbations pluviométriques

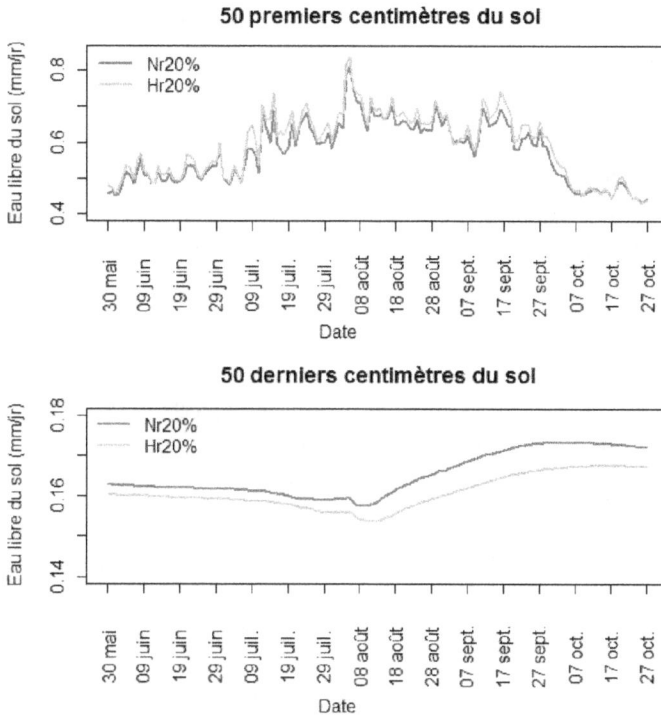

Figure 9.7: Exemple type de la variation du contenu en eau du sol pour les perturbations pluviométriques de 20%

Un autre signal des différents impacts des anomalies pluviométriques sur l'hydrologie du bassin provient du changement dans la statistique des débits journaliers notamment les débits maximum journaliers par saison. L'analyse de ces débits permet d'évaluer les risques d'inondation le long du cours d'eau principal sous les conditions du changement

285

climatique. La figure 9.8 présente la probabilité des débits maximum annuels pour les différentes anomalies pluviométriques pour une période de 30 ans. La variance des débits maximums journaliers est plus forte pour les perturbations de réduction du nombre de pluies (Figure 9.8) ; les écart-types pour les simulations Nr10% représente 85% de l'écart-type des simulations de référence alors que celui des simulations Hr10% ne représente que 61%. Les proportions des écart-types sont de 72% pour les simulations Nr20%, et 38% pour les simulations Hr20%. La vélocité des débits extrêmes est alors plus étalée pour les perturbations de réduction du nombre de pluies. Aussi, les baisses du débit maximal moyen par rapport aux simulations de la référence sont de -30%, -46%, -53% et -71% respectivement pour les différentes anomalies pluviométriques. En plus, la figure 9.8 montre que les débits extrêmes de fréquence inférieure à 0.001 (période de retour supérieure à 1000 ans) produits par les simulations Nr20% sont supérieurs aux débits extrêmes issus des simulations Hr10%.

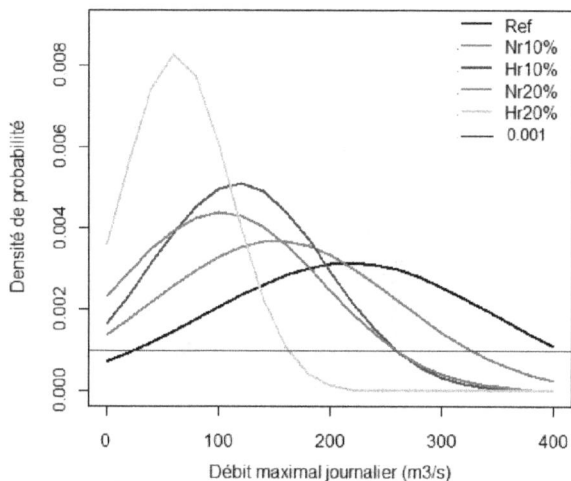

Figure 9.8: Evolution de la densité de probabilité débits maximum journaliers pour les différentes perturbations pluviométriques

D'autre part, un ajustement des débits de fréquences rares avec la loi de Gumbel (Gumbel, 2004) permet d'évaluer le changement de l'amplitude des fortes crues le long du cours d'eau. La figure 9.9 présente les boites à moustaches des quantiles des débits extrêmes de fréquence inférieure à 0.001 (une durée de retour de plus de 1000 ans) sous chacune des perturbations de la pluie. Les débits extrêmes sont plus élevés sous les perturbations d'une réduction du nombre de pluies rapport aux perturbations d'une réduction de la hauteur de pluies avec une baisse de plus de 30%. Cependant, les prédictions des débits extrêmes sous la perturbation Nr20% sont plus élevés que ceux sous la perturbation Hr10% avec une hausse de plus de 5%. Par conséquent, les risques

287

d'inondation sont beaucoup plus réduit le long du cours d'eau dans les conditions d'une réduction de l'intensité des pluies.

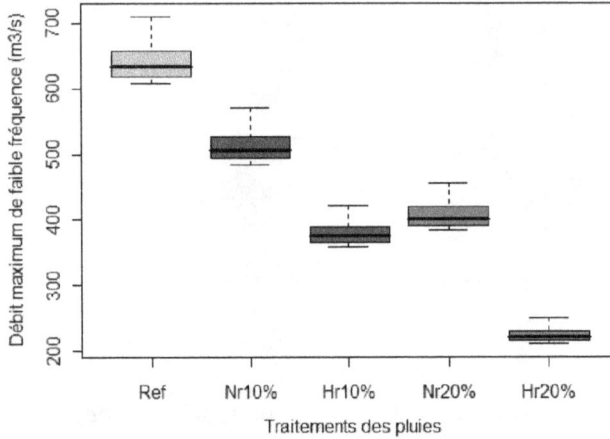

Figure 9.9: Variation de la gamme des débits de fréquence rare avec un ajustement de Gumbel pour les différentes perturbations pluviométriques

9.2.3 Impact des différentes perturbations pluviométriques sur les ressources en eau du bassin avec ORCHIDEE-C

Le tableau 9.2 des variations relatives des composantes du bilan hydrologique produit par chacune des simulations, montre une tendance à la baisse des trois composantes du bilan hydrologique : le débit, la recharge et l'ETR (équation 4.1). Cependant, les déficits sont beaucoup plus forts dans les simulations avec les réductions de la hauteur de pluies. Les écarts sont de l'ordre de 10% entre les écoulements pour les réductions du nombre de pluies et les écoulements pour les réductions de la hauteur des pluies. Par conséquent, les coefficients de ruissellement du bassin sont plus élevés sous les conditions des perturbations de réduction du nombre de pluies.

La détermination des impacts des changements de la pluie annuelle de -17% et de -30% avec le modèle GR2M donne une variation de -55% et -75% pour les écoulements et une variation de -32% et -55% pour la recharge (Figure 8.11). Ainsi, les résultats du modèle GR2M pour les différentes composantes hydrologiques sont plus proches des résultats produits par ORCHIDEE-C dans les cas des perturbations de la réduction de la hauteur moyenne des pluies. Par conséquent, le modèle GR2M mis en œuvre avec des cumuls mensuels ne restitue pas l'impact des changements de la pluie à l'échelle journalière dans le cas d'une baisse de la fréquence des pluies.

Simulations	Pluie (%)	Ecoulements (%)	Recharge (%)	ETR (%)
Nr10	-17	-41	-15	-16
Hr10	-17	-51	-28	-12
Nr20	-30	-66	-25	-28
Hr20	-30	-76	-46	-23

Tableau 9.2: Variation relative des composantes du bilan hydrologique sous les conditions de perturbations pluviométriques par rapport aux simulations de référence

De même que les écoulements moyens à l'exutoire, les débits de la période de décrue sous les perturbations de réduction du nombre de pluies sont plus élevés (Figure 9.10). Les baisses des débits moyens sur la période du 01 Octobre au 31 Décembre sont de : 51% pour le Nr10%, 61% pour le Hr10, 83% pour le Nr20%, et 87% pour le Hr20%. Les écarts entre les simulations avec une réduction du nombre de pluies et les simulations avec la réduction de la hauteur de pluie correspondante s'explique par la contribution durant la période de décrue du drainage de fond (il est plus élevé avec les simulations avec les perturbations de réduction du nombre de pluies). D'où, le fonctionnement hydrologique de ORCHIDEE montre qu'une baisse de la pluie annuelle due à une baisse des intensités des pluies entraîne des étiages beaucoup plus sévères que dans le cas d'une baisse de la fréquence des pluies.

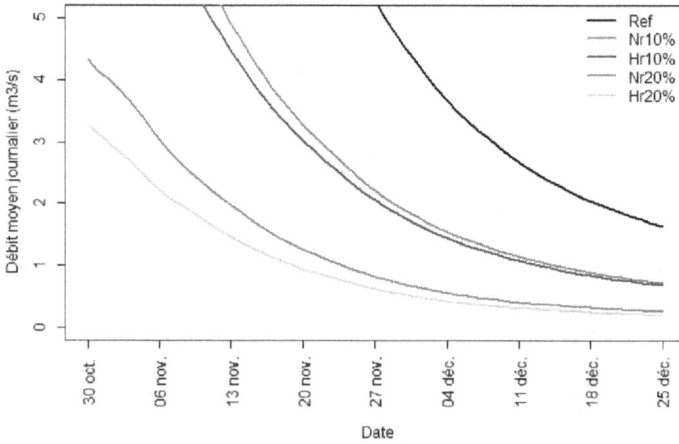

Figure 9.10: Evolution des débits de l'étiage simulée par ORCHIDEE
pour les différentes perturbations pluviométriques

9.3 Conclusion partielle sur les impacts du changement climatique sur les ressources en eau

Les simulations du modèle GR2M sous les conditions climatiques des
cinq modèles climatiques montrent que trois modèles prédisent une
situation hydrologique sèche avec une baisse significative des écoulements et de la recharge alors que les deux autres modèles montrent
une situation hydrologique humide avec une augmentation des deux
composantes hydrologiques. Cependant, la situation la plus inquié-

tante est celle de la réduction du taux de renouvellement des stocks en eau et de l'augmentation du taux de l'évaporation. Plusieurs études montrent cette tendance sur l'évolution des ressources en eau au Sahel sous la condition d'une augmentation du taux de CO_2 dans l'atmosphère (Ardoin-Bardin *et al.*, 2009; Kasei, 2009; Ruelland *et al.*, 2012). Par ailleurs, les simulations de ORCHIDEE sous les différentes conditions de perturbation de la pluie montrent que l'impact d'une baisse de la pluie annuelle moyenne sur les processus hydrologiques dépend de la nature du changement dans le champ des pluies. La réponse hydrologique du bassin diffère selon que le déficit provient d'une baisse du nombre de pluies (fréquence) ou d'une baisse de la hauteur moyenne des pluies (intensité). Ainsi, les impacts des perturbations d'une réduction de la hauteur des pluies se caractérisent par une baisse beaucoup plus importantes des écoulements et de la recharge, et une augmentation de l'évapotranspiration. Par conséquent, la baisse des hauteurs de pluies est beaucoup plus préjudiciable à la disponibilité des ressources en eau. Cependant, la différence entre les impacts hydrologiques de ces changements du champ de pluie ne peuvent être mis en évidence qu'à travers des simulations hydrologiques à un pas de temps de l'évènement pluie.

Conclusion générale

Chapitre 10

Synthèse et perspectives

10.1 Synthèse générale des résultats

Cette étude est motivée par la recherche d'une compréhension de la variabilité du régime pluviométrique sahélien et son impact sur les processus hydrologiques à l'échelle des bassins versants de la sous région. Les conséquences dramatiques du déficit pluviométrique sur les ressources en eau au cours des quatre précédentes décennies (1971-2009) soulèvent des inquiétudes par rapport à la nouvelle menace mondiale du changement climatique. Ces inquiétudes par rapport à l'évolution des écoulements à l'horizon futur sous une condition climatique modifiée par rapport aux conditions climatiques du 20ème, a renforcé notre motivation avec la recherche d'une évaluation de la gamme d'impacts du changement climatique sur les ressources en eau. Ainsi, les analyses des données climatiques observées et simulées sur le territoire Burkinabé et des simulations hydrologiques sur la partie sahélienne du bassin de Nakanbé ont été menées avec cinq objectifs :

- caractériser la variabilité climatique sur les cinq dernières décennies, 1961-2009 ;

- caractériser le fonctionnement hydrologique du bassin de Nakanbé à l'aide de deux modèles hydrologiques (GR2M et ORCHIDEE) ;
- évaluer la représentativité des simulations climatiques produites par les modèles climatiques régionaux ;
- évaluer la gamme de variation des paramètres climatiques à l'horizon 2050 ;
- caractériser l'impact des variations climatiques sur la disponibilité des ressources en eau à l'échelle de la partie sahélienne du bassin du Nakanbé.

Caractérisation de la variabilité climatique sur les cinq dernières décennies, 1961-2009

La variabilité climatique au Burkina Faso se caractérise depuis la fin de la décennie 1960 par une succession de saisons de pluies moins pluvieuses par rapport à la moyenne de la décennie 1960. Le déficit pluviométrique est beaucoup plus important sur la période 1970-1990 où il dépasse les 20%, et la tendance est à la reprise à partir du début de la décennie 1990 même si la situation reste encore déficitaire. Ce déficit pluviométrique est beaucoup plus mis en évidence par la baisse significative du nombre d'événements pluvieux au cœur de la saison (juin-août) sans une modification significative de la durée des saisons de pluies. Cette variabilité pluviométrique avait été mise en évidence par les résultats d'autres études sur la zone Sahélienne Le Barbé *et al.* (2002); Ali and Lebel (2009); Lebel and Ali (2009); Mahé and Paturel (2009). Par conséquent, le Burkina Faso subit la même variabilité pluviométrique que l'ensemble de la zone sahélienne de l'Afrique de l'Ouest.

295

Caractérisation du fonctionnement hydrologique du bassin de Nakanbé à l'aide de deux modèles hydrologiques (GR2M et ORCHIDEE)

Le fonctionnement hydrologique du bassin de Nakanbé à Wayen se caractérise par un régime hydrologique temporaire avec des écoulements sur la période du début juin à janvier (période sans écoulement de février-mai). D'autre part, malgré l'insuffisance des données sur les infiltrations profondes vers la nappe et l'évaporation sur le bassin, le bilan hydrologique du bassin est établi sur la période 1978-1999 à partir de la mise en œuvre du modèle GR2M. En effet, ce modèle a reproduit de façon pertinente les écoulements mensuels à l'exutoire de Wayen et aussi les autres composantes du bilan hydrologique (en comparaison aux résultats sur des bassins de la sous région). Les simulations du modèle GR2M ont ainsi permis d'élaborer une procédure de corrections des simulations du modèle ORCHIDEE à partir du pas de temps journalier.

Les simulations des deux modèles sur la période 1978-1999 ont montré que le bilan hydrologique annuelle du bassin est constitué d'environ 4% d'écoulements, de 10% de recharge des nappes et de 86% d'évapotranspiration. Aussi, dans une situation de réduction de la pluie et sans aucune modification des états de surface du bassin (les deux modèles ne prennent pas en compte cette dynamique), les deux modèles s'accordent sur une amplification de l'impact de la baisse de la pluie annuelle sur les écoulements à la faveur d'une augmentation du taux de l'évapotranspiration.

296

Evaluation de la représentativité des simulations climatiques produites par les modèles climatiques régionaux

Les simulations climatiques des cinq modèles climatiques régionaux analysées à travers la discrétisation de la saison de pluies en différentes caractéristiques montrent des écarts significatifs entre les caractéristiques issues de cinq MCRs (CCLM, HadRM3P, RACMO, RCA et REMO) et les caractéristiques issues des observations. Les biais des simulations climatiques dans les données pluviométriques se caractérisent par une forte fréquence des faibles pluies (compris entre 0.1 mm/jour et 5 mm/jour), des pluies extrêmes très élevées (>200 mm/jour) et de longues saisons des pluies. Cependant, malgré la différence entre les amplitudes des biais sur les cinq modèles, l'application de la méthode de correction quantile-quantile a permis de corriger la statistique des simulations pluviométriques pour chacune des données et de reproduire des caractéristiques de saisons significativement proches de celles issues des observations.

De même, les données d'évapotranspiration potentielles estimées à partir de la formule de Penmann Monteith et de la formule de Hargreaves présentent des écarts significatifs par rapport aux estimations issues des observations. Ainsi, l'application de la méthode de correction des écarts moyens mensuels à ces données a permis de produire des données d'ETP dans la gamme des ETPs issues des observations.

Somme toute, la mise en œuvre des deux méthodes de correction a produit des données climatiques représentatives du climat moyen sur le Burkina Faso sur la période 1961-2009.

297

Evaluation de la gamme de variation des paramètres climatiques à l'horizon 2050

L'évolution du climat au Burkina Faso selon les cinq modèles climatiques (sous les conditions du changement climatique du scénario A1B) se caractérise par une variation relative de la pluie annuelle dans la gamme de -15% à +15% en comparaison à la moyenne de la période 1971-2000. La baisse de la pluie annuelle provient singulièrement de la baisse de la fréquence des pluies (nombre de jours de pluies), et la hausse de la pluie annuelle provient de la hausse des intensités de pluies (hauteur moyenne des pluies journalières). Somme toute, la plus forte variation du nombre de jours de pluie est produite par le modèle CCLM avec une diminution significative de 13% alors que la plus forte variation de la hauteur moyenne des pluies est produite par le modèle RACMO avec augmentation significative de 11%. Cependant, tous les modèles prédisent une augmentation de la température avec un réchauffement de l'ordre 1,5° et une augmentation de l'ETP annuelle de l'ordre de 5% autour de 2050 (en comparaison avec la période 1971-2000).

Caractérisation de l'impact des variations climatiques sur la disponibilité des ressources en eau à l'échelle de la partie sahélienne du bassin du Nakanbé

L'impact des différentes variations du climat sur les ressources en eau de la partie sahélienne du bassin du Nakanbé est évalué à travers deux modèles hydrologiques, le modèle GR2M et le modèle ORCHIDEE. Ainsi, les fonctionnements hydrologiques des deux modèles ont été adaptés au fonctionnement hydrologique du bassin sur la période 1978-1999 avec une reproduction du bilan hydrologique observé. L'éva-

298

luation des impacts du changement climatique sur les ressources en eau est menée à travers la mise en œuvre du modèle GR2M avec les données climatiques corrigées des MCRs sur la période 1961-2050. Par contre, le modèle ORCHIDEE est mis en œuvre sur la basse des changements dans la fréquence et dans l'intensité des pluies. Quatre anomalies pluviométriques furent élaborées sur la base d'une baisse de la fréquence des jours de pluies de 10% et de 20%. Les deux premières anomalies (Nr10% et Nr20%) sont constituées avec deux réductions du nombre de jours de pluie. Les deux autres anomalies (Hr10% et Hr20%) sont constituées par deux réductions de la hauteur moyenne des pluies de 17% et 30% correspondants aux réductions de la pluie annuelle moyenne des données Nr10% et Nr20%.

Les simulations hydrologiques avec GR2M montrent une gamme variée des réponses du bassin aux variations climatiques moyennes prédites par les MCRs, avec :

- les écoulements, variation de -25 à +60% sur la période de prédiction de 2021-2050 par rapport à la période de référence de 1971-2000 ;

- la recharge, variation de -20 à +35% ;

- l'évapotranspiration réelle, variation de -12 à +12%.

La mise en œuvre du modèle ORCHIDEE à une résolution temporelle de 30 minutes et avec une représentation de la dynamique de l'eau sur une couche de sol de 2 m, produit plus de détails sur les différentes interactions des processus hydrologiques à l'échelle du bassin versant. Ainsi, bien que les perturbations pluviométriques (réduction du nombre de pluies et réduction correspondante de la hauteur moyenne de pluies) produisent les mêmes baisses de la pluie annuelle moyenne, leurs bilans hydrologiques se distinguent significativement. Les perturbations de la réduction du nombre de pluies entraînent une diminution moindre des écoulements et de la recharge avec des crues plus fortes.

En effet, les réponses du bassin versant (selon les deux modèles hydrologiques) aux variations pluviométriques montrent que les écoulements subiront la plus forte variation comme ce fut le cas au cours des cinq dernières décennies où les baisses de 20% de la pluie annuelle ont engendré une baisse de plus de 50% des écoulements. Cette réponse vient de l'amplification de la proportion de la pluie qui s'évapore avec la baisse de la fréquence des pluies. Par conséquent, selon les simulations du modèle GR2M et ORCHIDEE, dans une situation de baisse de la pluie annuelle, l'évapotranspiration est un mécanisme climatique qui amplifie le déficit pluviométrique sur les écoulements.

10.2 Perspectives

Notre étude a abordé deux principaux aspects de la dynamique des ressources en eau sur un bassin versant : le climat à travers la pluie et l'évapotranspiration et les processus hydrologiques de surface. L'évaluation des impacts du changement climatique sur les ressources en eau nécessite des données climatiques représentatives du climat de la région et des modèles hydrologiques capables de restituer les impacts de la variation des paramètres climatiques sur les différentes composantes du bilan hydrologiques. La variation des trois principales composantes de ce bilan, à savoir : les écoulements, la recharge et l'ETR, sous les conditions climatiques définies par les différents scénarios, caractérise l'état de renouvellement des ressources en eau. D'où, malgré la pertinence des modèles hydrologiques à reproduire le bilan hydrologique observé, une évaluation pertinente des impacts futurs du changement climatique nécessite des modèles climatiques représentatifs des mécanismes climatiques de la zone.

Les différents obstacles et ouvertures identifiés au cours de ce travail et qui méritent d'être analysés dans les études futures sur l'évaluation des impacts du changement climatique sur les ressources en eau au Sahel, se subdivisent en six principaux points :

1- Acquisition des données climatiques et hydrologiques

Le manque des données observées de l'ETR, principal paramètre climatique (plus de 75% de la pluie annuelle) du bilan hydrologique, peut entraîner des biais importants dans les simulations hydrologiques. Ainsi, la mise en place des dispositifs de mesure des flux de chaleur sur les différents états de surface du bassin permettra de mieux évaluer l'ETR à l'échelle du bassin. En plus, l'établissement du bilan hydrologique à l'échelle du bassin est basé sur une approximation de la recharge des nappes dont aucune mesure n'est disponible sur une grande partie du bassin. La recharge de la nappe est un paramètre important pour la caractérisation du fonctionnement hydrogéologique des nappes du bassin. Il est donc pertinent que les différentes nappes du bassin soient bien caractérisées et suivies sur le long terme à l'aide d'un réseau représentatif de piézomètres et à une échelle temporelle fine (inférieur à 1 jour avec des enregistreurs automatiques). La caractérisation du fonctionnement hydrogéologique de ces nappes peut s'accompagner d'un ensemble de travaux de modélisation hydrogéologique.

2- Mise en œuvre des modèles climatiques

L'évaluation de la représentativité des données climatiques des cinq modèles climatiques régionaux a montré que leurs simulations brutes sont loin de la réalité du régime pluviométrique au Burkina Faso. En effet, la mise en œuvre des cinq modèles avec les deux conditions aux limites (données GCMs et ré-analyses) a montré que les biais ne sont pas seulement liés aux données de forçage. D'où, une amélioration mérite d'être apportée aux différents RCMs dans leur paramétrisation pour réduire la fréquence des pluies et l'intensité des pluies extrêmes. En plus, la résolution spatiale des modèles, large de 50x50 km^2, ne permet pas de représenter le contraste du couvert végétal et de la topographie, alors que les processus de mésoéchelle (7 à 25 km) jouent un rôle important dans la dynamique de la mousson Africaine à travers la rétroaction des conditions de surface sur l'atmosphère. Des modèles de grande résolution spatiale pourront intégrer la simulation de l'évolution des états de surface sous les différentes conditions du changement climatique.

3- Prise en compte d'autres scénarios du changement climatique

Le scénario A1B, sous lequel les cinq modèles climatiques ont été tournés, est un scénario intermédiaire qui caractérise la condition moyenne du changement climatique. Cependant, bien que les cinq modèles aient présenté toutes les tendances possibles de l'évolution de la pluie annuelle, la prise en compte des situations climatiques extrêmes définies par les scénarios B1 (le plus optimiste) et A2 (le plus pessimiste) permettra de mieux évaluer l'amplitude de la variation du champ des pluies et de ses impacts sur les ressources en eau.

4- Mise en œuvre de la modélisation hydrologique

La mise en œuvre des deux modèles hydrologiques à différents pas de temps, nous a permis de reproduire de façon pertinente le bilan hydrologique du bassin à l'échelle annuelle. Cependant, les deux modèles ne prennent pas explicitement en compte la dynamique des états de surface sur la bassin. Or, dans un contexte de dégradation du couvert végétal, l'augmentation de la surface des zones de sol nu modifiera sans doute le coefficient de ruissellement du bassin qui pourra produire un écoulement plus important. D'où, la prise en compte de cette dynamique à travers les données de télédétection, sans aucun paramètre de calage du modèle, améliorera significativement la caractérisation du fonctionnement hydrologique des bassins sahéliens.

L'analyse de l'impact des perturbations pluviométriques sur les différentes composantes du bilan hydrologique, les crues et les étiages avec ORCHIDEE démontre que la caractérisation de l'impact du changement climatique sur les ressources en eau requière des simulations hydrologiques à des pas de temps très fins. Par conséquent, il serait plus pertinent que les modèles climatiques produisent des données climatiques à une haute résolution temporelle, horaire et infra-horaire afin que les données puissent être utilisées pour forcer les modèles hydrologiques de haute résolution temporelle. Il en est de même de la résolution temporelle des observations climatiques sur la région ouest africaine avec une multiplication des appareils de mesures instantanées de la pluie.

5- Amélioration du modèle ORCHIDEE

Une procédure de répartition (écoulement à l'exutoire et recharge de la nappe souterraine) des écoulements produits par le modèle OR-CHIDEE est développée au cours cette étude. La procédure bien que pertinente sur le bassin du Nakanbé à l'exutoire de Wayen n'est qu'un traitement a posteriori des simulations du modèle. Vu la qualité des corrections de la procédure, une étude de son intégration dans le fonctionnement de ORCHIDEE est nécessaire afin que le modèle reproduise de façon complète les différentes composantes du bilan hydrologique. Les échanges avec la nappe souterraine ont un impact significatif sur le bilan hydrologique car la recharge annuelle est de l'ordre de 10% de la pluie annuelle sur la plupart des bassins sahéliens contre 4% pour les écoulements à l'exutoire.

La résolution spatiale du modèle mérite aussi d'être améliorée pour une meilleure délimitation des surfaces contributives à un exutoire du cours d'eau surtout pour des simulations sur de petits bassins de moins de 50x50 km^2.

6- Gestion des ressources en eau dans un contexte de déficit pluviométrique

Les résultats de la modélisation hydrologique montrent que le bilan hydrologique du bassin est principalement constitué de l'évapotranspiration réelle (>80%). D'où, des proportions faibles de la pluie annuelle s'écoulent à l'exutoire et s'infiltrent vers les nappes souterraines. Il serait donc pertinent pour une mobilisation des eaux de pluies d'étudier de nouvelles procédures permettant d'augmenter la proportion de la pluie annuelle qui alimente les nappes souterraines (réservoirs moins

affecté par l'évaporation directe) à travers l'aménagement des zones
d'infiltrations (retenue d'eau avec un fond très perméable). Aussi, pour
la gestion des réservoirs de surface, des études doivent être menées sur
des mesures permettant de réduire l'évaporation directe afin que l'eau
stockée pendant une saison des pluies au niveau des petites retenues
puisse couvrir les besoins en eau pour la production agricole sur toute
la saison sèche (possibilité de plusieurs campagnes agricoles).

Bibliographie

Ali A, Amani A and Lebel T (2004). Estimation des pluies au Sahel : utilisation d'un modèle d'erreur pour évaluer réseaux sol et produits satellitaires, *Sécheresse* **3**(15), 271–278.

Ali A and Lebel T (2009). The Sahelian standardized rainfall index revisited, *International Journal of Climatology* **29**(12), 1705–1714.

Ali A, Lebel T and Amani A (2003). Invariance in the spatial structure of sahelian rain fields at climatological scales, *Journal of hydrometeorology* **4**(6), 996–1011.

Allen M, Frame D, Huntingford C, Jones C, Lowe J, Meinshausen M and Meinshausen N (2009). Warming caused by cumulative carbon emissions towards the trillionth tonne, *Nature* **458**(7242), 1163–1166.

Allen R, Periera L, Raes D and Smith M (1996). *FAO Irrigation and Drainage : Crop Evapotranspiration (guidelines for computing crop water requirements)*, FAO, Paper No. 56.

Alo C and Wang G (2010). Role of dynamic vegetation in regional climate predictions over western Africa, *Climate dynamics* **35**(5), 907–922.

306

Alves L and Marengo J (2010). Assessment of regional seasonal predictability using the PRECIS regional climate modeling system over South America, *Theoretical and Applied Climatology* **100**(3), 337–350.

Amani A, Lebel T, Rousselle J and Taupin J (1996). Typology of rainfall fields to improve rainfall estimation in the Sahel by the area threshold method, *Water resources research* **32**(8), 2473–2487.

Amisigo B (2006). *Modelling riverflow in the Volta Basin of West Africa : a data-driven framework*, number 34, Cuvillier Verlag.

Andréasson J, Bergström S, Carlsson B, Graham L and Lindström G (2004). Hydrological change-climate change impact simulations for Sweden, *AMBIO : A Journal of the Human Environment* **33**(4), 228–234.

Andrews D (1974). A robust method for multiple linear regression, *Technometrics* **16**(4), 523–531.

Ansari A and Bradley R (1960). Rank-sum tests for dispersions, *The Annals of Mathematical Statistics* **31**(4), 1174–1189.

Aranyossi J and Ndiaye B (1993). Etude et modélisation de la formation des dépressions piézométriques en Afrique sahélienne, *Revue des sciences de l'eau / Journal of Water Science* **6**(1), 81–96.

Ardoin-Bardin S (2004), Variabilité hydroclimatique et impacts sur les ressources en eau de grands bassins hydrographiques en zone soudano-sahélienne, PhD thesis, Université Montpellier II, France.

Ardoin-Bardin S, Dezetter A, Servat E, Paturel J, Mahe G, Niel H and Dieulin C (2009). Using general circulation model outputs to assess impacts of climate change on runoff for large hydrological catchments in West Africa, *Hydrological Sciences Journal* **54**(1), 77–89.

Ati O, Stigter C and Oladipo E (2002). A comparison of methods to determine the onset of the growing season in northern Nigeria, *International journal of climatology* **22**(6), 731–742.

Balme-Debionne M (2004), Analyse du régime pluviométrique sahélien dans une perspective hydrologique et agronomique. Etude de l'impact de sa variabilité sur la culture du mil, PhD thesis, Institut National Polytechnique de Grenoble, France.

Balme M, Galle S and Lebel T (2005). Démarrage de la saison des pluies au Sahel : variabilité aux échelles hydrologique et agronomique, analysée à partir des données EPSAT-Niger, *Sécheresse* **16**(1), 15–22.

Balme M, Vischel T, Lebel T, Peugeot C and Galle S (2006). Assessing the water balance in the Sahel : Impact of small scale rainfall variability on runoff : : Part 1 : Rainfall variability analysis, *Journal of Hydrology* **331**(1-2), 336–348.

Baron C (2009). L'eau en Afrique : disponibilité et accès, *Futuribles* **359**, 33–56.

Barron J, Rockström J, Gichuki F and Hatibu N (2003). Dry spell analysis and maize yields for two semi-arid locations in East Africa, *Agricultural and forest meteorology* **117**(1-2), 23–37.

Beck E (2007). 180 years of atmospheric CO 2 gas analysis by chemical methods, *Energy & Environment* **18**(2), 259–282.

Bell J, Sloan L and Snyder M (2004). Regional changes in extreme climatic events : A future climate scenario, *Journal of Climate* **17**(1), 81–87.

Bendel R and Afifi A (1977). Comparison of stopping rules in forward" stepwise" regression, *Journal of the American Statistical Association* **72**(357), 46–53.

Beniston M (2009). *Changements climatiques et impacts : de l'échelle globale à l'échelle locale*, Presses Polytechniques et universitaires romandes.

Beniston M, Stephenson D, Christensen O, Ferro C, Frei C, Goyette S, Halsnaes K, Holt T, Jylhä K, Koffi B *et al.* (2007). Future extreme events in European climate : an exploration of regional climate model projections, *Climatic Change* **81**(1), 71–95.

Besson L (2009), Processus Physiques Responsables de l'Etablissement et de la Variabilité de la Mousson Africaine, PhD thesis, Université Pierre et Marie Curie, Paris, France.

Biasutti M and Sobel A (2009). Delayed Sahel rainfall and global seasonal cycle in a warmer climate, *Geophysical Research Letters* **36**(23), L23707.

Bock O, Guichard F, Meynadier R, Gervois S, Agustí-Panareda A, Beljaars A, Boone A, Nuret M, Redelsperger J and Roucou P (2011). The large-scale water cycle of the West African monsoon, *Atmospheric Science Letters* **12**(1), 51–57.

Boker E (2003). *Développement d'une base de données hydrogéologiques liée aux forages en milieu fissuré et analyse géospatiale par*

309

systèmes d'information géographique, Centre universitaire d'écologie humaine, Université de Genève.

Bouali L, Philippon N, Fontaine B and Lemond J (2008). Performance of DEMETER calibration for rainfall forecasting purposes : Application to the July–August Sahelian rainfall, *Journal of Geophysical Research* **113**(10.1029), D15111.

Bricquet J, Bamba F, Mahé G, Toure M and Olivry J (1997). Evolution récente des ressources en eau de l'Afrique atlantique, *Revue des Sciences de l'Eau* **3**, 321–337.

Briquet J, Mahé G, Bamba F and Olivry J (1996). Changements climatiques recents et modification du regime hydrologique du fleuve Niger Koulikoro (Mali), *L'hydrologie tropicale : géoscience et outil pour le développement (Actes de la conférence de Paris, mai 1995)*. *IAHS Publ. no. 238* pp. 157–166.

Brooks N (2004). Drought in the African Sahel : long term perspectives and future prospects, *Tyndall Centre for Climate Change Research, Norwich, Working Paper* **61**, 31.

Brown P, Vannucci M and Fearn T (1998). Multivariate Bayesian variable selection and prediction, *Journal of the Royal Statistical Society : Series B (Statistical Methodology)* **60**(3), 627–641.

Brunel J and Bouron B (1992). *Evaporation des nappes d'eau libres en Afrique sahélienne et tropicale*, Publication CIEH/ORSTOM.

Budyko M (1956). *The heat balance of the earth's surface*, Gidrometeoizdat, Leningrad, Russian.

310

Burke E, Brown S and Christidis N (2006). Modeling the recent evolution of global drought and projections for the twenty-first century with the Hadley Centre climate model, *Journal of Hydrometeorology* **7**(5), 1113–1125.

Buser C, Künsch H and Weber A (2010). Biases and Uncertainty in Climate Projections, *Scandinavian Journal of Statistics* **37**(2), 179–199.

Casenave A and Valentin C (1989). *Les états de surface de la zone sahélienne : influence sur l'infiltration*, Orstom Paris.

Castel T, Xu Y, Richard Y, Pohl B, Crétat J, Thevenin D, Cuccia C, Bois B, Roucou P *et al.* (2010). *Désagrégation dynamique haute résolution spatiale du climat du Centre Est de la France par le modèle climatique régional ARW/WRF*, XXIIIeme colloque de l'Association Internationale de Climatologie, Rennes : France.

Cecchi P (2006). *Les Petits Barrages au Burkina Faso : un vecteur du changement social et de mutations des réalités rurales*, Pre forum mondial de l'Eau.

Chaponnière A (2005), Statistics of extremes, PhD thesis, Institut National Agronomique Paris-Grignon, France.

Charney J, Quirk W, Chow S and Kornfield J (1977). A comparative study of the effects of albedo change on drought in semi-arid regions., *Journal of Atmospheric Sciences* **34**, 1366–1385.

Chen T and Martin E (2009). Bayesian linear regression and variable selection for spectroscopic calibration, *Analytica Chimica Acta* **631**(1), 13–21.

Ciesla W (1997). *Le changement climatique, les forêts et l'aménagement forestier : aspects généraux*, Vol. 126, Food and Agriculture
Organisation.

Compaore G, Lachassagne P, Pointet T and Travi Y (1997). Evaluation du stock d'eau des altérites : expérimentation sur le site grani-
tique de Sanon (Burkina Faso), *IAHS Publications-Series of Proceedings and Reports-Intern Assoc Hydrological Sciences* **241**, 37–46.

Conover W, Johnson M and Johnson M (1981). A comparative study
of tests for homogeneity of variances, with applications to the outer
continental shelf bidding data, *Technometrics* **23**(4), 351–361.

Cook K (1999). Generation of the African easterly jet and its
role in determining West African precipitation, *Journal of climate*
12(5), 1165–1184.

Cook K and Vizy E (2006). Coupled model simulations of the West
African monsoon system : Twentieth-and twenty-first-century simulations, *Journal of climate* **19**(15), 3681–3703.

Dabin B and Maignien R (1979). Les principaux sols d'Afrique de
l'Ouest et leurs potentialités agricoles, *Cahiers ORSTOM, série Pé-
dologie* **4**, 235–257.

Dai A (2006). Precipitation characteristics in eighteen coupled climate
models, *Journal of Climate* **19**(18), 4605–4630.

Dai A, Lamb P, Trenberth K, Hulme M, Jones P and Xie P (2004). The
recent Sahel drought is real, *International Journal of Climatology*
24(11), 1323–1331.

Dai A, Trenberth K and Qian T (2004). A global dataset of Palmer Drought Severity Index for 1870-2002 : Relationship with soil moisture and effects of surface warming, *Journal of Hydrometeorology* **5**(6), 1117–1130.

Dakouré D (2003), Etude hydrogéologique et géochimique de la bordure Sud-Est du bassin sédimentaire de Taoudéni (Burkina Faso - Mali) - Essai de modélisation, PhD thesis, Université Paris 6 - Pierre et Marie Curie, France.

de Condappa D, Chaponnière A and Lemoalle J (2009). A decision-support tool for water allocation in the Volta Basin, *Water International* **34**(1), 71–87.

De Rosnay P (1999), Représentation de l'interaction sol-végétation-atmosphère dans le modèle de circulation générale du Laboratoire de Météorologie Dynamique., PhD thesis, Université Pierre et Marie Curie (Paris 6), France.

De Vries J and Simmers I (2002). Groundwater recharge : an overview of processes and challenges, *Hydrogeology Journal* **10**(1), 5–17.

De Wit M and Stankiewicz J (2006). Changes in surface water supply across Africa with predicted climate change, *Science* **311**(5769), 1917–1921.

Dee D, Uppala S and for Medium-Range Weather Forecasts E C (2008). *Variational bias correction in ERA-Interim*, number 575, ECMWF.

Del Genio A, Yao M and Jonas J (2007). Will moist convection be stronger in a warmer climate?, *Geophysical Research Letters* **34**(16), L16703.

Dembele Y and Somé L (1991). Propriétés hydrodynamiques des principaux types de sol du Burkina Faso, *(Proceedings of the Niamey Workshop, February 1991) IAHS Publ.* **199**(357), 217–227.

Déqué M (2007). Frequency of precipitation and temperature extremes over France in an anthropogenic scenario : model results and statistical correction according to observed values, *Global and Planetary Change* **57**(1-2), 16–26.

Déqué M, Rowell D, Lüthi D, Giorgi F, Christensen J, Rockel B, Jacob D, Kjellström E, De Castro M and van den Hurk B (2007). An intercomparison of regional climate simulations for Europe : assessing uncertainties in model projections, *Climatic Change* **81**(1), 53–70.

Déruelle B, N'ni J and Kambou R (1987). Mount Cameroon : an active volcano of the Cameroon Line, *Journal of African Earth Sciences (1983)* **6**(2), 197–214.

Descroix L, Laurent J, Vauclin M, Amogu O, Boubkraoui S, Ibrahim B, Galle S, Cappelaere B, Favreau G, Mamadou I, Le Breton E, Lebel T, Quantin G, Ramier D and Boulain N (2012). Experimental evidence of deep infiltration under sandy flats and gullies in the Sahel, *Journal of Hydrology* **424-425**, 1–15.

Descroix L, Mahé G, Lebel T, Favreau G, Galle S, Gautier E, Olivry J, Albergel J, Amogu O, Cappelaere B, Dessouassif R, Diedhioua A, Le Bretonc E, Mamadou I and Sighomnouf D (2009). Spatio-temporal variability of hydrological regimes around the boundaries between Sahelian and Sudanian areas of West Africa : A synthesis, *Journal of Hydrology* **375**(1-2), 90–102.

Dezetter A, Girard S, Paturel J, Mahé G, Ardoin-Bardin S and Servat E (2008). Simulation of runoff in West Africa : Is there a single data-model combination that produces the best simulation results ?, *Journal of Hydrology* **354**(1), 203–212.

DGACV B F (2005). *Contribution du Burkina Faso à l'étude sur le plomb et le cadnium*, Direction Générale de L'Amélioration du Cadre de Vie, Ministère de l'environnement et du cadre de vie.

DGIRH B F (2004). *Proposition pour la redynamisation du comité pilote de gestion du bassin du Nakanbé*, Direction Générale de l'Inventaire des Ressources Hydrauliques ; Ministère de l'agriculture, de l'hydraulique et des ressources halieutiques.

Dickinson R and Cicerone R (1986). Future global warming from atmospheric trace gases, *Nature* **319**, 109–115.

Diello P (2007), Interrelations Climat - Homme - Environnement dans le Sahel Burkinabé : impacts sur les états de surface et la modélisation hydrologique., PhD thesis, Université de Montpellier II, Sciences et techniques du Languedoc.

Diello P, Paturel J and Mahé G (2003). Approche d'identification d'un réseau climatique pour le suivi des modifications du climat au Burkina Faso, *Sud sciences & technologies, 2iE* **10**, 18–25.

Diop M (1996). A propos de la durée de la saison des pluies au Sénégal, *Sécheresse* **7**, 7–15.

Dolman A, Gash J, Goutorbe J, Kerr Y, Lebel T, Prince S and Stricker J (1997). The role of the land surface in Sahelian climate : HAPEX-Sahel results and future research needs, *Journal of Hydrology* **188**, 1067–1079.

d'Orgeval T (2006), Impact du changement climatique sur le cycle de l'eau en Afrique de l'Ouest : Modelisation et incertitude., PhD thesis, Université Pierre et Marie Curie (Paris 6), France.

d'Orgeval T, Polcher J and Li L (2006). Uncertainties in modelling future hydrological change over West Africa, *Climate dynamics* **26**(1), 93–108.

Dérive G (2003), Estimation de l'évapotranspiration en région sahélienne. Synthèse des connaissances et évaluation de modélisations (SISVAT, RITCHIE) : Apllication à la zone d'Hapex-Sahel (Niger), PhD thesis, Institut National Polytechnique de Grenoble, France.

Easterling D, Horton B, Jones P, Peterson T, Karl T, Parker D, Salinger M, Razuvayev V, Plummer N, Jamason P and Folland C (1997). Maximum and minimum temperature trends for the globe, *Science* **277**(5324), 364.

Fabre J and Petit-Maire N (1988). Holocene climatic evolution at 22-23 N from two palaeolakes in the Taoudenni area (northern Mali), *Palaeogeography, palaeoclimatology, palaeoecology* **65**(3-4), 133–148.

Favreau G, Cappelaere B, Massuel S, Leblanc M, Boucher M, Boulain N and Leduc C (2009). Land clearing, climate variability, and water resources increase in semiarid southwest Niger : a review, *Water Resources Research* **45**(7), W00A16.

Filippi C, Milville F and Thiery D (1990). Evaluation de la recharge naturelle des aquifères en climat Soudano-Sahelien par modelisation hydrologique globale : Application a dix sites au Burkina Faso/Evaluation of natural recharge to aquifers in the Sudan-Sahel climate using global hydrological modelling : application to ten sites in Burkina Faso, *Hydrological sciences journal* **35**(1), 29–48.

Fligner M and Killeen T (1976). Distribution-free two-sample tests for scale, *Journal of the American Statistical Association* **71**(353), 210–213.

Florides G and Christodoulides P (2009). Global warming and carbon dioxide through sciences, *Environment international* **35**(2), 390–401.

Fontaine B and Bigot S (1993). West African rainfall deficits and sea surface temperatures, *International Journal of Climatology* **13**(3), 271–285.

Fontes J and Guinko S (1995). *Carte de la végétation et de l'occupation du sol Burkina Faso*, Ministère de la coopération française, Institut de la Carte Internationale de la Végétation. Toulouse.

Fouquart Y (2003). *Le climat de la terre*, Vol. 16, Presses Univ. Septentrion.

Frei C, Christensen J, Déqué M, Jacob D, Jones R and Vidale P (2003). Daily precipitation statistics in regional climate models : Evaluation and intercomparison for the European Alps, *Journal of Geophysical Research* **108**(D3), 4124.

Frei C, Schöll R, Fukutome S, Schmidli J and Vidale P (2006). Future change of precipitation extremes in Europe : Intercomparison of scenarios from regional climate models, *J. Geophys. Res* **111**(6), D06105.

Gallaire R (1995), Hydrologie en milieu subdésertique d'altitude : le cas de l'Aïr (Niger), PhD thesis, Université de Paris 11, Orsay, France.

Gandah M (1991). Synthèse des études sur le bilan hydrique au Niger, *in Soil water balance in the Sudano-Sahelian zone. Proc. Int. Workshop, Nyamey, Niger, February.*

Gasse F (2000). Hydrological changes in the African tropics since the Last Glacial Maximum, *Quaternary Science Reviews* **19**(1-5), 189–211.

Gaye A (2002), Caractéristiques dynamisuqes et pluviosité des lignes de grains en Afrique de l'ouest, PhD thesis, Université Cheikh Anta Diop, Dakar, Sénégal.

Giannini A, Saravanan R and Chang P (2003). Oceanic forcing of Sahel rainfall on interannual to interdecadal time scales, *Science* **302**(5647), 1027–1030.

Giddens A and Meyer O (1994). *Les conséquences de la modernité*, Éditions l'Harmattan.

Gilks W, Richardson S and Spiegelhalter D (1996). *Markov chain Monte Carlo in practice*, Chapman & Hall/CRC.

Gomgnimbou A, Savadogo P, Nianogo A and Millogo-Rasolodimby J (2009). Usage des intrants chimiques dans un agrosystème tropical :

diagnostic du risque de pollution environnementale dans la région cotonnière de l'est du Burkina Faso, *Biotechnol. Agron. Soc. Environ* **13**(4), 499–507.

Gong L, Xu C, Chen D, Halldin S and Chen Y (2006). Sensitivity of the Penman-Monteith reference evapotranspiration to key climatic variables in the Changjiang (Yangtze River) basin, *Journal of Hydrology* **329**(3-4), 620–629.

Gordon C, Cooper C, Senior C, Banks H, Gregory J, Johns T, Mitchell J and Wood R (2000). The simulation of SST, sea ice extents and ocean heat transports in a version of the Hadley Centre coupled model without flux adjustments, *Climate Dynamics* **16**(2), 147–168.

Graef F and Haigis J (2001). Spatial and temporal rainfall variability in the Sahel and its effects on farmers' management strategies, *Journal of Arid Environments* **48**(2), 221–231.

Graham L, Andreasson J and Carlsson B (2007). Assessing climate change impacts on hydrology from an ensemble of regional climate models, model scales and linking methods–a case study on the Lule River basin, *Climatic Change* **81**, 293–307.

Grandin G (1973), Aplanissements cuirassés et enrichissement des gisements de manganèse dans quelques régions de l'Afrique de l'Ouest, PhD thesis, Université Louis-Pasteur de Strasbourg, France.

Grandpeix J and Lafore J (2010). A density current parameterization coupled with Emanuel's convection scheme. Part I : The models, *Journal of the Atmospheric Sciences* **67**(4), 881–897.

Grist J and Nicholson S (2001). A Study of the Dynamic Factors Influencing the Rainfall Variability in the West African Sahel, *Journal of climate* **14**, 1337–1359.

Grommaire-Mertz M (1998), La pollutions des eaux pluviales urbaines en réseau d'assainissement unitaire : caractéristiques et origines, PhD thesis, Ecole nationale des ponts et chaussées de Paris, France.

Gu G and Adler R (2004). Seasonal evolution and variability associated with the West African monsoon system, *Journal of climate* **17**(582), 3364–3377.

Guimberteau M (2010), Modélisation de l'hydrologie continentale et influences de l'irrigation sur le cycle de l'eau., PhD thesis, Université Pierre et Marie Curie (Paris 6), France.

Gumbel E (2004). *Statistics of extremes*, Dover Pubns.

GWP/AO (2009). *Evaluation de la gouvernance de l'eau au Burkina Faso : Analyse de la situation et actions prioritaires*, Partenariat Mondial de l'Eau / Afrique de l'Ouest (GWP/AO).

Hansen J, Sato M, Kharecha P, Beerling D, Berner R, Masson-Delmotte V, Pagani M, Raymo M, Royer D and Zachos J (2008). Target atmospheric CO_2 : Where should humanity aim ?, *Atmospheric Sciences Journal* **2**, 217–231.

Hargreaves G and Samani Z (1985). Reference crop evapotranspiration from temperature, *Applied engineering in agriculture* **1**(2), 96–99.

Hashino T, Bradley A and Schwartz S (2006). Evaluation of bias-correction methods for ensemble streamflow volume forecasts, *Hydrology and Earth System Sciences Discussions* **3**(2), 561–594.

320

Held I, Delworth T, Lu J, Findell K and Knutson T (2005). Simulation of Sahel drought in the 20th and 21st centuries, *Proceedings of the National Academy of Sciences of the United States of America* **102**(50), 17891–17891.

Herceg D, Sobel A and Sun L (2007). Regional modeling of decadal rainfall variability over the Sahel, *Climate dynamics* **29**(1), 89–99.

Hoerling M, Hurrell J, Eischeid J and Phillips A (2006). Detection and attribution of twentieth-century northern and southern African rainfall change, *Journal of climate* **19**, 3989–4008.

Houghton J, Ding Y, Griggs D, Noguer M, van der Linden P, Dai X, Maskell K and Johnson C (2001). *Climate change 2001 : the scientific basis*, Vol. 881, Cambridge University Press Cambridge, UK.

Houghton J, G.J. G and J.J. E (1990). *Climate change : the IPCC Scientific assessment*, Cambridge : Cambridge University Press.

Houghton J, Jenkins G and Ephraums J (1990). Climate change : the IPCC scientific assessment, *American Scientist;(United States)* **80**(6).

Hubert P, Carbonnel J and Chaouche A (1989). Segmentation des séries hydrométéorologiques–application a̧ des séries de précipitations et de débits de l'afrique de l'ouest, *Journal of hydrology* **110**(3-4), 349–367.

Hulme M (1994). Regional climate change scenarios based on IPCC emissions projections with some illustrations for Africa, *Area* **26**(1), 33–44.

Hulme M, Doherty R, Ngara T, New M and Lister D (2001). African climate change : 1900-2100, *Climate Research* **17**(2), 145–168.

Ibrahim B, Karambiri H, Polcher J, Yacouba H and Ribstein P (2012). Changes in rainfall regime over Burkina Faso under a climate change scenario simulated by 5 regional models, *sumbmitted to Water Resouces Research in April 2012* .

Ibrahim B, Polcher J, Karambiri H and Rockel B (2012). Characterization of the rainy season in Burkina Faso and its representation by regional climate models, *Climate Dynamics, DOI : 10.1007/s00382-011-1276-x* .

Indermühle A, Monnin E, Stauffer B, Stocker T and Wahlen M (2000). Atmospheric CO_2 concentration from 60 to 20 kyr BP from the Taylor Dome ice core, Antarctica, *Geophysical Research Letters* **27**(5), 735–738.

Ines A and Hansen J (2006). Bias correction of daily GCM rainfall for crop simulation studies, *Agricultural and forest meteorology* **138**(1-4), 44–53.

INSD (2008). *Recensemment général de la population et de l'habitat*, Instiut Nationl de la Statistique et de la Démographie, Ministère de l'économie et des finances.

Iooss B (2011). Revue sur l'analyse de sensibilité globale de modèles numériques, *Journal de la Société Française de Statistique* **152**(1), 3–25.

Issa Lélé M and Lamb P (2010). Variability of the Intertropical Front (ITF) and Rainfall over the West African Sudan-Sahel Zone, *Journal of Climate* **23**(14), 3984–4004.

IWACO B (1993). *Carte hydrogéologique du Burkina Faso à l'échelle 1 :500 000 : Feuille Ouagadougou*, Rapport 60.451/27, Ministère de l'eau du Burkina Faso.

Jabloun M and Sahli A (2008). Evaluation of FAO-56 methodology for estimating reference evapotranspiration using limited climatic data : Application to Tunisia, *Agricultural Water Management* **95**(6), 707–715.

Jacob D, Bärring L, Christensen O, Christensen J, de Castro M, Déqué M, Giorgi F, Hagemann S, Hirschi M, Jones R *et al.* (2007). An inter-comparison of regional climate models for Europe : model performance in present-day climate, *Climatic Change* **81**(1), 31–52.

Janicot S, Caniaux G, Chauvin F, De Coëtlogon G, Fontaine B, Hall N, Kiladis G, Lafore J, Lavaysse C, Lavender S *et al.* (2011). Intraseasonal variability of the West African monsoon, *Atmospheric Science Letters* **12**(1), 58–66.

Janicot S, Moron V and Fontaine B (1996). Sahel droughts and ENSO dynamics, *Geophysical Research Letters* **23**(5), 515–518.

John V and Soden B (2007). Temperature and humidity biases in global climate models and their impact on climate feedbacks, *Geophysical Research Letters* **34**, L18704.

Johns T, Gregory J, Ingram W, Johnson C, Jones A, Lowe J, Mitchell J, Roberts D, Sexton D, Stevenson D *et al.* (2003). Anthropogenic climate change for 1860 to 2100 simulated with the HadCM3 model under updated emissions scenarios, *Climate Dynamics* **20**(6), 583–612.

Jones R, Murphy J and Noguer M (1995). Simulation of climate change over europe using a nested regional-climate model. I : Assessment of control climate, including sensitivity to location of lateral boundaries, *Quarterly Journal of the Royal Meteorological Society* **121**(526), 1413–1449.

Jung G (2006). Regional climate change and the impact on hydrology in the Volta Basin of West Africa, *Wissenschaftliche Berichte FZKA* **7240**, 1–147.

Kandji S, Verchot L and J. M (2006). *Climate Change and Variability in the Sahel Region : Impacts and Adaptation Strategies in the Agricultural Sector.*, Word Agroforestry Centre (ICRAF)and United Nations Environment Programme (UNEP), 58 pp.

Karambiri H, García Galiano S, Giraldo J, Yacouba H, Ibrahim B, Barbier B and Polcher J (2011). Assessing the impact of climate variability and climate change on runoff in West Africa : the case of Senegal and Nakambe River basins, *Atmospheric Science Letters* **12**(1), 109–115.

Karambiri H, Yacouba H, Barbier B, Mahé G and Paturel J (2009). Caractérisation du ruissellement et de l'érosion de la parcelle au bassin versant en zone sahélienne : cas du petit bassin versant de Tougou au nord du Burkina Faso, *Joint International Convention of 8th IAHS Scientific Assembly and 37th IAH Congress, IAHS-AISH publication* pp. 225–230.

Kasei R (2009). *Modelling impacts of climate change on water resources in the Volta Basin, West Africa*, number 34, PhD thesis, Erlangung des Doktorgrades (Dr. rer. nat), Mathematisch-Naturwissenschaftlichen Fakultät, Rheinischen Friedrich-Wilhelms-Universität Bonn in Germany.

Kasei R, Diekkrüger B and Leemhuis C (2010). Drought frequency in the Volta Basin of West Africa, *Sustainability Science* **5**(1), 89–97.

Katz R and Brown B (1992). Extreme events in a changing climate : variability is more important than averages, *Climatic change* **21**(3), 289–302.

Kjellström E, Nikulin G, Hansson U, Strandberg G and Ullerstig A (2011). 21st century changes in the European climate : uncertainties derived from an ensemble of regional climate model simulations, *Tellus A* **63**(1), 24–40.

Koné M, Bonou L, Bouvet Y, Joly P and Koulidiaty J (2009). *Etude de la pollution des eaux par les intrants agricoles : cas de cinq zones d'agriculture intensive du Burkina Faso*, Institut International d'Ingénierie de l'Eau et de l'Environnement (2iE), Ouagadougou, Burkina Faso.

Lafore J, Flamant C, Giraud V, Guichard F, Knippertz P, Mahfouf J, Mascart P and Williams E (2010). Introduction to the AMMA special issue on ŚAdvances in understanding atmospheric processes over West Africa through the AMMA field campaign', *Quarterly Journal of the Royal Meteorological Society* **136**(S1), 2–7.

Lafore J, Flamant C, Guichard F, Parker D, Bouniol D, Fink A, Giraud V, Gosset M, Hall N, Höller H, Jones S, Protat A, Roca R,

Roux F, Saïd F and C. T (2011). Progress in understanding of weather systems in West Africa, *Atmospheric Science Letters* **12**(1), 7–12.

Lambert R (1996). *Géographie du cycle de l'eau*, Presses Univ. du Mirail (Toulouse).

Landsberg H (1975). Sahel drought : Change of climate or part of climate?, *Theoretical and Applied Climatology* **23**(3), 193–200.

Laurent H, d'AMATO N and Lebel T (1998). How important is the contribution of the mesoscale convective complexes to the Sahelian rainfall?, *Physics and Chemistry of the Earth* **23**(5-6), 629–633.

Laux P, Wagner S, Wagner A, Jacobeit J, Bardossy A and Kunstmann H (2009). Modelling daily precipitation features in the Volta Basin of West Africa, *International Journal of Climatology* **29**(7), 937–954.

Laval K (1986). General circulation models experiments with surface albedo changes. Climatic change, volum, *Climatic change* **9**(1-2), 91–102.

Le Barbé L and Lebel T (1997). Rainfall climatology of the HAPEX-Sahel region during the years 1950-1990, *Journal of Hydrology* **188**, 43–73.

Le Barbé L, Lebel T and Tapsoba D (2002). Rainfall variability in West Africa during the years 1950–90, *Journal of climate* **15**(2), 187–202.

Le Quéré C, Raupach M, Canadell J, Marland G *et al.* (2009). Trends in the sources and sinks of carbon dioxide, *Nature Geoscience* **2**(12), 831–836.

326

Le Treut H (2010). *Evaluation des changements climatiques futurs : le rôle essentiel de la modélisation*, Rayonnement du CNRS n 54 juin 2010.

Lebel T and Ali A (2009). Recent trends in the Central and Western Sahel rainfall regime (1990-2007), *Journal of Hydrology* **375**(1-2), 52–64.

Lebel T, Amani A, Cazenave F, Lecocq J, Taupin J, Elguero E, Gréard M, Le Barbé L, Laurent H, d'Amato N and Robin J (1996). La distribution spatio-temporelle des pluies au Sahel : apports de l'expérience EPSAT-Niger, *IAHS Publication, Actes de la conférencede Paris, mai 1995* **238**, 77–98.

Lebel T, Amani A and Taupin J (1996). La pluie au Sahel : une variable rebelle à la régionalisation, *Interactions surface continentale/atmosphère : l'expérience Hapex-Sahel. Hoepffner, M., Lebel, T. et Monteny, B. eds., ORSTOM Editions, Collection Colloques et Séminaires* pp. 353–372.

Lebel T, Delclaux F, Le Barbé L and Polcher J (2000). From GCM scales to hydrological scales : rainfall variability in West Africa, *Stochastic Environmental Research and Risk Assessment* **14**(4), 275–295.

Lebel T and Le Barbé L (1997). Rainfall monitoring during HAPEX-Sahel. 2. Point and areal estimation at the event and seasonal scales, *Journal of Hydrology* **188**, 97–122.

Legendre P and Legendre L (1998). *Numerical ecology*, Vol. 20, Elsevier Science.

Lo F and Escourrou G (1991). *Les eaux de surface : leur place dans l'alimentation en eau des centres urbains. In : Utilisation rationnelle de l'eau des petits bassins versants en zone aride*, Paris : AUPELF edit. J. Libbey.

Louvet S, Richard Y, Fontaine B *et al.* (2005). Changements d'échelles et sorties climatiques régionalisées, *Environnement, Risques et Santé* **4**(2), 95–100.

Mahé G and Citeau J (1993). Relations océan-atmosphère-continent dans l'espace africain de la mousson atlantique. Schéma général et cas particulier de 1984, *Veille Climatique Satellitaire Ed. ORSTOM-METEO FRANCE* **44**, 34–54.

Mahé G, Diello P, Paturel J, Barbier B, Karambiri H, Dezetter A, Dieulin C and Rouche N (2010). Baisse des pluies et augmentation des etcoulements au Sahel : impact climatique et anthropique sur les etcoulements du Nakambe au Burkina Faso), *Sécheresse* **21**(4), 330–332.

Mahé G, Girard S, New M, Paturel J, Cres A, Dezetter A, Dieulin C, Boyer J, Rouche N and Servat E (2008). Comparing available rainfall gridded datasets for West Africa and the impact on rainfall-runoff modelling results, the case of Burkina-Faso, *Water Sa* **34**(5), 529–536.

Mahé G (2009). Surface/groundwater interactions in the Bani and Nakambe rivers, tributaries of the Niger and Volta basins, West Africa, *Hydrological Sciences Journal* **54**(4), 704–712.

Mahé G, Dessouassi R, Cissoko B and Olivry J (1998). Comparaison des fluctuations interannuelles de piézométrie, précipitation et débit sur le bassin versant du Bani à Douna au Mali, *IAHS publication* pp. 289–296.

Mahé G, Leduc C, Amani A, Paturel J, Girard S, Servat E and Dezetter A (2003). Augmentation récente du ruissellement de surface en région soudano-sahélienne et impact sur les ressources en eau, *(Proceedings of an inlcrnalionai symposium held at Monlpellicr, April 2003) IAHS PUBLICATION* **278**, 215–222.

Mahé G and Paturel J (2009). 1896-2006 Sahelian annual rainfall variability and runoff increase of Sahelian Rivers, *Comptes Rendus Geosciences* **341**(7), 538–546.

Mahé G, Paturel J, Servat E, Conway D and Dezetter A (2005). The impact of land use change on soil water holding capacity and river flow modelling in the Nakambe River, Burkina-Faso, *Journal of Hydrology* **300**(1-4), 33–43.

Makhlouf Z (1994), Compléments sur le modèle pluie-débit GR4J et essai d'estimation de ses paramètres., PhD thesis, Université Paris-Sud, France.

Makkink G (1957). Testing the Penman formula by means of lysimeters, *J. Institute of Water Engineering* **11**(3), 277–278.

Mann M and Jones P (2003). Global surface temperatures over the past two millennia, *Geophysical Research Letters* **30**(15), 15–18.

Martin N (2006). *Development of a water balance for the Atankwidi catchment, West Africa : A case study of groundwater recharge in a semi-arid climate*, Ecology and Development Series No. 41.

Masson V, Champeaux J, Chauvin F, Meriguet C and Lacaze R (2003). A global database of land surface parameters at 1-km resolution in meteorological and climate models, *Journal of Climate* **16**(9), 1261–1282.

Mathon V, Laurent H and Lebel T (2002). Mesoscale convective system rainfall in the Sahel, *Journal of applied meteorology* **41**, 1081–1092.

Matthews H and Caldeira K (2008). Stabilizing climate requires near-zero emissions, *Geophysical research letters* **35**(4), L04705.

McGregor J (1997). Regional climate modelling, *Meteorology and Atmospheric Physics* **63**(1), 105–117.

McGuffie K and Henderson-Sellers A (2001). Forty years of numerical climate modelling, *International Journal of Climatology* **21**(9), 1067–1109.

Meehl G (1984). Modeling the earth's climate, *Climatic Change* **6**(3), 259–286.

Mégie G and Jouzel J (2003). *Le changement climatique-Histoire scientifique et politique, scénarios futurs.*, Société météorologique de France, Paris (FRA).

Meijgaard E, van Ulft L, van de Berg W, Bosveld, FC. van den Hurk B, Lenderink G and Siebesma A (2008). *The KNMI regional atmospheric climate model RACMO, version 2.1.*, KNMI Technical Report 302, 43.

Mermoud A (2006). *Cours physique de l'eau du sol : Régime thermique du sol*, publications EPFL, Lausane, Suisse.

Merrien-Soukatchoff V (2011). *Hydrologie et Hydrogéologie*, Polyco-pié de cours d'hydrologie et d'hydrogéologie de l'Ecole Naationale Supérieure des mines de Nancy, France.

Millot G (2009). *Comprendre et réaliser les tests statistiques avec R : Manuel pour les débutants*, De Boeck.

Milville F (1991). Etude hydrodynamique et quantification de la re-charge des aquifères en climat Soudano-Sahélien : application a un bassin expérimental au Burkina Faso, *in Soil water balance in the Sudano-Sahelian zone. Proc. Int. Workshop, Nyamey, Niger, Fe-bruary.*

Ministère de l'environnement et de l'eau B (2001). *Etat des lieux des ressources en eau du Burkina Faso et de leur cadre de gestion*, Rapport version finale, Burkina Faso - Mai 2001, 243 pages.

Modarres R (2010). Regional dry spells frequency analysis by L-Moment and multivariate analysis, *Water resources management* **24**(10), 2365–2380.

Montgomery D, Peck E, Vining G and Vining J (2001). *Introduction to linear regression analysis*, Wiley New York.

Moron V (1992). Variabilité spatio-temporelle des précipitations en Afrique sahélienne et guinéenne (1933-1990)= Spatiotemporal va-riability of atmospheric precipitations in Sahel and Guinea, *Météo-rologie* (43-44), 24–30.

Moron V, Philippon N and Fontaine B (2004). Simulation of West African monsoon circulation in four atmospheric general circulation models forced by prescribed sea surface temperature, *Journal of Geophysical Research* **109**, D24105.

Mouelhi S (2003), Vers une chaîne cohérente de modèles pluie-débit conceptuels globaux aux pas de temps pluriannuel, annuel, mensuel et journalier., PhD thesis, École Nationale du Génie Rural, des Eaux et des Forêt de Paris, France.

Mouelhi S, Michel C, Perrin C and Andreassian V (2006). Stepwise development of a two-parameter monthly water balance model, *Journal of Hydrology* **318**(1-4), 200–214.

Moufouma-Okia W and Rowell D (2010). Impact of soil moisture initialisation and lateral boundary conditions on regional climate model simulations of the West African Monsoon, *Climate Dynamics* **35**(1), 213–229.

Musy A (2011), 'Cours "Hydrologie générale"[online]. Laboratoire d'Hydrologie et Amé nagements(ISTE/HYDRAM). Available on the Internet'.

Myers N and Tickell C (2001). Cutting evolution down to our size. The Financial Times weekend supplement, *The financial Times weekend suplement, October 27-28* .

Nakicenovic N and Swart R (2000). Special report on emissions scenarios, *Cambridge University Press* p. 598.

Nandagiri L and Kovoor G (2006). Performance evaluation of reference evapotranspiration equations across a range of Indian climates, *Journal of irrigation and drainage engineering* **132**, 238.

Nash J and Sutcliffe J (1970). River flow forecasting through conceptual models. Part I : A discussion of principle, *Journal of Hydrology* **10**, 282–290.

New M, Lister D, Hulme M and Makin I (2002). A high-resolution data set of surface climate over global land areas, *Climate research* **21**(1), 1–25.

Niang D (2006), Fonctionnement hydrique de différents types de placages sableux dans le Sahel burkinabè, PhD thesis, Ecole Polytechnique Fédérale de Lausane, Suisse.

Niasse M, Afouda A and Amani A (2004). *Réduire la vulnérabilité de l'Afrique de l'Ouest aux impacts du climat sur les ressources en eau, les zones humides et la désertification : éléments de stratégie régionale de préparation et d'adaptation*, Iucn, Gland, Cambridge, Royaume-Uni.

Nicholson S (1978). Climatic variations in the Sahel and other African regions during the past five centuries, *Journal of Arid Environments* **1**(1), 3–24.

Nicholson S (1989). African drought : characteristics, causal theories and global teleconnections, *Understanding climate change* pp. 79–100.

Nicholson S (2000). Land surface processes and Sahel climate, *Rev. Geophys* **38**(1), 117–139.

Nicholson S (2001). Climatic and environmental change in Africa during the last two centuries, *Climate Research* **17**(2), 123–144.

Nicholson S (2005). On the question of the recovery of the rains in the West African Sahel, *Journal of Arid Environments* **63**(3), 615–641.

Nicholson S and Palao I (1993). A re-evaluation of rainfall variability in the sahel. Part I. Characteristics of rainfall fluctuations, *International Journal of Climatology* **13**(4), 371–389.

Olivry J, Briquet J and Mahé G (1994). De l'évolution de la puissance des crues des grands cours d'eau intertropicaux d'Afrique depuis deux décennies, *Revue de Géographie Alpine* **12**, 101–8.

OMM and UNESCO (1997). *Y aura-t-il de l'eau sur la terre*, OMM Nř857.

ONU (1992). Convention-cadre des Nations Unies sur les changements climatiques, *New York : Nations Unies* .

Orange D (1990), Hydroclimatologie du Fouta Djalon et dynamique actuelle d'un vieux paysage latéritique, PhD thesis, Universite Louis Pasteur de Strasbourg, France.

Osborn T and Hulme M (1997). Development of a relationship between station and grid-box rainday frequencies for climate model evaluation, *Journal of Climate* **10**(8), 1885–1908.

Ouandaogo/Yameogo S (2008), Ressources en eau souterraine du centre urbain de Ouagadougou au Burkina Faso : Qualité et vulnérabilité, PhD thesis, Université d'Avignon et des Pays de Vaucluse, France.

Oudin L (2004), Recherche d'un modèle d'évapotranspiration potentielle pertinent comme entrée d'un modèle pluie-débit global, PhD thesis, École Nationale du Génie Rural, des Eaux et des Forêts de Paris, France.

Ouédraogo M (2002), Contribution a l'étude de l'impact de la variabilité climatique sur les ressources en eau en Afrique de l'ouest. Analyse des conséquences d'une sécheresse persistante : normes hydrologiques et modélisation régionale, PhD thesis, Université Montpellier II, Montpellier, France.

Paeth H, Born K, Girmes R, Podzun R and Jacob D (2009). Regional climate change in tropical and northern Africa due to greenhouse forcing and land use changes, *Journal of Climate* **22**(1), 114–132.

Paeth H, Hall N, Gaertner M, Alonso M, Moumouni S, Polcher J, Ruti P, Fink A, Gosset M, Lebel T *et al.* (2011). Progress in regional downscaling of West African precipitation, *Atmospheric Science Letters* **12**(1), 75–82.

Paeth H and Hense A (2004). SST versus climate change signals in West African rainfall : 20th-century variations and future projections, *Climatic Change* **65**(1), 179–208.

Paquerot S (2005). *Eau douce : la nécessaire refondation du droit international*, Puq.

Parker D, Burton R, Diongue-Niang A, Ellis R, Felton M, Taylor C, Thorncroft C, Bessemoulin P and Tompkins A (2005). The diurnal cycle of the West African monsoon circulation, *Quarterly Journal of the Royal Meteorological Society* **131**(611), 2839–2860.

Paturel J, Boubacar I, L'Aour A and Mahé G (2010*a*). Analyses de grilles pluviométriques et principaux traits des changements survenus au 20ème siècle en Afrique de l'Ouest et Centrale, *Hydrological Sciences Journal–Journal des Sciences Hydrologiques* **55**(8), 1281–1288.

Paturel J, Boubacar I, L'Aour A and Mahé G (2010*b*). Note de recherche : Grilles mensuelles de pluie en Afrique de l'Ouest et Centrale, *Revue des Sciences de l'Eau* **23**(4), 325–333.

Paturel J, Diello P, Mahé G, Dezetter A, Yacouba H, Barbier B and Karambiri H (2009). Modélisation hydrologique et interrelations Climat-Homme-Environnement dans le Sahel Burkinabè, *IAHS-AISH Publ. nř333* pp. 128–135.

Paturel J, Koukponou P, Ouattara F, L'aour A, Mahé G and Cres F (2002). Variabilité du climat du Burkina Faso au cours de la seconde moitié du XXeme siècle, *Sud sciences & technologies, 2iE* **8**, 41–69.

Paturel J, Ouedraogo, Mahé G, Servat E, Dezetter A and Ardoin S (2003). The influence of distributed input data on the hydrological modelling of monthly river flow regimes in West Africa, *Hydrological sciences journal* **48**(6), 881–890.

Penide G (2010), Mise en place de simulateurs d'instruments de télédétection dans un modèle méso-échelle (BRAMS) : Application à l'étude d'un système convectif observé pendant la campagne AMMA, PhD thesis, Université Blaise Pascal, Clermont-Ferrand, France.

Perrin C, Michel C and Andréassian V (2003). Improvement of a parsimonious model for streamflow simulation, *Journal of Hydrology* **279**(1-4), 275–289.

Peugeot C (1995), Influence de l'encroûtement superficiel du sol sur le fonctionnement hydrologique d'un bassin versant sahélien (Niger), expérimentation in situ et modélisation, PhD thesis, Université Joseph Fourier de Grenoble, France 305pp.

Peyrillé P (2006), Etude idealise de la mousson de lŠAfrique de lŠOuest à partir dŠun modèle numérique bidimensionnel, PhD thesis, Université Paul Sabatier, Toulouse, France.

Polcher J, Parker D, Gaye A, Diedhiou A, Eymard L, Fierli F, Genesio L, Höller H, Janicot S, Lafore J et al. (2011). AMMA's contribution to the evolution of prediction and decision-making systems for West Africa, *Atmospheric Science Letters* **12**, 2–6.

Poudjom Djomani Y, Diament M and Wilson M (1997). Lithospheric structure across the Adamawa plateau (Cameroon) fromgravity studies, *Tectonophysics* **273**(3-4), 317–327.

Prabhakara C, Iacovazzi Jr R, Yoo J and Dalu G (2000). Global warming : Evidence from satellite observations, *Geophysical research letters* **27**(21), 3517–3520.

Pruski F and Nearing M (2002). Runoff and soil-loss responses to changes in precipitation : A computer simulation study, *Journal of Soil and Water Conservation* **57**(1), 7–16.

Rahmstorf S, Cazenave A, Church J, Hansen J, Keeling R, Parker D and Somerville R (2007). Recent climate observations compared to projections, *Science* **316**(5825), 709.

Ramdé B and Sory I (2009). *Les comptes nationaux d'un pays sahélien : Présentation de l'INS du Burkina Faso*, Ministère de l'économie et des finances du Burkina Faso et l'INSD.

Ramel R (2005), Impact des processus de surface sur le climat en Afrique de l'Ouest, PhD thesis, Université Joseph Fourier de Grenoble, France.

Redelsperger J, Diedhiou A, Flamant C, Janicot S, Lafore J, Lebel T, Polcher J, Bourlès B, Caniaux G, De Rosnay P *et al.* (2006). Amma, une étude multidisciplinaire de la mousson ouest-africaine, *La Météorologie* **54**, 22–32.

Redelsperger J, Diongue A, Diedhiou A, Ceron J, Diop M, Gueremy J and Lafore J (2002). Multi-scale description of a Sahelian synoptic weather system representative of the West African monsoon, *Quarterly Journal of the Royal Meteorological Society* **128**(582), 1229–1257.

Rice W (1989). Analyzing tables of statistical tests, *Evolution* **43**(1), 223–225.

Riou C (1980). Une Formule Empirique Simple pour Estimer l'Évapotranspiration Potentielle Moyenne en Tunisie, *Cahier ORSTOM série Hydrologie* **17**(2), 129.

Rockel B, Will A and Hense A (2008). The regional climate model COSMO-CLM (CCLM), *Meteorologische Zeitschrift* **17**(4), 347–348.

Rodríguez-Fonseca B, Janicot S, Mohino E, Losada T, Bader J, Caminade C, Chauvin F, Fontaine B, García-Serrano J, Gervois S *et al.*

(2011). Interannual and decadal SST-forced responses of the West African monsoon, *Atmospheric Science Letters* **12**(1), 67–74.

Roeckner E, Brokopf R, Esch M, Giorgetta M, Hagemann S, Kornblueh L, Manzini E, Schlese U and Schulzweida U (2006). Sensitivity of simulated climate to horizontal and vertical resolution in the ECHAM5 atmosphere model, *Journal of Climate* **19**(16), 3771–3791.

Romps D (2011). Response of tropical precipitation to global warming, *Journal of the Atmospheric Sciences* **68**(1), 123–138.

Ruelland D, Ardoin-Bardin S, Collet L and Roucou P (2012). Simulating future trends in hydrological regime of a large Sudano-Sahelian catchment under climate change, *Journal of Hydrology* **424-425**, 207–216.

Ruti P, Williams J, F. H, F. G, Boone A, P. V V, F. F, I. M, Rummukainen M, Domínguez M, Gaertner M, Lafore J, Losada T, Rodriguez de Fonseca M, Polcher J, Giorgi F, Xue Y, Bouarar I, Law K, Josse B, Barret B, Yang X, Mari C and Traore A (2011). The West African climate system : a review of the AMMA model intercomparison initiatives, *Atmospheric Science Letters* **12**, 116–122.

Sadourny R (1994). Le climat de la terre, *Flammarion, collection* .

Sandwidi J (2007), Groundwater potential to supply population demand within the Kompienga dam basin in Burkina Faso, PhD thesis, Rheinischen Friedrich-Wilhelms-Universität, Bonn, Allemagne.

Savadogo A (1984), Géologie et Hydrogéologie du socle cristallin de Haute-Volta. Etudes régionale du bassin versant de la Sissili, PhD thesis, Université Grenoble I, France.

Scherrer B (1984). *Biostatistique*, Gaëtan Morin, Chicoutimi.

Schlosser C, Slater A, Robock A, Pitman A, Vinnikov K, Henderson-Sellers A, Speranskaya N and Mitchell K (2000). Simulations of a boreal grassland hydrology at Valdai, Russia : PILPS Phase 2 (d), *Monthly Weather Review* **128**(2), 301–321.

Schulla J and Jasper K (2000). *Model Description WASIM-ETH (Water Balance Simulation Model ETH)*, ETH-Zurich, Zurich.

Seghouane A and Amari S (2007). The AIC criterion and symmetrizing the Kullback–Leibler divergence, *Neural Networks, IEEE Transactions on* **18**(1), 97–106.

Séguis L, Kamagaté B, Favreau G, Descloitres M, Seidel J, Galle S, Peugeot C, Gosset M, Le Barbe L, Malinur, F. andVan Exterd S, Arjouninc M, Boubkraouic S and M. W (2011). Origins of streamflow in a crystalline basement catchment in a sub-humid Sudanian zone : The Donga basin (Benin, West Africa). Inter-annual variability of water budget, *Journal of Hydrology* **402**, 1–13.

Semazzi F, Lin N, Lin Y and Giorgi F (1993). A nested model study of the Sahelian climate response to sea-surface temperature anomalies, *Geophysical research letters* **20**(24), 2897–2900.

Servat E, Paturel J, Kouame B, Travaglio M, Ouedraogo M, Boyer J, Lubes-Niel H, Fritsch J, Masson J and Marieu B (1998). Identification, caractérisation et conséquences d'une variabilité hydrologique en Afrique de l'Ouest et Centrale, *IAHS PUBLICATION* pp. 323–338.

Servat É, Paturel J, Lubes-Niel H, Kouame B, Travaglio M and Marieu B (1997). De la diminution des écoulements en Afrique de l'Ouest et centrale, *Comptes Rendus de l'Académie des Sciences-Series IIA-Earth and Planetary Science* **325**(9), 679–682.

Sircoulon J (1983). Variation des débits des cours d'eau et des niveaux des lacs en Afrique de l'ouest depuis le début du 20 ème siècle, *The Influence of Climate Change and Climatic Variability on the Hydrologic Regime and Water Resources* p. 13.

Sircoulon J (1992). Caraceristique des ressources en eau de surface en zones arides de l'Afrique de l'Ouest, *L'aridité, une contrainte au developpement. ORSTOM* pp. 53–68.

Sivakumar M (1988). Predicting rainy season potential from the onset of rains in Southern Sahelian and Sudanian climatic zones of West Africa* 1, *Agricultural and Forest Meteorology* **42**(4), 295–305.

Sivakumar M (1992). Empirical analysis of dry spells for agricultural applications in West Africa, *Journal of Climate* **5**(5), 532–539.

Sivakumar M (2006). Climate prediction and agriculture : Current status and future challenges, *Climate Research* **33**(1), 3–17.

Sivakumar M and Wallace J (1987). Soil water balance in the Sudano-Sahelian zone, *in Proceedings of the Rome Symposium*.

Sivakumar M and Wallace J (1991). Soil water balance in the Sudano-Sahelian zone : need, relevance and objectives of the workshop, *Pro-*

ceedings of the Niamey Workshop, February 1991. IAHS Publ. no. 199,1991 pp. 3–10.

Solomon S (2007). *Climate Change 2007 : the physical science basis : contribution of Working Group I to the Fourth Assessment Report of the Intergovernmental Panel on Climate Change*, Cambridge University Presse.

Solomon S, Plattner G, Knutti R and Friedlingstein P (2009). Irreversible climate change due to carbon dioxide emissions, *Proceedings of the National Academy of Sciences* **106**(6), 1704.

Solomon S, Qin D, Manning M, Chen Z, Marquis M, Averyt K, Tignor M and Miller H (2007). Contribution of working group I to the fourth assessment report of the Intergovernmental Panel on Climate Change, 2007, *IPCC. Cambridge University Press, Cambridge, UK and New York, NY, USA* .

Somé L and Sivakumar M (1994). *Analyse de la longueur de la saison culturale en fonction de la date de début des pluies au Burkina Faso*, Compte rendu des travaux Nř1. Niamey, Niger : centre Sahélien de l'ICRISAT, 43pp.

Stroosnijder L (1996). Modelling the effect of grazing on infiltration, runoff and primary production in the Sahel, *Ecological Modelling* **92**(1), 79–88.

Sultan B and Janicot S (2000). Abrupt shift of the ITCZ over West Africa and intra-seasonal variability, *Geophys Res Lett* **27**(20), 3353–3356.

Sultan B and Janicot S (2003). The West African monsoon dynamics. Part II : The "preonset" and "onset" of the summer monsoon, *Journal of climate* **16**(21), 3407–3427.

Sylla M, Coppola E, Mariotti L, Giorgi F, Ruti P, Dell'Aquila A and Bi X (2010). Multiyear simulation of the African climate using a regional climate model (RegCM3) with the high resolution ERA-interim reanalysis, *Climate Dynamics* pp. 1–17.

Sylvestre F, Servant-Vildary S and Servant M (1998). The last glacial maximum (21 000-17 000 14C yr BP) in the southern tropical Andes (Bolivia) based on diatom studies, *Comptes Rendus de l'Academie des Sciences Series IIA Earth and Planetary Science* **327**(9), 611–618.

Tapsoba H and Bonzi-Coulibaly Y (2006). Production cotonniere et pollution des eaux par les pesticides au Burkina Faso, *Journal de la Société ouest-africaine de chimie* (21), 87–93.

Taylor C, Parker D, Kalthoff N, Gaertner M, Philippon N, Bastin S, Harris P, Boone A, Guichard F, Agusti-Panareda A *et al.* (2011). New perspectives on land–atmosphere feedbacks from the African Monsoon Multidisciplinary Analysis, *Atmospheric Science Letters* **12**(1), 38–44.

Taylor J, Giesen N and Steenhuis T (2006). West Africa : Volta discharge data quality assessment and use1, *JAWRA Journal of the American Water Resources Association* **42**(4), 1113–1126.

Taylor K (2001). Summarizing multiple aspects of model performance in a single diagram, J. 5 Geophys, *Res* **106**, 7183–7192.

343

Thiessen A (1911). Precipitation averages for large areas, *Monthly weather review* **39**(7), 1082–1089.

Thiéry D, Diluca C and Diagana B (1993). Modelling the aquifer recovery after a long duration drought in Burkina Faso, *IAHS Publ. no. 213* .

Trajkovic S (2005). Temperature-based approaches for estimating reference evapotranspiration, *Journal of irrigation and drainage engineering* **131**, 316.

Trenberth K and Shea D (2005). Relationships between precipitation and surface temperature, *Geophys. Res. Lett* **32**(14), 1–4.

Vanvyve E, Hall N, Messager C, Leroux S and Van Ypersele J (2008). Internal variability in a regional climate model over West Africa, *Climate Dynamics* **30**(2), 191–202.

Varado N (2004), Contribution au développement d'une modélisation hydrologique distribuée. Application au bassin versant de la Donga, Bénin., PhD thesis, Institut National Polytechnique de Grenoble, France.

Vischel T and Lebel T (2007). Assessing the water balance in the Sahel : Impact of small scale rainfall variability on runoff. Part 2 : Idealized modeling of runoff sensitivity, *Journal of hydrology* **333**(2-4), 340–355.

Vissin E (2007), Impact de la variabilité climatique et de la dynamique des états de surface sur les écoulements du bassin béninois du fleuve Niger, PhD thesis, Université de Bourgogne, France.

Wallace J and Holwill C (1997). Soil evaporation from tiger-bush in south-west Niger, *Journal of Hydrology* **188**, 426–442.

Wang B, Lee J, Kang I, Shukla J, Park C, Kumar A, Schemm J, Cocke S, Kug J, Luo J, Zhou T, Wang B, Fu X, Yun W, Alves O, Jin E, Kinter J, Kirtman B, Krishnamurti T, Lau N, Lau W, Liu P, Pegion P, Rosati T, Schubert S, Stern W, Suarez M and Yamagat T (2009). Advance and prospectus of seasonal prediction : assessment of the APCC/CliPAS 14-model ensemble retrospective seasonal prediction (1980–2004), *Climate Dynamics* **33**(1), 93–117.

Wasserman L (2006). *All of nonparametric statistics*, Springer-Verlag New York Inc.

Weedon G, Gomes S, Viterbo P, Shuttleworth W, Blyth E, Österle H, Adam J, Bellouin N, Boucher O and Best M (2011). Creation of the WATCH Forcing Data and its use to assess global and regional reference crop evaporation over land during the twentieth century., *Journal of Hydrometeorology* **12**, 823–848.

Weldeab S, Lea D, Schneider R and Andersen N (2007). 155,000 years of West African monsoon and ocean thermal evolution, *Science* **316**(5829), 1303.

Willmott C and Matsuura K (2005). Advantages of the mean absolute error (MAE) over the root mean square error (RMSE) in assessing average model performance, *Climate Research* **30**(1), 79–82.

Wilson S, Hassell D, Hein D, Jones R and Taylor R (2010). *Installing and using the Hadley Centre regional climate modelling system, PRECIS*, Met Office, Hadley center, UK.

Wu H, Guiot J, Brewer S and Guo Z (2007). Climatic changes in Eurasia and Africa at the last glacial maximum and mid-Holocene : reconstruction from pollen data using inverse vegetation modelling, *Climate Dynamics* **29**(2), 211–229.

Xu C and Singh V (2002). Cross comparison of empirical equations for calculating potential evapotranspiration with data from Switzerland, *Water Resources Management* **16**(3), 197–219.

Yacouba H, Da D, Yonkeu S, Zombre P and Soule M (2002). *Caractérisation du ruissellement et de l'érosion hydrique dans le bassin supérieur du Nakambé (Burkina Faso)*, In : 5ème Conférence Inter-Régionale sur l'environnement et l'Eau-Envirowater 2002. Ouagdougou.

Yan Z and Petit-Maire N (1994). The last 140 ka in the Afro-Asian arid/semi-arid transitional zone, *Palaeogeography, palaeoclimatology, palaeoecology* **110**(3-4), 217–233.

Yue S, Pilon P and Cavadias G (2002). Power of the Mann-Kendall and Spearman's rho tests for detecting monotonic trends in hydrological series, *Journal of Hydrology* **259**(1-4), 254–271.

Table des figures

1.1   Répartition spatiale des retenues d'eau sur le territoire du Burkina Faso (base des données de la DGRE)   13

2.1   Situation géographique de l'Afrique de l'Ouest   24

2.2   Carte topographique de l'Afrique de l'Ouest   26

2.3   Réseau hydrographique et bassins de l'Afrique de l'Ouest
      et centrale (Source : www.oecd.org/ csao/cartes)   28

2.4   Schéma du mécanisme climatique de l'Afrique de l'Ouest
      (Peyrillé, 2006)   30

2.5   Cycle des alizés en Afrique de l'Ouest (source : www.oecd.org/csao/cartes)   32

2.6   Zones climatiques du Burkina Faso   34

2.7   Contour du bassin du Nakanbé au Burkina Faso   35

2.8   Topographie et courbe hypsométrique du bassin versant du
      Nakanbé à Wayen   37

2.9   Coupe géologique type d'une zone du socle au Burkina Faso
      (Savadogo, 1984)   40

2.10 Densité de la population par province sur la bassin d'après
      les données du recensement général de la population et de
      l'habitat de 2006 (INSD, 2008)   43

2.11 Répartition spatiale des retenues d'eau sur le bassin de
      Wayen en 2008 (base des données DGRE)   44

2.12 Réseau de mesure des paramètres climatiques de l'étude et
      les mailles des MCRs au Burkina Faso   46

2.13 Proportion moyenne annuelle de lacunes dans les données
      de l'ETP des dix stations synoptiques du Burkina Faso
      pour la période 1961-1990 et la période 1991-2009   48

2.14 Comparaison de la pluie moyenne annuelle sur la période
      1961-1995 entre les différentes sources de données et les
      combinaisons de stations   51

2.15 Proportion des lacunes dans la série des débits journaliers
      à Wayen sur la période 1955-2002   53

347

3.1 Variation de la température en surface au cours de l'histoire de la Terre 57

3.2 Fourchette d'émission du CO2 par scénario de changement climatique de l'IPCC (Nakicenovic and Swart, 2000) . . . 63

3.3 Schéma conceptuel de la structure d'un modèle climatique 66

3.4 Schéma type des maillages des modèles climatiques 68

4.1 Schéma type des différentes mécanismes hydrologiques sur un bassin versant (Merrien-Soukatchoff, 2011) 74

4.2 Schéma des différents mouvements de l'eau sur un bassin versant (Chaponnière, 2005) 75

4.3 Schéma de fonctionnement du modèle hydrologique GR2M version globale (Mouelhi *et al.*, 2006) 80

4.4 Schéma des paramètres du bilan d'énergie à la surface de la terre du modèle ORCHIDEE (Mermoud, 2006) 85

4.5 Schéma du routage de SECHIBA dans ORCHIDEE (d'Orgeval, 2006) 88

4.6 Schéma du fonctionnement de SECHIBA dans ORCHIDEE (Guimberteau, 2010) 90

5.1 Hauteurs moyennes des pluies journalières selon leur rang dans l'année (moyenne sur la période 1961-2009) 104

5.2 Evolution des proportions du cumul annuel de pluies pour cinq saisons de pluies à Gaoua et à Ouagadougou 106

5.3 Début et fin moyens des saisons de pluies au Burkina Faso sur la période de 1961 à 2009 109

5.4 Début de la saison des pluies en 1978 selon les trois méthodes à Ouahigouya 111

5.5 Synoptic stations with the co-located RCMs grid box over Burkina Faso 118

5.6   Season onset and end of season at Gaoua from 1990 to 2004 126

5.7   Season onset and end of season at Dori from 1990 to 2004   127

5.8   Season durations in Burkina Faso from the five models and observations from 1990 to 2004 128

5.9   Taylor diagram of the rainy season onset at the ten stations for the five models 130

5.10 Taylor diagram of the end of the rainy season at the ten stations for the five models 131

5.11 Annual rainfall amount averages distribution in Burkina Faso from 1990 to 2004 133

5.12 Mean annual number of rain days (0.1mm/d) 134

5.13 Proportion of each rainfall class in total rainfall and total number of rain days 135

5.14 Average weight of the total rainfall events at different intensities over the annual rainfall amount in Burkina Faso . 137

5.15 Average proportion of rainfall events number over season duration in Burkina Faso 138

5.16 Daily rainfall intensities in Burkina Faso from 1990 to 2004 140

5.17 Average fraction of dry days in the rainy season in Burkina Faso from 1990 to 2004 142

5.18 Season longest dry spell length in Burkina Faso from 1990 to 2004 144

5.19 Dry spell classes weight in the total dry spells in Burkina Faso from 1990 to 2004 145

5.20 Comparaison entre les pluies moyennes mensuelles observées et corrigées à partir des données de la station de Ouagadougou (moyennes mensuelles sur la période 1961-1990 et modèle CCLM) 156

5.21 Comparaison des valeurs moyennes annuelles de quatre caractéristiques pluviométriques entre les observations et les
simulations corrigées (moyennes sur la période 1991-2009)   159

6.1 Variabilité de l'anomalie de la température moyenne annuelle sur le continent africain (Hulme *et al.*, 2001) 162

6.2 Indice pluviométrique annuelle au Sahel (pays du CILSS)
sur la période 1905-2005 par rapport à la période de référence de 1961-1990 (Ali and Lebel, 2009) 164

6.3 Evolution of the normalized indexes of three characteristics
of the rainy season over Burkina Faso over the period 1961-
2009 181

6.4 Impact of the characteristics of the rainy season on the
magnitude of the annual rainfall amounts over the period
1977-1986 185

6.5 Impact of the characteristics of the rainy season on the
magnitude of the annual rainfall amounts over the period
1991-2009 187

6.6 Evolution of the mean annual temperature over Burkina
Faso from 1961 to 2050 190

6.7 Magnitudes of the annual rainfall amounts from the five
RCMs over the reference and the prediction periods   . . . 192

6.8 Impact of each variable on the change in annual rainfall
amount of each RCM between the reference and the prediction periods 202

6.9 Variations relatives décennales des trois caractéristiques
principales de la saison des pluies sur la période 2001-2050
par rapport à la période 1971-2000 213

7.1 Comparaison de l'ETP moyenne journalière au Burkina Faso avec les trois formules (moyenne sur la période 1961-1990) 220

7.2 Corrélation moyenne entre les trois ETPs avec les paramètres climatiques de base au Burkina Faso 222

7.3 Comparaison entre les ETPs annuelles brutes issues des données climatiques simulées et celles issues des observations au Burkina Faso sur la période 1961-1990 224

7.4 Comparaison des ETPs (Penman-Monteith) moyennes journalières et annuelle entre les observations et les corrections des estimations des MCRs sur la période 1991-2009 229

7.5 Evolution des ETPs moyennes annuelles au Burkina Faso entre la période de référence de 1971-2000 et la période de prédiction de 2021-2050 231

8.1 Régime hydrographique du bassin de Nakanbé à la station de Wayen en 1990 238

8.2 Evolution du niveau piézométrique à Ouagadougou dans le puits d'observation du CIEH/ICHS 240

8.3 Evolution interannuelle de l'évaporation annuelle sur bac Colorado à la station de Ouagadougou 242

8.4 Maillage du bassin versant de l'exutoire de Wayen 244

8.5 Qualité des simulations du calage et validation retenus pour la mise en oeuvre du modèle GR2M 248

8.6 Comparaison des simulations des écoulements annuels entre les deux modèles hydrologiques (GR2M et ORCHIDEE) et les Observations 250

8.7 Comparaison de l'ETR annuelle entre les simulations du GR2M et les simulations de ORCHIDEE sur la période 1978-1999 251

8.8 Ajustement du coefficient Kp de décomposition des simulations de ORCHIDEE en fonction de la pluie annuelle . . 253

8.9 Comparaison entre les différentes simulations des écoulements à Wayen entre les trois modèles sur la période 1978-2000 254

8.10 Débit moyen journalier déterminé à partir des simulations de ORCHIDEE-C 256

8.11 Variation relative des sorties du modèle GR2M par rapport aux variations des données d'entrée 259

8.12 Variation du poids des différentes composantes du bilan hydrologique en fonction de la variation de la pluie annuelle pour les simulations avec GR2M 261

8.13 Evolution du poids des différentes composantes du bilan hydrologique du bassin selon les simulations de GR2M et les simulations de ORCHIDEE-C 265

9.1 Variation relative des lames d'eau moyennes décennales écoulées par rapport à la moyenne 1971-2000 269

9.2 Variation relative des lames d'eau moyennes décennales infiltrées par rapport à la moyenne 1971-2000 271

9.3 Variation de la pluie annuelle avec l'application des perturbations de réduction du nombre de jours de pluie et de la hauteur moyenne des pluies 279

9.4 Composantes du bilan hydrologique avec ORCHIDEE-C pour les différentes perturbations pluviométriques 282

9.5   Gamme du ruissellement, de drainage et de l'humidité du
      sol pour les différentes perturbations pluviométriques . . . 283
9.6   Exemple type de l'évolution saisonnière de l'humidité moyenne
      du sol pour les différentes perturbations pluviométriques . 284
9.7   Exemple type de la variation du contenu en eau du sol pour
      les perturbations pluviométriques de 20% 285
9.8   Evolution de la densité de probabilité débits maximum
      journaliers pour les différentes perturbations pluviométriques 287
9.9   Variation de la gamme des débits de fréquence rare avec un
      ajustement de Gumbel pour les différentes perturbations
      pluviométriques 288
9.10 Evolution des débits de l'étiage simulée par ORCHIDEE
      pour les différentes perturbations pluviométriques 291

Liste des tableaux

3.1   Liste des modèles climatiques régionaux mis en œuvre par
      ENSEMBLE dans le cadre du programme AMMA   69
3.2   Caractéristiques des cinq modèles climatiques régionaux de
      l'étude   70

5.1   List of the five RCMs forced by ERA-interim and a GCM   119
5.2   Average and inter-model standard deviation of some the
      rainy season characteristics at the three climatic zones . . 148

5.3   Différence relative (en %) entre les caractéristiques issues
      des données pluviométriques brutes des MCRs et celles is-
      sues des données corrigées sur la période 1961-1990. 157

6.1   Averages of eight characteristics of the rainy season from
      the observations over the three homogenous periods 182
6.2   Averages of eight characteristics of the rainy season from
      the observations and the five RCMs over the reference period 192
6.3   Changes in the characteristics of the rainy season between
      1971-2000 and 2021-2050 from the RCMs simulations (%)   196
6.4   Pertinent variables of the regression models and the contri-
      bution to the total variance of the annual rainfall amount
      198
6.5   Performance of the regression models from the pvalues of
      Wilcoxon test and Pearson test 199
6.6   Distribution of the changes in the annual rainfall amount
      of the five RCMs (%) 200
6.7   Distribution of the changes in number of rain days and in
      mean daily rainfall among the different rainfall classes for
      each RCM (%) 204
6.8   Variation relative (en %) des caractéristiques de la saison
      des pluies au Burkina Faso entre la période de référence et
      la période de prédiction 211

7.1   Biais (en pourcentage) induit par les différents paramètres
      climatiques d'estimation de l'ETP pour les simulations des
      RCMs 226
7.2   Différence moyenne entre les paramètres climatiques simu-
      lées et les observations sur les moyennes au Burkina Faso
      sur la période 1961-1990 227

8.1 Distribution spatiale de la surface du bassin sur les mailles de 0.5°x0.5° 244

8.2 Qualité des simulations du calage et de la validation sur les combinaisons de périodes avec le modèle GR2M 247

9.1 Variation relative et différence de poids (en %) des composantes du bilan hydrologique sur le bassin du Nakanbé à Wayen entre la période de référence de 1971-2000 et la période de projection de 2021-2050 pour les MCRs avec le modèle GR2M 275

9.2 Variation relative des composantes du bilan hydrologique sous les conditions de perturbations pluviométriques par rapport aux simulations de référence 289